高等学校电子信息类专业系列教材

电工学(少学时)

主　编　吴园　马丽萍
副主编　康涛　厉　谨　王艳

西安电子科技大学出版社

内容简介

本书是根据教育部颁发的电工学课程教学基本要求编写而成的。

全书共 12 章，分为三大部分：第 1～6 章为电工基础，主要介绍电路的基本概念、基本定律、基本分析方法，以及供电与用电、磁路与变压器、三相异步电动机等内容；第 7～9 章为模拟电子技术基础，主要介绍常用半导体器件、基本放大电路及集成运算放大器等内容；第 10～12 章为数字电子技术基础，主要介绍逻辑代数与逻辑函数、组合逻辑电路、时序逻辑电路等内容。

本书可作为高等学校非电类专业电工学课程的教材，也可供感兴趣的读者参考。

图书在版编目（CIP）数据

电工学：少学时 / 吴园，马丽萍主编. -- 西安：西安电子科技大学出版社，2024. 8(2025.8 重印). -- ISBN 978-7-5606-7356-1

Ⅰ．TM

中国国家版本馆 CIP 数据核字第 2024X3S746 号

策　　划　毛红兵　刘玉芳
责任编辑　刘玉芳
出版发行　西安电子科技大学出版社（西安市太白南路 2 号）
电　　话　(029) 88202421　88201467　　邮　　编　710071
网　　址　www.xduph.com　　　　电子邮箱　xdupfxb001@163.com
经　　销　新华书店
印刷单位　陕西天意印务有限责任公司
版　　次　2024 年 8 月第 1 版　2025 年 8 月第 2 次印刷
开　　本　787 毫米×1092 毫米　1/16　印张 16.5
字　　数　389 千字
定　　价　43.00 元
ISBN 978-7-5606-7356-1
XDUP 7657001-2
＊＊＊如有印装问题可调换＊＊＊

前　言

　　电工电子技术是现代社会不可或缺的一项重要技术，它在多个领域都发挥着重要作用。随着科技的进步，电工电子技术也在不断创新和发展，为人们的生活带来了巨大的便利。"电工学"是研究电工电子技术理论和应用的课程，是高等院校非电类专业重要的技术基础课。通过本课程的学习，学生能够掌握电工电子技术相关知识与技能，并为后续专业课程的学习打下坚实的基础。

　　目前高等院校非电类专业数量剧增，且适合各类专业的电工学教材层出不穷，但适用于少学时的深入浅出、通俗易懂、简明扼要的教材却较少。为此，我们编写了本书。本书内容安排如下：

　　第一部分为电工基础(第1～6章)，主要介绍电路的基本概念和基本定律，电路的暂态分析方法，正弦稳态交流电路的分析方法，供电与用电的基础知识，磁路与铁芯、变压器的原理及应用，以及三相异步电动机的结构、工作原理、机械特性、制动与调速等内容。

　　第二部分为模拟电子技术基础(第7～9章)，以基本放大电路为主，详细阐述放大电路的静态和动态分析方法，以及集成运算放大器的基础知识和负反馈放大电路等内容。

　　第三部分为数字电子技术基础(第10～12章)，主要介绍逻辑代数的基本概念，逻辑函数的化简与表示方法，组合逻辑电路的分析和设计方法，常用的组合逻辑电路(编码器、译码器、加法器)，时序逻辑电路中双稳态触发器、计数器的结构和逻辑功能，以及脉冲波形的产生与整形等内容。

　　本书在内容安排上，既结合了非电类专业(针对少学时)的特点，又考虑到学生今后在电工电子技术方面进一步的需求；在内容体系上，具有自身的完整性和系统性；在叙述方法上，力求物理概念准确、分析过程简明，便于学生理解和记忆。

　　吴园、马丽萍担任本书主编；康涛、厉谨、王艳担任本书副主编。编写分工如下：第1、2章由马丽萍编写；第3、4章由吴园编写；第5、6章由王艳编写；第7～9章由康涛编写；第10～12章由厉谨编写。全书由吴园、马丽萍统稿及定稿。

　　由于编者的水平和经验有限，书中难免存在不妥之处，敬请广大读者批评指正。

编　者
2024 年 3 月

目　录

第一部分　电工基础

第二部分 模拟电子技术基础

第三部分　数字电子技术基础

第一部分　电工基础

第1章　电路的基本概念和基本定律

本章从工程技术的角度出发，以直流电路为分析对象，重点讨论电路的基本概念、基本定律以及电路的分析和计算方法。这些内容不仅适用于直流电路，还适用于交流电路，是后面学习电子技术的重要基础。

1.1　电路与电路模型

1.1.1　实际电路的组成和功能

1. 电路的组成

电路是电流通过的路径。实际电路通常由一些电路器件（如电源、电阻器、电感、电容器、变压器、仪表、二极管、三极管等）组成。每一种电路实体部件具有各自不同的电磁特性和功能。复杂的电路称为网络。

电路的形式是多种多样的，但从电路的本质来说，其组成都有电源、负载、中间环节三个最基本的部分。能将化学能、机械能等非电能转换成电能的供电设备称为电源，如干电池、蓄电池和发电机等；能将电能转换成热能、光能、机械能等非电能的用电设备称为负载，如电热炉、白炽灯和电动机等；连接电源和负载的部分称为中间环节，如导线、开关等。例如图1.1.1所示为手电筒电路。

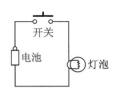

图1.1.1　手电筒电路

2. 电路的功能

电路的功能主要有两个。一是实现电能的传输和转换。例如，电力系统中的发电、输电电路，发电厂的发电机组将其他形式的能量（如热能、水的势能、原子能、太阳能等）转换成电能，并通过变压器、输电线输送给各用户负载，在那里又把电能转换成机械能、光能、热能等，为人们生产、生活所利用。二是进行信号的传输与处理，例如电话、收音机、电视机、手机中的电路。

1.1.2　电路模型

实际电路的电磁过程是相当复杂的，难以对其进行有效的分析和计算。在电路理论中，为了便于实际电路的分析和计算，通常在工程实际允许的条件下对实际电路进行理想化处理，即忽略次要因素，抓住足以反映其功能的主要电磁特性。

将实际电路器件理想化而得到的只具有某种单一电磁性质的元件称为理想电路元件，简称电路元件。每一种电路元件体现某种基本现象，具有某种确定的电磁性质和精确的数学定义。常用的电路元件有表示将电能转换为热能的电阻元件、表示电场性质的电容元件、表示磁场性质的电感元件及电压源元件和电流源元件等。

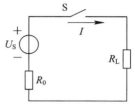

由理想电路元件相互连接组成的电路称为电路模型。例如，对于图 1.1.1 所示的手电筒电路，电池对外提供电压（U_S）的同时，内部也有电阻（R_0）消耗能量；灯泡除具有消耗电能的性质（电阻性）外，通电时还会产生磁场，具有电感性，但电感微弱，可忽略不计，于是可认为灯泡是一个电阻元件（R_L）。图 1.1.1 的电路模型如图 1.1.2 所示。

图 1.1.2　图 1.1.1 的电路模型

1.2　电路的基本变量

1.2.1　电流

1. 电流的定义

导体中自由电荷在电场作用下的定向移动形成电流。电流的大小用电流强度来衡量。单位时间内通过导体横截面的电荷量称为电流强度，简称电流，用公式表示为

$$i = \frac{\mathrm{d}q}{\mathrm{d}t} \tag{1.2.1}$$

其中，i 表示随时间变化的电流，$\mathrm{d}q$ 表示在 $\mathrm{d}t$ 时间内通过导体横截面的电量。在直流电路中，电流不随时间变化，一般用 I 表示。

在国际单位制中，电流的单位为安培，简称安（A）。实际应用中，大电流用千安（kA）表示，小电流用毫安（mA）或微安（μA）表示。它们之间的换算关系是

$$1 \text{ kA} = 10^3 \text{ A} = 10^6 \text{ mA} = 10^9 \text{ μA}$$

在外电场的作用下，正电荷将沿着电场方向运动，而负电荷将逆着电场方向运动。习惯上规定：正电荷运动的方向为电流的正方向。

2. 电流的参考方向

在分析复杂电路时，一般难以判断出电流的实际方向。对于交流电流，电流的方向随时间改变，无法用一个固定的方向表示，因此引入电流的"参考方向"。

电流的参考方向可任意选取，即先任意选定某一方向作为待求电流的参考方向，并根

据此方向进行分析、计算，然后由计算结果中电流值的正负来判断电流的实际方向与参考方向是否一致。若电流值为正，则说明电流的参考方向与实际方向相同；若电流值为负，则说明电流的参考方向与实际方向相反。图 1.2.1 所示为电流的参考方向与实际方向的关系。

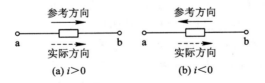

图 1.2.1　电流的参考方向与实际方向的关系

　　电流的参考方向在电路图中用箭头表示，可以画在线外，也可以画在线上，如图 1.2.2 所示。电流的参考方向也可以用双下标表示，比如 i_{ab} 表示电流由 a 点流向 b 点，即电流的参考方向是由 a 点指向 b 点。

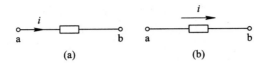

图 1.2.2　电路图中电流参考方向的表示方法

1.2.2　电压

1. 电压的定义

　　电路中，电场力把单位正电荷(q)从 a 点移到 b 点所做的功(W)称为 a、b 两点间的电压，也称电位差，记作

$$u_{ab} = \frac{\mathrm{d}W}{\mathrm{d}q} \tag{1.2.2}$$

　　在直流电路中，电压不随时间变化，一般用 U 表示。在国际单位制中，电压的单位为伏特，简称伏(V)。实际应用中，高电压用千伏(kV)表示，低电压用毫伏(mV)或微伏(μV)表示。它们之间的换算关系是

$$1 \text{ kV} = 10^3 \text{ V} = 10^6 \text{ mV} = 10^9 \text{ } \mu\text{V}$$

电压的方向规定为从高电位指向低电位。

2. 电压的参考方向

　　与电流的参考方向类似，可以任意选取一个电压的参考方向，先按选定的电压参考方向进行分析、计算，再由计算结果中电压值的正负来判断电压的实际方向与参考方向是否一致。若电压值为正，则说明电压的实际方向与参考方向相同；若电压值为负，则说明电压的实际方向与参考方向相反。图 1.2.3 所示为电压的参考方向与实际方向的关系。

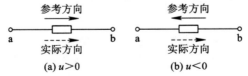

图 1.2.3　电压的参考方向与实际方向的关系

　　电压的参考方向在电路图中除可以用箭头、双下标表示外，还可以用极性表示，即若 a 点电位高于 b 点电位，则 a 点为正极，标注"＋"，b 点为负极，标注"－"，如图 1.2.4 所示。

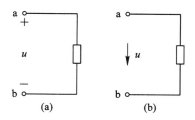

图 1.2.4　电路图中电压参考方向的表示方法

3. 关联参考方向

　　我们可以独立地任意指定一个元件的电流或电压的参考方向。如果指定流过元件的电流参考方向是从电压正极性的一端指向负极性的一端，即两者的参考方向一致，则把电流和电压的这种参考方向称为关联参考方向，如图 1.2.5 所示，即沿电流参考方向为电压降低的参考方向；当两者不一致时，称为非关联参考方向，如图 1.2.6 所示。人们常常习惯采用关联参考方向。

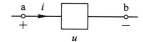　　　　　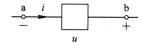

图 1.2.5　电压和电流为关联参考方向　　　　图 1.2.6　电压和电流为非关联参考方向

1.2.3　功率

　　在电路中，有的元件吸收电能，并将电能转换成其他形式的能量，有的元件则将其他形式的能量转换成电能，即元件向电路提供电能。电功率是指单位时间内元件所吸收或输出的电能。在电路中，电功率常简称为功率（Power）。功率的定义可推广到任何一段电路，而不局限于一个元件，一个元件可看作是一段电路的特例。

　　图 1.2.5 中的方框表示一段电路或一个元件，图中电流 i 和电压 u 为关联参考方向。由电压的定义可知，当正电荷 $\mathrm{d}q$ 由 a 点移到 b 点时，这部分电路吸收的电能为

$$\mathrm{d}W = u\mathrm{d}q$$

再由 $\mathrm{d}q = i\mathrm{d}t$ 得

$$\mathrm{d}W = ui\mathrm{d}t$$

用字母 p 表示这部分电路所吸收的功率，则

$$p = \frac{\mathrm{d}W}{\mathrm{d}t}$$

故　　　　　　　　　　　　　　　　$p = ui$ 　　　　　　　　　　　　　　(1.2.3)

　　在直流电路中，功率不随时间变化，一般用 P 表示。在国际单位制中，能量的单位为焦耳（J），简称焦，功率的单位为瓦特（W），简称瓦。

　　式（1.2.3）是按吸收功率计算的，即当 $p > 0$ 时，表示该段电路吸收功率；当 $p < 0$ 时，表示该段电路输出功率。

图 1.2.6 中，电压和电流为非关联参考方向，功率为

$$p = -ui \qquad (1.2.4)$$

总之，在计算功率时，应根据电压和电流参考方向是否关联来选取相应的计算功率的公式。当 u、i 为关联参考方向时，用式(1.2.3)计算；当 u、i 为非关联参考方向时，用式(1.2.4)计算。无论用哪个公式计算，若最终的计算结果 $p > 0$，则说明该元件或该段电路吸收功率；若计算结果 $p < 0$，则说明该元件或该段电路输出功率。

任何电气设备都有自己理想的工作状态，为使其正常工作，电压、电流都有一个规定的限额，这个限额称为电气设备的额定值。电气设备在额定值下的工作状态称为满载，超过额定值的工作状态称为过载。少量的过载尚可，因为任何电气设备都有一定的安全系数，严重过载是不允许的，所以使用前，必须进行严格的选择。

1.3 电阻元件

线性电阻元件（简称电阻元件）是这样的元件：在电压和电流取关联参考方向时，任何时刻其两端的电压和电流关系为

$$u = Ri \qquad (1.3.1)$$

式(1.3.1)又称为欧姆定律。式中，R 为电阻元件的参数，称为元件的电阻。电阻元件的图形符号如图 1.3.1(a)所示。当电压的单位为 V、电流的单位为 A 时，电阻的单位为 Ω（欧姆，简称欧）。

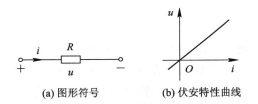

(a) 图形符号   (b) 伏安特性曲线

图 1.3.1   电阻元件的图形符号及伏安特性曲线

令 $G = 1/R$，式(1.3.1)变成

$$u = \frac{i}{G} \qquad (1.3.2)$$

式中，G 称为电阻元件的电导。电导的单位是 S（西门子，简称西）。R 和 G 都是电阻元件的参数。如果电阻元件的电压和电流取非关联参考方向，则欧姆定律应写为

$$u = -Ri \qquad (1.3.3)$$

由于电压和电流的单位分别是伏和安，因此电阻元件的特性称为伏安特性。图 1.3.1(b)所示为线性电阻元件的伏安特性曲线，它是通过原点的一条直线。直线的斜率为电阻值 R。

当电压 u 和电流 i 取关联参考方向时，电阻元件消耗的功率为

$$p = ui = Ri^2 = \frac{u^2}{R} = Gu^2 = \frac{i^2}{G} \qquad (1.3.4)$$

式中，R 和 G 是正实常数，故功率 p 恒为非负值。所以电阻元件是一种无源元件。实际电阻器消耗的功率都有规定的限度，超过允许值，电阻器就会因过热而损坏。因此实际使用

电阻器时，既要使电阻值大小符合要求，又要注意消耗的功率不要超过其允许值。

电阻元件从 t_0 到 t 的时间内吸收的电能为

$$W = \int_{t_0}^{t} Ri^2(\xi)\mathrm{d}\xi \tag{1.3.5}$$

电阻元件把吸收的电能转换成热能。

非线性电阻元件的电压和电流关系不满足欧姆定律，而遵循某种特定的非线性函数关系。其伏安特性一般可写为

$$u = f(i) \quad \text{或} \quad i = g(u)$$

如果一个电阻元件具有以下的电压和电流关系：

$$u(t) = R(t)i(t) \quad \text{或} \quad i(t) = G(t)u(t)$$

这里 u 和 i 仍是比例关系，但比例系数 R 是随时间变化的，则称此电阻元件为时变电阻元件。本书只讨论线性电阻元件。

1.4 理 想 电 源

理想电压源和理想电流源是二端有源元件，它们是在一定条件下从实际电源中抽象出来的理想模型。

1.4.1 理想电压源

理想电压源（简称电压源）提供的电压总能保持某一恒定值或一定的时间函数，而与通过它们的电流无关。如图 1.4.1(a)所示为理想电压源的图形符号，图中的"＋""－"号是参考极性，u_S 为电压源的端电压。理想电压源的输出电压与输出电流之间的关系称为它的伏安特性，其曲线如图 1.4.1(b)所示。

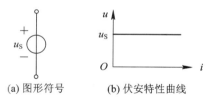

(a) 图形符号　　(b) 伏安特性曲线

图 1.4.1　理想电压源的图形符号及伏安特性曲线

电压源有以下特点：

（1）输出电压 u_S 是由电压源本身所确定的定值，与输出电流和外电路的情况无关。

（2）输出电流 i 不是定值，与输出电压和外电路的情况有关。

1.4.2 理想电流源

理想电流源（简称电流源）也称为恒流源，它提供的电流总能保持某一恒定值或一定的时间函数，而与它两端所加的电压无关。图 1.4.2(a)所示为理想电流源的图形符号，图中的箭头是理想电流源的参考方向，i_S 为电流源的输出电流。图 1.4.2(b)所示为理想电流源的伏安特性曲线。

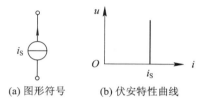

(a) 图形符号　　(b) 伏安特性曲线

图 1.4.2　理想电流源的图形符号及伏安特性曲线

电流源有以下特点：

（1）输出电流 i_S 是由电流源本身所确定的定值，与输出电压和外电路的情况无关。

（2）输出电压 u 不是定值，与输出电流和外电路的情况有关。

1.5　基尔霍夫定律

所有电路都是由不同的电路元件按一定的方式连接起来的。电路中的电压、电流必然受到一定条件的约束。一类是元件自身特性对元件自身的约束，称为元件约束，它由元件的伏安特性决定；另一类是元件与元件之间的连接给电压、电流带来的约束，表示这类约束关系的是基尔霍夫定律。

基尔霍夫定律是集总电路的基本定律，包括基尔霍夫电流定律和基尔霍夫电压定律。

为了叙述问题方便，在具体讲述基尔霍夫定律之前先介绍几个常用电路术语。

（1）支路：电路中，通过同一电流的分支，如图 1.5.1 中的 bafe 支路、be 支路、bcde 支路。

（2）节点：电路中，3 条或 3 条以上支路的交会点，如图 1.5.1 中的 b 节点、e 节点。

（3）回路：电路中由若干条支路构成的任一闭合路径，如图 1.5.1 中的 abefa 回路、bcdeb 回路、abcdefa 回路。

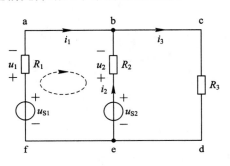

图 1.5.1　电路举例

（4）网孔：不包含任何支路的单孔回路。如图 1.5.1 中 abefa 回路和 bcdeb 回路都是网孔，而 abcdefa 是回路不是网孔。网孔一定是回路，而回路不一定是网孔。

1.5.1　基尔霍夫电流定律

基尔霍夫电流定律（KCL）：在集总参数电路（满足电路尺寸远小于电磁波波长的电路元件称为集总电路元件，全部由集总电路元件构成的电路称为集总参数电路。本书介绍的电路全部为集总参数电路。）中，任何时刻，对任一节点，所有支路电流的代数和恒等于零。

以图 1.5.1 所示电路为例，对节点 b 应用 KCL，有

$$i_1 + i_2 - i_3 = 0$$

即

$$\sum i = 0 \tag{1.5.1}$$

式（1.5.1）可改写成

$$i_1 + i_2 = i_3$$

此式表明，流出节点 b 的支路电流等于流入该节点的支路电流。因此，KCL 也可理解为任何时刻，流出任一节点的支路电流等于流入该节点的支路电流。

式（1.5.1）中，若流出节点的电流取"+"号，则流入节点的电流取"−"号；电流是流出节点还是流入节点，均根据电流的参考方向判断。

KCL 不仅可以用于节点，对于包含几个节点的闭合面也是适用的。例如，图 1.5.2 所示的电路中，对封闭面 S，有

$$i_1 + i_2 + i_3 = 0$$

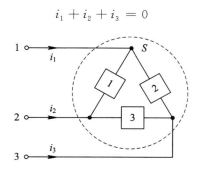

图 1.5.2　KCL 的推广应用

【例 1.5.1】　根据基尔霍夫定律，求图 1.5.3 所示电路中的电流 i_1 和 i_2。

解　对于节点 a，有

$$i_1 + 2A - 7A = 0$$

对于封闭面(见图 1.5.3 中的虚线框)，有

$$i_1 + i_2 + 2A = 0$$

解得

$$i_1 = 7\ A - 2\ A = 5\ A, \quad i_2 = -5\ A - 2\ A = -7\ A$$

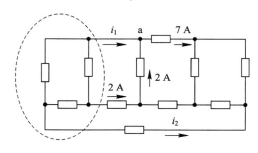

图 1.5.3　例 1.5.1 图

1.5.2　基尔霍夫电压定律

基尔霍夫电压定律(KVL)：在集总参数电路中，任何时刻，沿任一回路，所有支路电压的代数和恒等于零，即

$$\sum u = 0 \tag{1.5.2}$$

式(1.5.2)取和时，首先需选定回路的绕行方向，如果与回路绕行方向一致的电压取"＋"号，与回路绕行方向相反的电压取"－"号，那么该回路中电压的代数和应等于零。

如图 1.5.1 所示闭合回路中，沿 abefa 顺序绕行一周，则有

$$-u_{S1} + u_1 - u_2 + u_{S2} = 0$$

KVL 不仅适用于电路中的具体回路，对于电路中任一假想的回路也是成立的。例如在图 1.5.4 所示电路中，ad 之间并无支路存在，但仍可把 abda 或 acda 分别看成一个回路。由 KVL 分别得

$$u_1 + u_2 - u_{ad} = 0$$

$$u_{ad} - u_3 - u_4 - u_5 = 0$$

故有

$$u_{ad} = u_1 + u_2 = u_3 + u_4 + u_5$$

可见，两点间的电压与选择的路径无关。

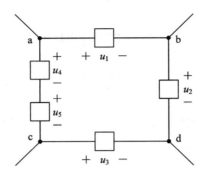

图 1.5.4   电压回路

【例 1.5.2】   根据基尔霍夫定律，求图 1.5.5 所示电路中的电压 u_1、u_2 和 u_3。

解   根据基尔霍夫电压定律，对 akcba 回路，有

$$2\ V + u_2 - 2\ V = 0$$

故

$$u_2 = 0$$

对 cdpkc 回路，有

$$-4\ V - u_1 + u_2 = 0$$

故

$$u_1 = -4\ V$$

对 eghce 回路，有

$$-u_3 - 10\ V + 5\ V + u_2 = 0$$

故

$$u_3 = -5\ V$$

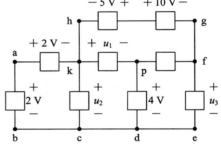

图 1.5.5   例 1.5.2 图

1.6   实际电源的两种模型及等效变换

电路的等效变换是将一个电路局部变换成另一个电路局部，同时要保证变换前后电路局部对外连接端口的电压、电流关系不变。等效变换的目的是为了化简电路，用简单电路替代复杂电路，使电路方便计算。等效变换的特点是对外接电路等效，即对未变换的电路等效。

我们中学学过，多个电阻串联或并联可以等效为一个电阻，这就是一个等效变换。由 KVL 可知多个理想电压源串联可以等效为一个理想电压源，由 KCL 可知多个理想电流源并联可以等效为一个理想电流源，读者可自行分析这两种等效。本节将介绍一个最重要的等效变换，实际电源的两种模型之间的等效变换。

实际电源可由如图 1.6.1(a)所示的电压源 U_S 和内阻 R_S 串联组成。端子处的电压为

此组合的端电压，端电流将随外电路的改变而改变。其端口的伏安特性可表示为

$$U = U_\mathrm{S} - R_\mathrm{S} I \tag{1.6.1}$$

图 1.6.1(b)画出了端电压 U 和端电流 I 的关系曲线，它是一条直线。

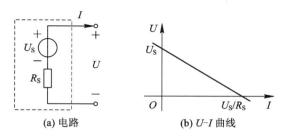

(a) 电路　　　　　(b) U-I 曲线

图 1.6.1　电压源、内阻的串联组合

实际电源也可由图 1.6.2(a)所示的电流源和内阻并联组成。其端口的伏安特性可表示为

$$I = I_\mathrm{S} - \frac{U}{R'_\mathrm{S}}$$

可以转化为

$$U = R'_\mathrm{S} I_\mathrm{S} - R'_\mathrm{S} I \tag{1.6.2}$$

图 1.6.2(b)画出了端电压 U 和端电流 I 的关系曲线，它也是一条直线。

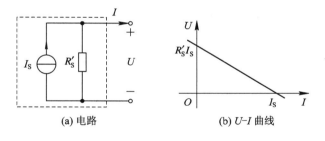

(a) 电路　　　　　(b) U-I 曲线

图 1.6.2　电流源、内阻的并联组合

比较式(1.6.1)和式(1.6.2)，可知两个电路的等效条件为

$$U_\mathrm{S} = R'_\mathrm{S} I_\mathrm{S} \quad 或 \quad I_\mathrm{S} = \frac{U_\mathrm{S}}{R_\mathrm{S}}$$

$$且\ R_\mathrm{S} = R'_\mathrm{S}$$

电源等效变换时应注意：

(1) 电压源电压的方向和电流源电流的方向相反。

(2) 电压源、电流源的等效变换只对外电路等效，对内不等效。

(3) 理想电压源和理想电流源之间不能进行等效变换。

【例 1.6.1】　将图 1.6.3(a)中的电压源等效变换为电流源，图 1.6.3(b)中的电流源等效变换为电压源。

解　等效变换如图 1.6.4(a)、(b)所示。

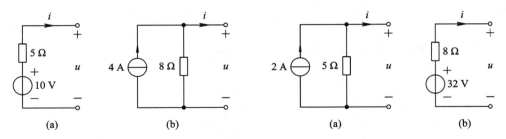

图 1.6.3　例 1.6.1 图　　　　　图 1.6.4　例 1.6.1 的等效电路图

【例 1.6.2】　求图 1.6.5(a)所示电路中的电流 I。

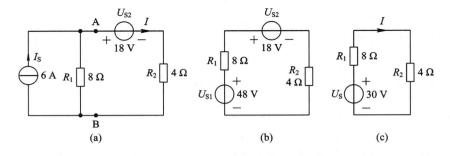

图 1.6.5　例 1.6.2 图

解　首先将图 1.6.5(a)中 I_S 与 R_1 的并联组合电路等效变换成一个理想电压源与 R_1 的串联组合电路,如图 1.6.5(b)所示,其中 $U_{S1}=I_S R_1=6\ \text{A}\times 8\ \Omega=48\ \text{V}$。

再将图 1.6.5(b)中的两个理想电压源 U_{S1}、U_{S2} 串联等效为一个理想电压源 U_S,如图 1.6.5(c)所示,注意 U_{S1} 与 U_{S2} 的参考方向是相反的,所以 $U_S=U_{S1}-U_{S2}=48\ \text{V}-18\ \text{V}=30\ \text{V}$。

最后由图 1.6.5(c)可计算出电流 $I=\dfrac{U_S}{R_1+R_2}=\dfrac{30\ \text{V}}{8\ \Omega+4\ \Omega}=2.5\ \text{A}$。

1.7　支路电流法

支路电流法是求解复杂电路最基本的方法,它是以支路电流为求解对象,直接应用基尔霍夫定律,分别对节点和回路列出所需的方程式,然后解出各支路电流。现以图 1.7.1 所示电路为例,介绍解题的一般步骤。

(1)确定支路数,选择各支路电流的参考方向。图 1.7.1 所示电路有 3 条支路,即有 3 个待求支路电流。解题时,需列出 3 个独立的方程式。选择各支路电流的参考方向如图 1.7.1 所示。

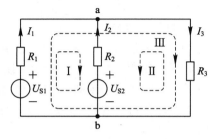

图 1.7.1　支路电流法

（2）确定节点数，列出独立的节点电流方程式。

在图 1.7.1 所示电路中，有 2 个节点 a、b，利用 KCL 列出的节点方程式如下：

节点 a：

$$I_1 + I_2 = I_3$$

节点 b：

$$I_3 = I_1 + I_2$$

这是 2 个相同的方程式，所以对于 2 个节点只能有 1 个方程式是独立的。一般来说，如果电路有 n 个节点，那么对它只能列出 $n-1$ 个独立的节点电流方程式，解题时可在 n 个节点中任选其中 $n-1$ 个节点列出电流方程式。

（3）确定余下所需的方程式数，列出独立的回路电压方程式。如前所述，本题共有 3 条支路，已经列出 1 个独立的节点电流方程式，剩下的 2 个方程式可利用 KVL 列出。但可以看出图中共 3 个回路，分别对这 3 个回路可列出 2 个 KVL 方程式，回路绕行方向如图 1.7.1 所示。列出的回路电压方程式如下：

回路 I：

$$-U_{S1} + R_1 I_1 - R_2 I_2 + U_{S2} = 0 \qquad (1.7.1)$$

回路 II：

$$U_{S2} - R_3 I_3 - R_2 I_2 = 0 \qquad (1.7.2)$$

回路 III：

$$-U_{S1} + R_1 I_1 + R_3 I_3 = 0 \qquad (1.7.3)$$

显然，式(1.7.1)、式(1.7.2)、式(1.7.3)不独立，因为式(1.7.1)－式(1.7.2)可得到式(1.7.3)，由任意两个方程式可推出第三个方程式，说明方程式有多余。

为了得到独立的 KVL 方程式，应该使每次所选的回路至少包含 1 条前面未曾用过的新支路，通常选用网孔列出的回路方程式一定是独立的，因此对于含有 b 条支路、n 个节点的电路，可以列出的独立回路电压方程式数为 $b-n+1$。一般来说，对电路所列出的独立回路方程式数（$b-n+1$）加上独立的节点方程式数（$n-1$）正好等于支路数 b。

（4）联立方程式，求出各支路电流。

【例 1.7.1】　在图 1.7.2 所示电路中，已知 $U_{S1}=12$ V，$U_{S2}=12$ V，$R_1=1$ Ω，$R_2=$ 2 Ω，$R_3=2$ Ω，$R_4=4$ Ω，求各支路电流。

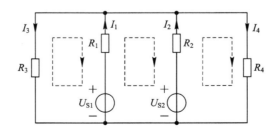

图 1.7.2　例 1.7.1 图

解　该电路有 4 条支路，所以有 4 个待求的支路电流，设各支路电流的参考方向和网孔绕行方向如图 1.7.2 中所示。判断出该电路有 2 个节点、3 个网孔，所以可以列出 1 个独立电流方程式和 3 个独立电压方程式，联立这 4 个方程式，即可求出 4 个支路电流。

KCL 方程式：

$$I_1 + I_2 - I_3 - I_4 = 0$$

选 3 个网孔回路为顺时针方向绕行，得 3 个 KVL 方程式：

左网孔：
$$-R_1 I_1 - R_3 I_3 + U_{S1} = 0$$

中网孔：
$$R_1 I_1 - R_2 I_2 - U_{S1} + U_{S2} = 0$$

右网孔：
$$R_2 I_2 + R_4 I_4 - U_{S2} = 0$$

将已知数据代入方程式，整理后得

$$I_1 + I_2 - I_3 - I_4 = 0$$
$$-I_1 - 2I_3 + 12 \text{ V} = 0$$
$$I_1 - 2I_2 - 12 \text{ V} + 12 \text{ V} = 0$$
$$2I_2 + 4I_4 - 12 \text{ V} = 0$$

最后解得 $I_1 = 4$ A，$I_2 = 2$ A，$I_3 = 4$ A，$I_4 = 2$ A。

1.8　叠 加 定 理

在含有多个电源的线性电路中，任意支路中的电流或电压都可认为是由各个电源单独作用时分别在该支路中产生的电流或电压的代数和。这就是叠加定理。

例如，在图 1.8.1(a) 所示的电路中，已知 R_1、R_2、U_{S1}、U_{S2}，可求得电路中的电流 I 为

$$I = \frac{U_{S1} - U_{S2}}{R_1 + R_2} = \frac{U_{S1}}{R_1 + R_2} - \frac{U_{S2}}{R_1 + R_2} = I' - I'' \qquad (1.8.1)$$

式中

$$I' = \frac{U_{S1}}{R_1 + R_2}, \qquad I'' = \frac{U_{S2}}{R_1 + R_2}$$

由式 (1.8.1) 可以看出，电流 I 可分为 I' 和 I'' 两部分。其中：I' 为 U_{S1} 单独作用时产生的，即由图 1.8.1(b) 求得；I'' 为 U_{S2} 单独作用时产生的，即由图 1.8.1(c) 求得。所以图 1.8.1(a) 可看作是图 1.8.1(b) 和图 1.8.1(c) 的叠加。

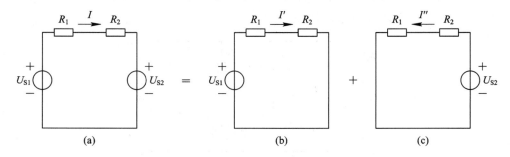

图 1.8.1　叠加定理示意图

应用叠加定理时，要注意以下几点：

(1) 叠加定理只适用于线性电路，不能用于非线性电路。

(2) 当某一电源单独作用时，应将其他不作用的电源置零，即将其他电压源短路，其

他电流源开路。

（3）最后叠加时，一定要注意各个电源单独作用时的电流和电压分量的参考方向是否与原电路中电流和电压的参考方向一致，一致时取"＋"号，不一致时取"－"号。

（4）叠加定理只能用来分析和计算电流和电压，不能用来计算功率。因为功率与电流、电压的关系不是线性关系，而是平方关系。例如图 1.8.1(a) 中电阻 R_1 消耗的功率为 $P_1 = R_1 I^2 = R_1(I' - I'')^2 = R_1 I'^2 - 2R_1 I'I'' + R_1 I''^2 \neq R_1 I'^2 + R_1 I''^2$。

【例 1.8.1】　用叠加定理求图 1.8.2(a) 所示电路中电流源的电压 U。已知 $R_1 = R_4 = 3\ \Omega$，$R_2 = 6\ \Omega$，$R_3 = 2\ \Omega$，$U_S = 30\ V$，$I_S = 2\ A$。

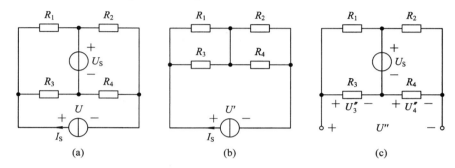

图 1.8.2　例 1.8.1 图

解　电流源 I_S 单独作用时，将电压源短路，电路如图 1.8.2(b) 所示，求得

$$U' = \left(\frac{R_1 R_3}{R_1 + R_3} + \frac{R_2 R_4}{R_2 + R_4} \right) I_S = 6.4\ V$$

电压源 U_S 单独作用时，将电流源开路，电路如图 1.8.2(c) 所示，求得

$$U_3'' = \frac{R_3}{R_1 + R_3} U_S = 12\ V$$

$$U_4'' = -\frac{R_4}{R_2 + R_4} U_S = -10\ V$$

$$U'' = U_3'' + U_4'' = 12\ V - 10\ V = 2\ V$$

两个电源共同作用时，有

$$U = U' + U'' = 8.4\ V$$

【例 1.8.2】　已知电路如图 1.8.3(a) 所示，试应用叠加定理计算电流 I 和电流源的电压 U。

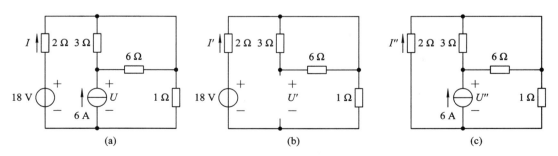

图 1.8.3　例 1.8.2 图

解　电压源单独作用时，电路如图 1.8.3(b)所示，可得

$$I' = \frac{18 \text{ V}}{2 \text{ Ω} + 1 \text{ Ω}} = 6 \text{ A}, \ U' = 6 \text{ A} \times 1 \text{ Ω} = 6 \text{ V}$$

电流源单独作用时，电路如图 1.8.3(c)所示，可得

$$I'' = -\frac{1}{2+1} \times 6 \text{ A} = -2 \text{ A}, \ U'' = \frac{6}{3+6} \text{Ω} \times 6 \text{ A} \times 3 \text{ Ω} - 2 \text{ Ω} \times (-2) \text{ A} = 16 \text{ V}$$

两个电源同时作用时，可得

$$I = I' + I'' = 6 \text{ A} - 2 \text{ A} = 4 \text{ A}, \ U = U' + U'' = 6 \text{ V} + 16 \text{ V} = 22 \text{ V}$$

1.9　戴维宁定理

对外部电路而言，任何一个线性有源二端网络都可以用一个理想电压源 U_{S0} 和内阻 R_0 相串联的模型来代替（如图 1.9.1 所示），其中理想电压源 U_{S0} 等于有源二端网络的开路电压 U_{OC}，内阻 R_0 等于有源二端网络中除去所有电源（电压源短路，电流源开路）后所得到的无源二端网络的等效电阻 R_0。这就是戴维宁定理。

二端网络就是有两个出线端的部分电路。二端网络中没有电源时称为无源二端网络；二端网络中含有电源时称为有源二端网络。

图 1.9.1(b)中的电压源和电阻相串联的组合称为戴维宁等效电路，等效电路中的电阻称为戴维宁等效电阻。

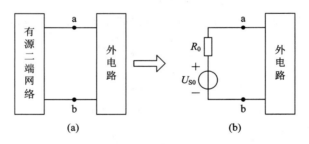

图 1.9.1　戴维宁定理示意图

【**例 1.9.1**】　求图 1.9.2(a)所示电路的戴维宁等效电路。

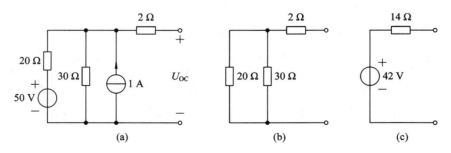

图 1.9.2　例 1.9.1 图

解　① 在图 1.9.2(a)中求开路电压 U_{OC}：

$$U_{OC} = 50 \times \frac{30}{30+20} \text{ V} + 1 \text{ A} \times \frac{30 \times 20}{30+20} \text{ Ω} = 42 \text{ V}$$

② 求戴维宁等效电阻 R_0。

除去原电路中所有电源（理想电压源短路，理想电流源开路），如图 1.9.2(b)所示，可得

$$R = 2 \text{ Ω} + \frac{30 \times 20}{30+20} \text{ Ω} = 14 \text{ Ω}$$

③ 画出戴维宁等效电路，如图 1.9.2(c)所示。

【**例 1.9.2**】　电路如图 1.9.3(a)所示，用戴维宁定理求电流 I。

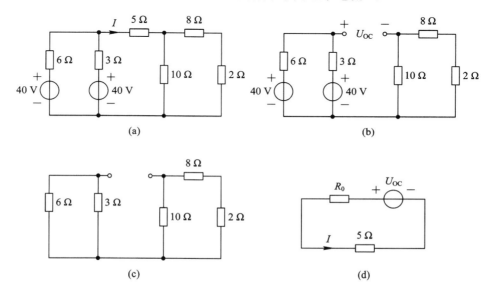

图 1.9.3　例 1.9.2 图

解　① 如图 1.9.3(b)所示，断开所求支路，求出开路电压 U_{OC}。因为电路中两个网孔都没有电流，所以

$$U_{OC} = 40 \text{ V}$$

② 如图 1.9.3(c)所示，除去独立电源，求出戴维宁等效电阻 R_0：

$$R_0 = 7 \text{ Ω}$$

③ 画出戴维宁等效电路，如图 1.9.3(d)所示，求出电流 I：

$$I = \frac{40 \text{ V}}{7 \text{ Ω} + 5 \text{ Ω}} = \frac{10}{3} \text{ A}$$

1.10　电　　位

电路中只要讲到电位，就会涉及电路参考点，工程中常选大地为参考点，在电子线路中则常以多数支路连接点作为参考点。参考点在电路图中的符号为"⊥"。通常该点也称为"接地点"，但这里所谓"接地"，并非真与大地相接。

电路中某点的电位就是该点与参考点之间的电压。我们平时所说的电压是电路中两点之间的电压，即两点之间的电位差。电压用"u"表示，通常用双下标；电位用 V 表示，一般只用单下标。

在电工技术中，大多数场合都用电压的概念；而在电子技术中，则普遍用电位的概念。因为，在绝大多数电子电路中，许多元器件都汇集到一点上，通常把这个汇集点选为电位参考点，其他各点电位的高低都以这一参考点为基准。这样做不仅简化了电路的分析与计算，还给测量与实际应用带来了很大的方便。

【例 1.10.1】 在分别以 a、b 为参考点的情况下求出图 1.10.1(a)所示电路中各点的电位及两点间的电压。

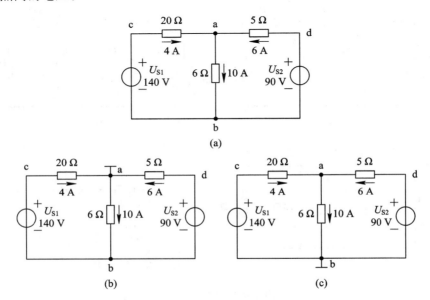

图 1.10.1　例 1.10.1 图

解　设 a 为参考点，如图 1.10.1(b)所示，有

$$V_a = 0 \text{ V}$$
$$V_b = U_{ba} = -10 \text{ A} \times 6 \text{ Ω} = -60 \text{ V}$$
$$V_c = U_{ca} = 4 \text{ A} \times 20 \text{ Ω} = 80 \text{ V}$$
$$V_d = U_{da} = 6 \text{ A} \times 5 \text{ Ω} = 30 \text{ V}$$
$$U_{ab} = 10 \text{ A} \times 6 \text{ Ω} = 60 \text{ V}$$
$$U_{cb} = U_{S1} = 140 \text{ V}$$
$$U_{db} = U_{S2} = 90 \text{ V}$$

设 b 为参考点，如图 1.10.1(c)所示，有

$$V_b = 0 \text{ V}$$
$$V_a = U_{ab} = 10 \text{ A} \times 6 \text{ Ω} = 60 \text{ V}$$
$$V_c = U_{cb} = U_1 = 140 \text{ V}$$
$$V_d = U_{db} = U_2 = 90 \text{ V}$$
$$U_{ab} = 10 \text{ A} \times 6 \text{ Ω} = 60 \text{ V}$$

$$U_{cb} = U_{S1} = 140 \text{ V}$$
$$U_{db} = U_{S2} = 90 \text{ V}$$

从上面的结果可以看出：

（1）电位值是相对的，选取的参考点不同，电路中各点的电位也将随之改变。

（2）电路中两点间的电压值是固定的，不会因参考点的不同而改变，即电压与参考点的选取无关。

为简化电路，常常不画出电源元件，而标明电源正极或负极的电位值。尤其在电子线路中，连接的元件较多，电路较为复杂，采用这种画法常常可以使电路更加清晰明了，分析问题更加方便。例如图 1.10.1(a)，若选取 b 点为参考点，则该图可简化为图 1.10.2 所示电路。

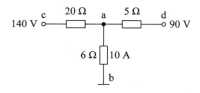

图 1.10.2　电位简化画法

【例 1.10.2】　电路如图 1.10.3 所示，计算开关 S 断开和闭合时 b 点的电位 V_b。

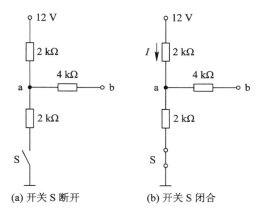

(a) 开关 S 断开　　　　(b) 开关 S 闭合

图 1.10.3　例 1.10.2 图

解　当开关 S 断开时，电路如图 1.10.3(a)所示。电路中无电流，电位 $V_b = 12$ V。

当开关闭合时，电路如图 1.10.3(b)所示。电路中的电流为 $I = \dfrac{12}{4}$ mA $= 3$ mA，4 kΩ 电阻上无电流，电位 $V_b = V_a = 6$ V。

本 章 小 结

1. 电路的功能

（1）能量转换：实现电能的传输和转换等，如照明系统、电力系统。

（2）信号处理：实现信号的传输和处理，如手机、电视电路等。

2. 电路的基本变量

(1) 电流：其参考方向与实际方向的关系如图1.2.1所示。

(2) 电压：其参考方向与实际方向的关系如图1.2.3所示。

电压和电流为关联参考方向的示意图如图1.2.5所示，电压和电流为非关联参考方向的示意图如图1.2.6所示。

(3) 功率：当支路电流和电压为关联参考方向时，$p=ui$；当支路电流和电压为非关联参考方向时，$p=-ui$。

计算结果中，若$p>0$，则表示支路吸收(消耗)功率；若$p<0$，则表示支路输出(产生)功率。

3. 理想电源

(1) 理想电压源：其图形符号及伏安特性曲线如图1.4.1所示。

电压源的特点：

① 输出电压u_S是由电压源本身所确定的定值，与输出电流和外电路的情况无关。

② 输出电流i不是定值，它与输出电压和外电路的情况有关。

(2) 理想电流源：其图形符号及伏安特性曲线如图1.4.2所示。

电流源的特点：

① 输出电流i_S是由电流源本身所确定的定值，与输出电压和外电路的情况无关。

② 输出电压u不是定值，它与输出电流和外电路的情况有关。

4. 基尔霍夫定律

(1) 基尔霍夫电流定律(KCL)：在集总参数电路中，任何时刻，对任一节点，所有支路电流的代数和恒等于零，即

$$\sum i = 0$$

KCL不仅可以用于节点，对于包含几个节点的闭合面也是适用的。

(2) 基尔霍夫电压定律(KVL)：在集总参数电路中，任何时刻，沿任一回路，所有支路电压的代数和恒等于零，即

$$\sum u = 0$$

KVL不仅适用于电路中的具体回路，对于电路中任一假想的回路也是成立的。

5. 实际电源的两种模型及等效变换

实际电源的两种模型分别如图1.6.1和图1.6.2所示，等效条件为

$$U_s = R_s I_s \quad 或 \quad I_s = \frac{U_s}{R_s}$$

$$R_s = R_s'$$

注意事项：

(1) 电压源电压的方向和电流源电流的方向相反。

(2) 电压源、电流源的等效变换只对外电路等效，对内不等效。

(3) 理想电压源和理想电流源之间不能进行等效变换。

6. 支路电流法

支路电流法求解步骤如下：

（1）确定支路数，选择各支路电流的参考方向。

（2）确定节点数，列出独立的节点电流方程式。

（3）确定余下所需的方程式数，列出独立的回路电压方程式。

（4）联立方程式，求出各支路电流。

7. 叠加定理

叠加定理的内容：在含有多个电源的线性电路中，任意支路中的电流或电压都可认为是由各个电源单独作用时分别在该支路中产生的电流或电压的代数和。

应用叠加定理时，要注意以下几点：

（1）叠加定理只适用于线性电路，不适用于非线性电路。

（2）当某一电源单独作用时，应将其他不作用的电源置零（即将其他电压源短路，其他电流源开路）。

（3）叠加时，要注意电流和电压的参考方向。

（4）叠加定理只能用来分析和计算电流和电压，不能用来计算功率。

8. 戴维宁定理

戴维宁定理的内容：对外部电路而言，任何一个线性有源二端网络都可以用一个理想电压源 u_{S0} 和内阻 R_0 相串联的模型来代替，其中理想电压源 u_{S0} 等于有源二端网络的开路电压 u_{OC}，内阻 R_0 等于有源二端网络除去所有电源（电压源短路，电流源开路）后所得到的无源二端网络的等效电阻 R_0。

应用戴维宁定理求解电路的步骤如下：

（1）求解有源二端网络的开路电压 U_{OC}。

（2）求戴维宁等效电阻 R_0。

（3）画出等效电路，求待求量。

9. 电位

电路中某点的电位就是该点与参考点之间的电压。

同一点的电位值随着参考点的不同而不同，而任意两点间的电压与参考点的选取无关。

习　题

1.1　有一盏额定值为"220 V 60 W"的电灯。

（1）试求电灯的电阻；

（2）求电灯在 220 V 电压下工作时的电流；

（3）如果每晚开灯 3 h，问一个月（按 30 天计算）用多少度电？

1.2　根据基尔霍夫定律求题 1.2 图所示电路中的电流 I_1 和 I_2。

1.3　根据基尔霍夫定律求题 1.3 图所示电路中的电压 U_1、U_2 和 U_3。

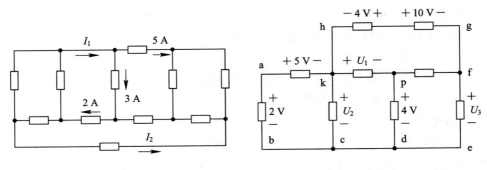

题 1.2 图　　　　　　　　　　　题 1.3 图

1.4　如题 1.4 图所示，已知 $I_1=3$ A，$I_3=-2$ A，$I_6=7$ A，求 I_7。

1.5　在题 1.5 图所示的回路中，已知 $U_{S1}=20$ V，$U_{S2}=10$ V，$U_{ab}=4$ V，$U_{cd}=-6$ V，$U_{ef}=5$ V，试求 U_{ed} 和 U_{ad}。

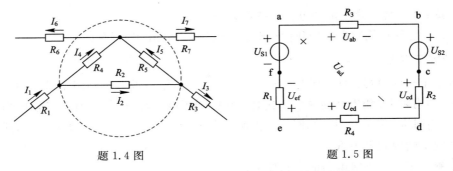

题 1.4 图　　　　　　　　　　　题 1.5 图

1.6　运用电源等效变换的方法，化简题 1.6 图所示的各电路。

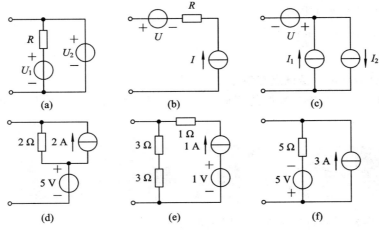

题 1.6 图

1.7　试用电源等效变换的方法，求题 1.7 图所示电路中的电流 I_3。

1.8　试用支路电流法，求题 1.8 图所示电路中的电流 I_1、I_2、I_3、I_4 和 I_5。（只列方程式，不求解）

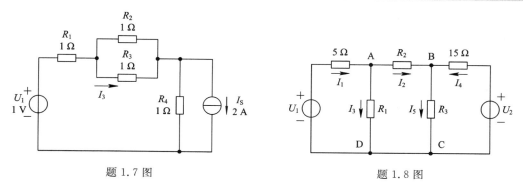

题 1.7 图　　　　　　　　题 1.8 图

1.9　试用支路电流法，求题 1.9 图所示电路中的电流 I_3。

1.10　试用电源等效变换的方法，求题 1.10 图所示电路中的电流 I。

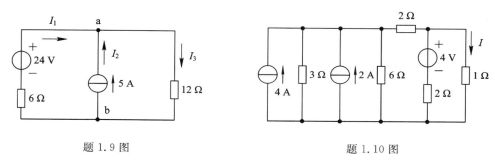

题 1.9 图　　　　　　　　题 1.10 图

1.11　欲使题 1.11 图所示电路中的电流 $I=0$，U_S 应为多少？

1.12　电路如题 1.12 图所示，试应用叠加定理，求电路中的电流 I_1、I_2 及 36 Ω 电阻消耗的电功率 P。

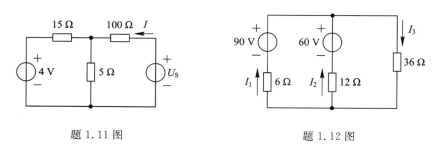

题 1.11 图　　　　　　　　题 1.12 图

1.13　求题 1.13 图所示电路中的电压 U、电流 I。

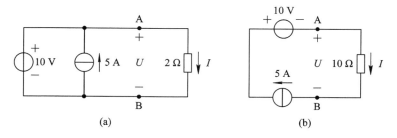

(a)　　　　　　　　(b)

题 1.13 图

1.14　电路如题 1.14 图所示,试应用戴维宁定理,求图中的电流 I。

1.15　电路如题 1.15 图所示,试应用戴维宁定理,求图中的电压 U。

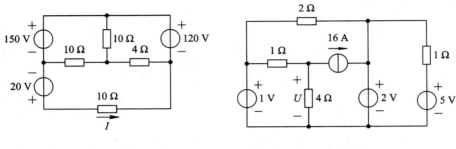

题 1.14 图　　　　　　　　　　题 1.15 图

1.16　电路如题 1.16 图所示,已知 15 Ω 电阻的电压降为 30 V,极性如图所示。试计算电路中 R 的大小和 B 点的电位。

1.17　在以下两种情况下试计算题 1.17 图中 A 点的电位:

(1) 开关 S 断开;

(2) 开关 S 闭合。

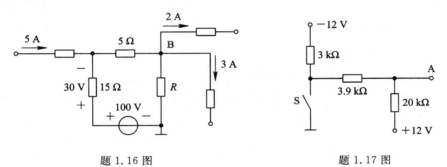

题 1.16 图　　　　　　　　　　题 1.17 图

习题答案

第 2 章　电路的暂态分析

本章首先介绍暂态分析的基本概念，然后介绍电容、电感两种理想电路元件，接着介绍换路定则及初始值计算，最后归纳出一阶电路瞬态分析的三要素法。

2.1　暂态分析的基本概念

2.1.1　稳态和暂态

当电路的结构和元件的参数一定时，电路的工作状态稳定，电压和电流不会改变，这时电路所处的状态称为稳定状态（steady state），简称稳态。

当电路在接通、断开、改接以及参数和电源发生变化时，都会引起电路工作状态的变化，电路的结构、状态或元件参数的突然改变称为换路（switching）。

换路后，含有储能元件的电路的状态会发生改变，电路从一个状态变化到另一个状态需要经过一段短暂的时间，这个过程称为过渡过程。

尽管过渡过程的时间很短，一般只有几秒，甚至只有若干微秒或纳秒，但是在某些情况下，其影响却是不可忽视的，而且在近代电工和电子技术中还常常利用过渡过程的特性来解决某些技术问题。例如电子式时间继电器的延时就是由电容充放电的快慢程度决定的，要计算延时的长短，首先必须掌握充放电时电压与电流的变化规律。又如在电子技术中还常常利用过渡过程来改善或变换信号的波形。另外，还要注意过渡过程中可能出现的过电压和过电流，以便采取适当措施，使电路中的电气设备免遭损坏。因此，学习电路的暂态分析是有重要意义的。

2.1.2　激励和响应

从电源（包括信号源）输入电路的信号统称为激励（excitation）。激励有时又称输入（input）。

在外部激励的作用下，或者在内部储能的作用下，电路产生的电压和电流统称为响应（response）。响应有时又称输出（output）。

按照产生响应原因的不同，响应又可以分为以下几种：

（1）零输入响应（zero-input response）：在无外部激励的情况下，仅由内部储能元件中所储存的能量而引起的响应。

（2）零状态响应（zero-state response）：在换路时储能元件未储存能量的情况下，仅由激励所引起的响应。

（3）全响应（complete response）：在储能元件已储有能量的情况下，再加上外部激励所引起的响应。

在线性电路中，根据叠加定理，全响应可以看作是零输入响应与零状态响应的代数和，即

$$全响应＝零输入响应＋零状态响应$$

本章只讨论仅含有一个储能元件（电容或电感）或经过等效简化后只含一个储能元件电路（一阶电路）的零输入响应、零状态响应、全响应。

2.2　储能元件

2.2.1　电容元件

电容元件简称电容，是电路中实现电场能储存这一物理性质的理想元件。

电容器由两个相互绝缘（insulation）的极板组成，如图 2.2.1 所示。在电容器两端加电压 u，两个极板上分别聚集数量相等而符号相反的电荷，所聚集的电荷量 q 与所加电压 u 之比称为电容，用 C 表示，即

$$C = \frac{q}{u} \tag{2.2.1}$$

或

$$q = Cu \tag{2.2.2}$$

在国际单位制中，电容单位为法拉（F），简称法。

电容元件的图形符号如图 2.2.2 所示。"电容"一词及字母 C 既用来表示电容元件，也用来表示它的参数。若 C 为常数，则这种电容称为线性电容。本章只讨论线性电容元件。

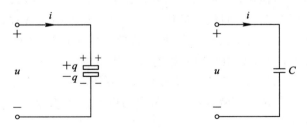

图 2.2.1　电容器　　　　图 2.2.2　电容元件图形符号

如果电容元件的电流和电压为关联参考方向，则电容元件的电压和电流的关系为

$$i = \frac{dq}{dt} = \frac{d(Cu)}{dt} = C\frac{du}{dt} \tag{2.2.3}$$

式（2.2.3）表明电流和电压的变化率成正比。在直流情况下，电容两端电压恒定，相当于开路，或者说电容具有隔断直流的作用。

对式(2.2.3)两边进行积分,得

$$u = \frac{1}{C}\int_{-\infty}^{t} i\mathrm{d}\xi = \frac{1}{C}\int_{-\infty}^{t_0} i\mathrm{d}\xi + \frac{1}{C}\int_{t_0}^{t} i\mathrm{d}\xi = u(t_0) + \frac{1}{C}\int_{t_0}^{t} i\mathrm{d}\xi \qquad (2.2.4)$$

取 $t_0 = 0$,则式(2.2.4)变为

$$u = u(0) + \frac{1}{C}\int_{0}^{t} i\mathrm{d}\xi \qquad (2.2.5)$$

由式(2.2.3)和式(2.2.5)可以看出,电容元件是动态元件,也是记忆元件。

这里要特别注意的是,式(2.2.3)和式(2.2.5)是在电压和电流为关联参考方向下得出来的。若电压和电流为非关联参考方向,则在公式前应加上"一"号。

在电压和电流为关联参考方向下,线性电容元件吸收的功率为

$$p = ui = Cu\frac{\mathrm{d}u}{\mathrm{d}t} \qquad (2.2.6)$$

从 $-\infty$ 到 t 时刻,电容元件吸收的能量为

$$W_C = \int_{-\infty}^{t} p(\xi)\mathrm{d}\xi = \int_{u(-\infty)}^{u(t)} Cu(\xi)\mathrm{d}u(\xi)$$

$$= \frac{1}{2}C[u^2(t) - u^2(-\infty)] = \frac{1}{2}Cu^2(t) \qquad (2.2.7)$$

这些能量以电场能的形式储存在电容元件中。由式(2.2.7)可知,电容所储存的能量只与其电压值有关,而与电压建立的过程无关。若式(2.2.7)中 $u(-\infty)=0$,则电场能量也为 0。

2.2.2 电感元件

电感元件简称电感,是电路中实现磁场能储存这一物理性质的理想元件。如图 2.2.3 所示,用金属导线绕在骨架上就构成了一个实际的电感器,常称为电感线圈。线圈的导线中有电流 i 流过时,产生磁通 Φ,如果线圈的匝数为 N,则穿过线圈各匝的磁通的代数和为 $\Psi = N\Phi$,Ψ 称为线圈的磁通链。图 2.2.3 中,规定磁通的参考方向与电流的参考方向满足右手螺旋定则,则磁通链与电流的比值为

$$L = \frac{\Psi}{i} \qquad (2.2.8)$$

或

$$\Psi = Li \qquad (2.2.9)$$

其中,L 称为线圈的电感,或称自感。电感元件的图形符号如图 2.2.4 所示。通常"电感"一词及字母 L 既表示电感元件,又表示电感元件的参数。在国际单位制中,磁通及磁通链的单位是韦伯(Wb),简称韦;电感 L 的单位是亨利(H),简称亨。

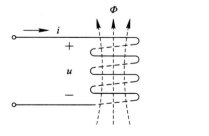

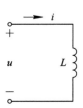

图 2.2.3　线圈与磁通　　　　　　图 2.2.4　电感元件图形符号

若 L 为常数，则这种电感元件称为线性电感。本章只讨论线性电感。

在电压和电流为关联参考方向下，电压的参考方向和磁通链之间也满足右手螺旋定则，电感元件两端的感应电压为

$$u = \frac{\mathrm{d}\Psi_L}{\mathrm{d}t} = \frac{\mathrm{d}(Li)}{\mathrm{d}t} = L\frac{\mathrm{d}i}{\mathrm{d}t} \tag{2.2.10}$$

式(2.2.10)表明电感电压和电流的变化率成正比。在直流情况下电感电流恒定，相当于短路。

对式(2.2.10)从 $-\infty$ 到 t 进行积分，可得

$$i = \frac{1}{L}\int_{-\infty}^{t} u\mathrm{d}\xi = \frac{1}{L}\int_{-\infty}^{t_0} u\mathrm{d}\xi + \frac{1}{L}\int_{t_0}^{t} u\mathrm{d}\xi = i(t_0) + \frac{1}{L}\int_{t_0}^{t} u\mathrm{d}\xi \tag{2.2.11}$$

设 $t_0 = 0$，则式(2.2.11)变为

$$i = i(0) + \frac{1}{L}\int_{0}^{t} u\mathrm{d}\xi \tag{2.2.12}$$

由式(2.2.10)和式(2.2.12)可以看出，电感元件是动态元件，也是记忆元件。

这里要特别注意，式(2.2.10)和式(2.2.12)是在电压和电流为关联参考方向下得出来的。若电压和电流为非关联参考方向，则在公式前应加上"—"号。

在电压和电流为关联参考方向下，线性电感元件吸收的功率为

$$p = ui = Li\frac{\mathrm{d}i}{\mathrm{d}t} \tag{2.2.13}$$

从 $-\infty$ 到 t 时刻，电感元件吸收的能量为

$$\begin{aligned} W_L(t) &= \int_{-\infty}^{t} p(\xi)\mathrm{d}\xi = \int_{-\infty}^{t} Li(\xi)\frac{\mathrm{d}i(\xi)}{\mathrm{d}\xi}\mathrm{d}\xi \\ &= \int_{i(-\infty)}^{i(t)} Li(\xi)\mathrm{d}i(\xi) = \frac{1}{2}Li^2(t) \end{aligned} \tag{2.2.14}$$

这些能量以磁场能的形式储存在电感中。由式(2.2.14)可知，电感所储存的能量只与其电流值有关，而与电压建立的过程无关。若式(2.2.14)中 $i(-\infty) = 0$，则磁场能量也为 0。

2.3　换路定则及初始值计算

设换路的时刻为 $t = 0$，换路前的瞬间记作 $t = 0_-$，换路后的瞬间记作 $t = 0_+$。0_- 和 0_+ 数值上都等于 0，前者是指 t 从负值趋近于 0，后者是指 t 从正值趋近于 0。

电容电压 $u_C(0_+)$ 和电感电流 $i_L(0_+)$ 称为独立初始条件。

对于线性电容，令 $t_0 = 0_-$，$t = 0_+$，可得

$$u_C(0_+) = u_C(0_-) + \frac{1}{C}\int_{0_-}^{0_+} i_C\mathrm{d}t \tag{2.3.1}$$

从式(2.3.1)可以看出，如果在换路前后，即从 0_- 到 0_+ 的瞬间，电流 $i_C(t)$ 为有限值，则式(2.3.1)中右方的积分项为 0，此时电容上的电压就不发生跃变，即

$$u_C(0_+) = u_C(0_-) \tag{2.3.2}$$

对于一个在 0_- 时电压为 $u_C(0_-) = U_0$ 的电容，在换路瞬间不发生跃变的情况下，有 u_C

$(0_+)=u_C(0_-)=U_0$，可见在换路的瞬间，可将电容视为一个电压值为 U_0 的电压源。

同样，若 $t_0=0_-$，$t=0_+$，则线性电感的电流与电压的关系为

$$i_L(0_+) = i_L(0_-) + \frac{1}{L}\int_{0_-}^{0_-} u_L \mathrm{d}t \tag{2.3.3}$$

如果从 0_- 到 0_+ 的瞬间，电压 $u_L(t)$ 为有限值，则式(2.3.3)中右方的积分项为 0，此时电感中的电流不发生跃变，即

$$i_L(0_+) = i_L(0_-) \tag{2.3.4}$$

对于 0_- 时电流为 I_0 的电感，在换路瞬间不发生跃变的情况下，有 $i_L(0_+)=i_L(0_-)=I_0$，在换路瞬间可将此电感视为一个电流值为 I_0 的电流源。

综上所述，在换路前后电容电流和电感电压为有限值的条件下，换路前后瞬间，电容电压和电感电流不发生跃变，即

$$\begin{cases} u_C(0_+) = u_C(0_-) \\ i_L(0_+) = i_L(0_-) \end{cases} \tag{2.3.5}$$

这就是换路定则。换路定则仅适用于换路瞬间，用它来确定电感电流和电容电压的初始值。电路中其他元件的电压、电流的初始值称为非独立初始值，可由 $t=0_+$ 时刻的电路来确定。

【例 2.3.1】　图 2.3.1 所示电路中，电路原处于稳态，在 $t=0$ 时开关闭合，求开关闭合后的电感初始电流 $i_L(0_+)$ 值。

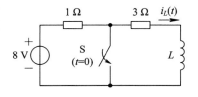

图 2.3.1　例 2.3.1 图

解　换路前电感相当于短路，即

$$i_L(0_-) = \frac{8\text{ V}}{1\text{ }\Omega + 3\text{ }\Omega} = 2\text{ A}$$

由换路定则可得

$$i_L(0_+) = 2\text{ A}$$

【例 2.3.2】　图 2.3.2(a)所示电路中，电路原处于稳态，在 $t=0$ 时，开关 S 由 1 切换到 2 处，试求 $u_L(0_+)$。

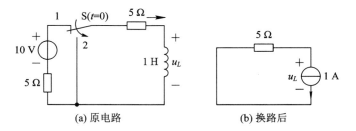

(a) 原电路　　　　　　　(b) 换路后

图 2.3.2　例 2.3.2 图

解　换路前电感相当于短路，由换路定则可得

$$i_L(0_-) = \frac{10\text{ V}}{5\text{ }\Omega + 5\text{ }\Omega} = 1\text{ A}$$

$$i_L(0_+) = 1\text{ A}$$

换路后瞬间($t=0_+$)电感用 1 A 电流源替代，如图 2.3.2(b)，求得

$$u_L(0_+) = -5\text{ V}$$

2.4 一阶电路的零输入响应

2.4.1 RC电路的零输入响应

RC电路的零输入响应的过程实质就是电容元件释放能量的过程。

在图 2.4.1(a)所示 RC 电路中,开关 S 闭合前,电容 C 已充电,其电压 $u_C = U_0$。开关 S 闭合后,电容储存的能量将通过电阻以热量的形式释放出来。现把开关动作时刻取为计时起点($t=0$),开关闭合后,即 $t \geqslant 0$ 时,由 KVL 可得

$$u_R - u_C = 0 \tag{2.4.1}$$

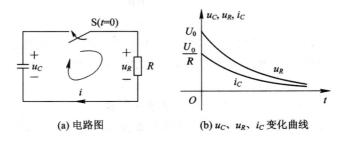

(a) 电路图 (b) u_C、u_R、i_C 变化曲线

图 2.4.1 RC 电路的零输入响应

将 $u_R = Ri$,$i = -C \dfrac{\mathrm{d}u_C}{\mathrm{d}t}$ 代入式(2.4.1),得

$$RC \frac{\mathrm{d}u_C}{\mathrm{d}t} + u_C = 0 \tag{2.4.2}$$

式(2.4.2)为一阶齐次微分方程,其通解形式为

$$u_C(t) = Ae^{pt} \tag{2.4.3}$$

将式(2.4.3)代入式(2.4.2),得

$$(RCp + 1)Ae^{pt} = 0$$

相应的特征方程为

$$RCp + 1 = 0$$

则特征根为

$$p = -\frac{1}{RC}$$

故所求微分方程的通解为

$$u_C(t) = Ae^{pt} = Ae^{-\frac{1}{RC}t} \tag{2.4.4}$$

其中 A 为积分常数,由电路的初始条件确定。

由换路定则可以得到初始条件为 $u_C(0_+) = u_C(0_-) = U_0$,将其代入式(2.4.4)可得积分常数 $A = U_0$。

电容电压的零输入响应为

$$u_C(t) = U_0 e^{-\frac{1}{RC}t} \tag{2.4.5}$$

这就是放电过程中电容电压 u_C 的表达式。

电容电流为

$$i = -C\frac{\mathrm{d}u_C}{\mathrm{d}t} = -C\frac{\mathrm{d}}{\mathrm{d}t}(U_0 \mathrm{e}^{-\frac{1}{RC}t}) = -C\left(-\frac{1}{RC}\right)U_0 \mathrm{e}^{-\frac{1}{RC}t} = \frac{U_0}{R}\mathrm{e}^{-\frac{1}{RC}t} \tag{2.4.6}$$

电阻上的电压为

$$u_R = u_C = U_0 \mathrm{e}^{-\frac{1}{RC}t} \tag{2.4.7}$$

式(2.4.6)和式(2.4.7)的变化规律如图 2.4.1(b)所示，电容电压 u_C、电容电流 i_C 以及电阻电压 u_R 都按照同样的指数衰减规律变化。电容电压在换路瞬间没有发生跃变，从初始值 U_0 开始按指数规律衰减直到 0。电路中的电阻电压在换路瞬间发生了跃变，换路前一瞬间其值为 0，即 $u_R(0_-)=0$，换路后一瞬间其值为 U_0，即 $u_R(0_+)=U_0$。同样，电容电流在换路瞬间也发生了跃变。

从能量的角度看，RC 电路换路前，电容有储存电场能量，电场能量的大小为

$$W_C = \frac{1}{2}CU_0^2$$

换路后，电容与电阻形成放电回路，电容不断地释放电场能量，电阻不断地将电场能量转换为热能而消耗掉，这一过程是不可逆的。在电容放电的过程中，电阻消耗的总能量为

$$W_R = \int_0^\infty i^2(t)R\mathrm{d}t = \int_0^\infty \left(\frac{U_0}{R}\mathrm{e}^{-\frac{1}{RC}t}\right)^2 R\mathrm{d}t = \frac{U_0^2}{R}\int_0^\infty \mathrm{e}^{-\frac{2t}{RC}}\mathrm{d}t$$

$$= -\frac{1}{2}CU_0^2(\mathrm{e}^{-\frac{2}{RC}t})\Big|_0^\infty = \frac{1}{2}CU_0^2$$

正好等于电容器储存的电场能量，即电容的储能全部被电阻逐渐消耗掉。

暂态电路的过渡过程所经历的时间长短取决于电容电压衰减的快慢，而它们衰减的快慢取决于衰减指数 $1/(RC)$ 的大小。令 $\tau=RC$，当电阻的单位为 Ω，电容的单位为 F 时，τ 称为时间常数，单位为 s。

当 $t=\tau$ 时，电容电压值为

$$u_C = U_0 \mathrm{e}^{-\frac{1}{\tau}t} = U_0 \mathrm{e}^{-1} = 0.368U_0 \tag{2.4.8}$$

式(2.4.8)表明，换路后经过时间 τ，电容电压由初始电压 U_0 衰减到初始电压的 36.8%。τ 值越大，电压衰减越慢，由于 τ 与 R、C 的乘积成正比，因此可以通过改变 R、C 的参数来调整时间常数，从而改变电容放电的快慢。

从理论上讲，RC 电路的过渡过程需要经历无限长时间 u_C 才能衰减至 0，从而达到新的稳态。但是将 $t=5\tau$ 代入式(2.4.5)中，可得电容电压为

$$u_C(5\tau) = U_0 \mathrm{e}^{-5} = 0.0067U_0$$

此时电容电压值几乎接近于 0，故可认为电容的放电过程已基本结束。因此，在实际工程中，一般认为过渡过程持续时间为 $(3\sim5)\tau$。

【**例 2.4.1**】　如图 2.4.2 所示，电路原处于稳态，在 $t=0$ 时，将开关 S 由 1 切换到 2 处，求换路后的 $u_C(t)$。

解　换路前电容相当于开路，由换路定则可得

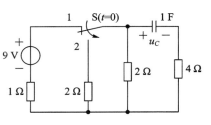

图 2.4.2　例 2.4.1 图

$$u_C(0_+) = u_C(0_-) = \left(\frac{9}{1+2} \times 2\right) \text{V} = 6 \text{ V}$$

换路后的暂态过程为 RC 的零输入响应，从电容两端看进去的等效电阻为

$$R_{\text{eq}} = \left(4 + \frac{2 \times 2}{2 + 2}\right) \Omega = 5 \ \Omega$$

由时间常数为 $\tau = RC = 5$ s，可得

$$u_C(t) = u_C(0_+) \mathrm{e}^{-\frac{t}{\tau}} = 6\mathrm{e}^{-\frac{1}{5}t} \text{ V}$$

2.4.2 *RL* 电路的零输入响应

图 2.4.3(a)所示电路在开关 S 动作之前电压和电流已恒定不变，电感中有初始电流 $I_0 = \dfrac{U_S}{R_1} = i_L(0_-)$。

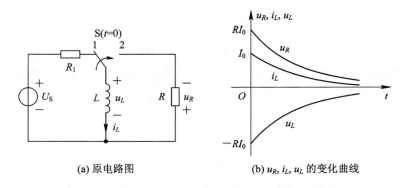

(a) 原电路图　　　　(b) u_R, i_L, u_L 的变化曲线

图 2.4.3　*RL* 一阶电路及零输入响应

在 $t = 0$ 时，开关 S 由 1 切换到 2 处，在 $t > 0$ 时，根据 KVL 可得

$$u_R + u_L = 0 \tag{2.4.9}$$

而 $u_R = Ri_L$，$u_L = L\dfrac{\mathrm{d}i_L}{\mathrm{d}t}$，代入式(2.4.9)中，有

$$L\frac{\mathrm{d}i_L}{\mathrm{d}t} + Ri_L = 0 \tag{2.4.10}$$

这是一个一阶齐次微分方程。令方程的通解 $i_L = A\mathrm{e}^{pt}$，代入式(2.4.10)，得到相应的特征方程为

$$Lp + R = 0$$

其特征根为

$$p = -\frac{R}{L}$$

故电流为

$$i_L = A\mathrm{e}^{-\frac{R}{L}t} \tag{2.4.11}$$

根据换路定则，有 $i_L(0_+) = i_L(0_-) = I_0$，代入式(2.4.11)中，可求得 $A = i_L(0_+) = I_0$，从而

$$i_L = i_L(0_+)\mathrm{e}^{-\frac{R}{L}t} = I_0\mathrm{e}^{-\frac{R}{L}t} \tag{2.4.12}$$

电阻和电感上电压分别为

$$u_R = Ri_L = RI_0 e^{-\frac{R}{L}t} \tag{2.4.13}$$

$$u_L = L\frac{di_L}{dt} = -RI_0 e^{-\frac{R}{L}t} \tag{2.4.14}$$

与 RC 电路类似，令 $\tau = \dfrac{L}{R}$，称为 RL 电路时间常数，则式（2.4.12）、式（2.4.13）、式（2.4.14）可写为

$$i_L = I_0 e^{-\frac{t}{\tau}}$$

$$u_R = RI_0 e^{-\frac{t}{\tau}}$$

$$u_L = -RI_0 e^{-\frac{t}{\tau}}$$

图 2.4.3(b) 给出了 i_L、u_L 和 u_R 随时间变化的曲线。

【例 2.4.2】　如图 2.4.4 所示，电路原处于稳定状态，在 $t=0$ 时，开关 S 由 1 切换到 2 处，求换路后的电感电流 $i_L(t)$。

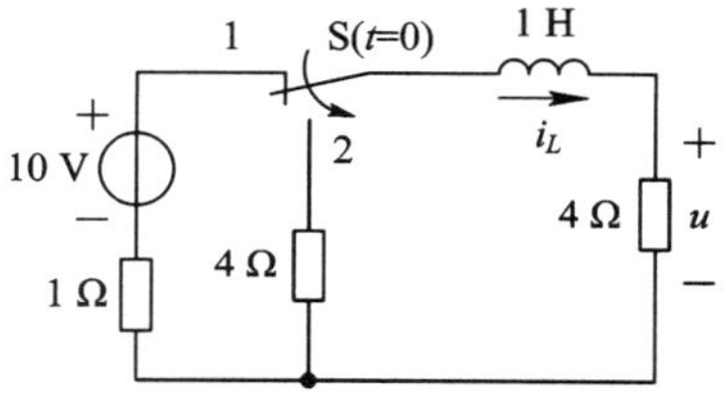

解　换路前电感相当于短路，由换路定则可得

$$i_L(0_+) = i_L(0_-) = \frac{10\text{ V}}{1\text{ }\Omega + 4\text{ }\Omega} = 2\text{ A}$$

换路后的暂态过程为 RL 的零输入响应，此时电阻 $R=8\text{ }\Omega$，时间常数为

$$\tau = \frac{L}{R} = \frac{1}{8}\text{ s}$$

图 2.4.4　例 2.4.2 图

故 $i_L(t) = i_L(0_+)e^{-\frac{t}{\tau}} = 2e^{-8t}\text{ A}$。

2.5　一阶电路的零状态响应

2.5.1　RC 电路的零状态响应

RC 电路如图 2.5.1(a) 所示，开关 S 闭合前电路处于零初始状态，即 $u_C(0_-)=0$。在 $t=0$ 时开关 S 闭合，电路接入直流电压源 U_s。

根据 KVL 可得

$$u_R + u_C = U_s \tag{2.5.1}$$

将 $u_R = Ri$，$i = C\dfrac{du_C}{dt}$ 代入式（2.5.1）中，得电路的微分方程

$$RC\frac{du_C}{dt} + u_C = U_s \tag{2.5.2}$$

式（2.5.2）为一阶线性常系数非齐次微分方程。该方程的通解由两部分组成，即

$$u_C = u_C' + u_C'' \tag{2.5.3}$$

其中，u_C' 为非齐次微分方程的特解，u_C'' 为对应的齐次方程的通解。通解形式与外加激励的

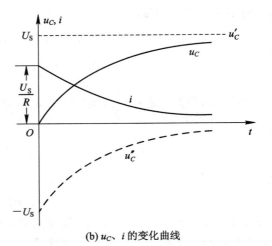

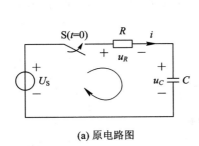

(a) 原电路图   (b) u_C、i 的变化曲线

图 2.5.1 RC 电路的零状态响应

形式无关,特解形式与外加激励的形式有关。

非齐次微分方程的特解 u_C' 满足式(2.5.2),故有

$$RC \frac{\mathrm{d} u_C'}{\mathrm{d} t} + u_C' = U_\mathrm{s} \tag{2.5.4}$$

设特解为 $u_C' = K$,代入方程式(2.5.4)中,得

$$u_C' = U_\mathrm{s}$$

而齐次方程 $RC \dfrac{\mathrm{d} u_C}{\mathrm{d} t} + u_C = 0$ 的通解为

$$u_C'' = A\mathrm{e}^{-\frac{t}{\tau}}$$

其中 $\tau = RC$。故非齐次方程的通解为

$$u_C = U_\mathrm{s} + A\mathrm{e}^{-\frac{t}{\tau}} \tag{2.5.5}$$

其中常数 A 由电路的初始条件来确定。零状态电路初始值 $u_C(0_+) = 0$,将其代入式(2.5.5)中,求得

$$A = -U_\mathrm{s}$$

故电容电压的零状态响应为

$$u_C = U_\mathrm{s} - U_\mathrm{s}\mathrm{e}^{-\frac{t}{\tau}} = U_\mathrm{s}(1 - \mathrm{e}^{-\frac{t}{\tau}}) \tag{2.5.6}$$

回路中的电流和电阻电压分别为

$$i = C \frac{\mathrm{d} u_C}{\mathrm{d} t} = \frac{U_\mathrm{s}}{R} \mathrm{e}^{-\frac{t}{\tau}} \tag{2.5.7}$$

$$u_R = Ri = U_\mathrm{s}\mathrm{e}^{-\frac{t}{\tau}} \tag{2.5.8}$$

电容电压 u_C、电流 i 和电阻电压 u_R 的波形如图 2.5.1(b)所示。换路前,电容电压值为 0,换路后一瞬间,电容电压没有发生跃变,随后电容电压 u_C 以指数形式趋近 U_s,达到该值后,电压和电流不再变化,电容相当于开路,电流为 0。此时电路达到稳态。

电容电压 u_C 由 u_C' 和 u_C'' 两部分组成,其中特解 u_C' 与激励具有相同的形式,故称为强制分量,对于直流、周期激励作用下的 RC 电路,换路后,电路经过一段时间可以达到新的

稳态，u_C' 也是电容电压在电路重新达到稳态时的稳态值，所以又称为稳态分量。齐次方程的通解 u_C'' 则由于其变化规律取决于电路的参数和结构，并按指数规律衰减到 0，故称为暂态分量，又称为自由分量。

　　RC 电路接通直流电压源的过程也就是电源通过电阻对电容充电的过程，即将电能转换为电场能量，电容储存的电场能量为

$$W_C = \frac{1}{2} C U_{\text{s}}^2 \tag{2.5.9}$$

而充电过程中电阻消耗的电能为

$$W_R = \int_0^\infty i^2 R \mathrm{d}t = \int_0^\infty \left(\frac{U_\text{s}}{R} \mathrm{e}^{-\frac{t}{\tau}} \right)^2 R \mathrm{d}t = \frac{1}{2} C U_\text{s}^2 \tag{2.5.10}$$

　　比较式(2.5.9)和式(2.5.10)可知，不论电路中电容 C 和电阻 R 的参数为多少，在充电过程中，电源提供的能量只有一半转换成电场能量储存在电容中，另一半则为电阻所消耗，即充电效率为 50%。

　　【例 2.5.1】 如图 2.5.2 所示，电路原处于稳定状态，电容无初始储能，在 $t=0$ 时，开关 S 闭合，已知 $C=1$ F，求换路后电容电压 $u_C(t)$。

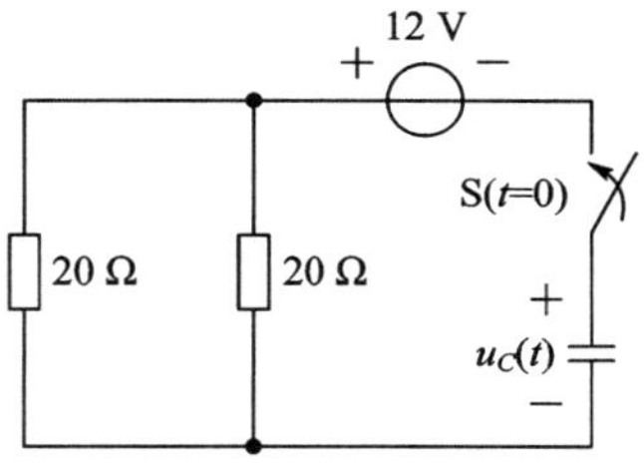

　　解　换路前，电路处于稳定状态，电容无储能，由换路定则可得

$$u_C(0_+) = u_C(0_-) = 0 \text{ V}$$

　　换路后，电路为零状态响应，电容电压达到稳态后的值为

$$u_C(\infty) = -12 \text{ V}$$

换路后电容两端等效电阻为 $R=10$ Ω，时间常数为

$$\tau = RC = 10 \text{ Ω} \times 1 \text{ F} = 10 \text{ s}$$

可得

$$u_C(t) = -12(1 - \mathrm{e}^{-\frac{1}{10}t}) \text{ V}$$

图 2.5.2　例 2.5.1 图

2.5.2　RL 电路的零状态响应

　　图 2.5.3(a)所示为 RL 电路，直流电流源的电流为 I_S，开关 S 在 $t=0$ 时由 1 切换到 2 处。开关 S 在切换到触点 2 前，电路已处于稳态。

　　当 $t \geqslant 0_+$ 时，由 KCL 可得

$$i_R + i_L = I_\text{s} \tag{2.5.11}$$

将 $i_R = \dfrac{u_L}{R} = \dfrac{L}{R} \dfrac{\mathrm{d}i_L}{\mathrm{d}t}$ 代入式(2.5.11)中，得

$$\frac{L}{R} \frac{\mathrm{d}i_L}{\mathrm{d}t} + i_L = I_\text{s} \tag{2.5.12}$$

式(2.5.12)是一个一阶常系数线性非齐次方程，该方程的通解由两部分组成

$$i_L = i_L' + i_L'' \tag{2.5.13}$$

其中，i_L' 是非齐次方程的特解，i_L'' 是对应齐次方程的通解。易求得特解为

$$i_L' = I_s \tag{2.5.14}$$

齐次方程的通解为

$$i_L'' = Ae^{pt} = Ae^{-\frac{1}{\tau}t} \tag{2.5.15}$$

其中 $\tau = \dfrac{L}{R}$ 为时间常数。

把式(2.5.14)和式(2.5.15)代入式(2.5.13)中，得通解为

$$i_L = I_s + Ae^{-\frac{1}{\tau}t} \tag{2.5.16}$$

由换路定则可得

$$i_L(0_+) = i_L(0_-) = 0 \tag{2.5.17}$$

把式(2.5.17)代入式(2.5.16)中，得

$$A = -I_s$$

故电感电流的零状态响应为

$$i_L = I_s - I_s e^{-\frac{t}{\tau}} = I_s\left(1 - e^{-\frac{t}{\tau}}\right) \tag{2.5.18}$$

式(2.5.18)所表示的电感电流的变化曲线如图2.5.3(b)所示。

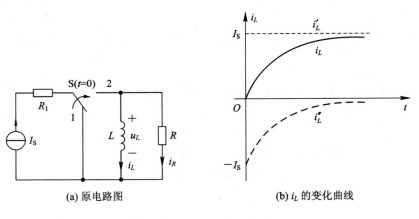

(a) 原电路图　　　　　　　(b) i_L 的变化曲线

图 2.5.3　RL 电路的零状态响应

　　从能量的角度来说，RL 电路在换路之前电感处于零状态，换路后，电感不断从电源吸收能量并以磁场能量形式储存能量，同时电阻消耗一部分能量，类似于电容的充电过程，电感建立磁场的过程中，外加激励的最高效率不会超过50%。

　　【例2.5.2】　如图2.5.4所示，电路原处于稳定状态，电感无初始储能，在 $t=0$ 时，开关S闭合。求换路后的电感电流 $i_L(t)$。

　　解　换路前，电路处于稳定状态，电感无储能，由换路定则可得

$$i_L(0_+) = i_L(0_-) = 0 \text{ A}$$

换路后，RL 电路为零状态响应，电路达到稳态时的电流为

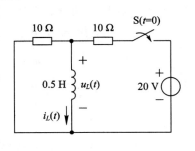

图 2.5.4　例 2.5.2 图

$$i_L(\infty) = \frac{20 \text{ V}}{10 \text{ } \Omega} = 2 \text{ A}$$

此时电阻 $R=5\ \Omega$，时间常数为

$$\tau=\frac{0.5\ \text{H}}{5\ \Omega}=0.1\ \text{s}$$

则

$$i_L(t)=2(1-\text{e}^{-10t})\ \text{A}$$

2.6　一阶电路的全响应

前面讨论了一阶电路的零输入响应和零状态响应，现在来研究初始状态和输入都不为零的一阶电路，也就是电路的全响应。

求解电路的全响应仍然是求解非齐次微分方程，其步骤与求解零状态响应时相同，只是确定积分常数时初始状态不同。

在如图 2.6.1 所示 RC 电路中，U_s 是一个直流电压源，电容已经充电，设电容原有初始电压 $u_C(0_-)=U_0$，开关 S 在 $t=0$ 时闭合。

当 $t\geqslant0$ 时，根据 KVL 可得

$$RC\frac{\text{d}u_C}{\text{d}t}+u_C=U_\text{s} \tag{2.6.1}$$

取换路后达到稳定状态时的电容电压为特解，则

$$u_C'=U_\text{s}$$

对应式(2.6.1)的齐次方程的通解为

$$u_C''=A\text{e}^{-\frac{t}{\tau}}$$

其中 $\tau=RC$ 为电路的时间常数。所以微分方程式(2.6.1)的通解为

$$u_C=u_C'+u_C''=U_\text{s}+A\text{e}^{-\frac{t}{\tau}} \tag{2.6.2}$$

根据换路定则得初始条件 $u_C(0_+)=u_C(0_-)=U_0$，并代入式(2.6.2)中，可得

$$u_C(0_+)=U_0=U_\text{s}+A$$

由此可得

$$A=U_0-U_\text{s}$$

因此，电容电压全响应为

$$u_C=U_\text{s}+(U_0-U_\text{s})\text{e}^{-\frac{t}{\tau}} \tag{2.6.3}$$

式中：右边第一项 U_s 是常量，为非齐次方程的特解，也是电容电压的稳态分量 $u_C(\infty)$；第二项 $(U_0-U_\text{s})\text{e}^{-\frac{t}{\tau}}$ 为齐次方程的通解，按指数规律衰减，为电容电压的暂态分量。因此可得

$$\text{电路的全响应 = 稳态分量 + 瞬态分量}$$

式(2.6.3)可改写为

$$u_C=U_0\text{e}^{-\frac{t}{\tau}}+U_\text{s}(1-\text{e}^{-\frac{t}{\tau}}) \tag{2.6.4}$$

式中，右边第一项对应电路的零输入响应，右边第二项对应电路的零状态响应，因此电路

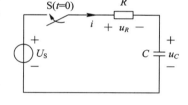

图 2.6.1　一阶电路的全响应

的全响应也可以分解为

$$电路的全响应＝零输入响应＋零状态响应$$

无论是把电路的全响应分解为零状态响应和零输入响应,还是分解为稳态分量和瞬态分量,都是从不同角度去分析电路的全响应。而电路的全响应总是由初始值、特解和时间常数三个要素决定的。因此在直流电源激励下,若初始值为 $f(0_+)$,稳态值为 $f(\infty)$,时间常数为 τ,则全响应 $f(t)$ 为

$$f(t) = f(\infty) + [f(0_+) - f(\infty)] e^{-\frac{t}{\tau}} \tag{2.6.5}$$

只要知道 $f(0_+)$、$f(\infty)$ 和 τ 这三个要素,就可以根据式(2.6.5)直接得出直流电源激励下一阶电路的全响应,这种方法称为三要素法。三要素法不仅可以求 u_C、i_L,也适用于求解一阶电路中其他响应。

【例 2.6.1】 电路如图 2.6.2 所示,已知开关 S 在"1"位置很久,在 $t=0$ 时,开关 S 切换到 2 处。求换路后电容电流 $i_C(t)$。

解 换路前:

$$u_C(0_+) = \left(\frac{6}{3+6} \times 3\right) \text{ V} = 2 \text{ V}$$

换路后,电路达到稳态后,有

$$u_C(\infty) = -2 \text{ V}$$

换路后电容两端等效电阻为 $R=2\ \Omega$,时间常数为

$$\tau = RC = 1 \text{ s}$$

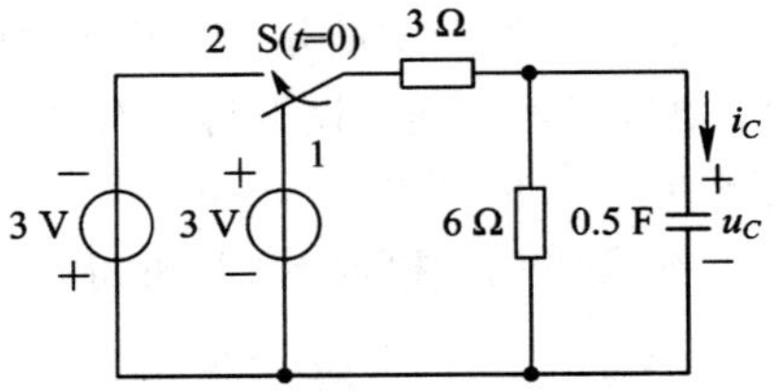

将三要素代入式(2.6.5)可得

图 2.6.2　例 2.6.1 图

$$u_C(t) = (-2 + 4e^{-t}) \text{ V}$$

因此,电容电流为

$$i_C(t) = C\frac{du_C(t)}{dt} = 0.5 \times (-4e^{-t}) \text{ A} = -2e^{-t} \text{ A}$$

【例 2.6.2】 电路如图 2.6.3 所示,已知换路前电路处于稳态,在 $t=0$ 时,开关断开。求换路后的 $i_L(t)$。

解 换路前:

$$i_L(0_+) = \left(\frac{40}{10+40} \times 5\right) \text{ A} = 4 \text{ A}$$

换路后,电路达到稳态后的电感电流为

$$i_L(\infty) = \left(\frac{40}{40+40} \times 5\right) \text{ A} = 2.5 \text{ A}$$

换路后电感两端等效电阻为

$$R = (10+30+40)\ \Omega = 80\ \Omega$$

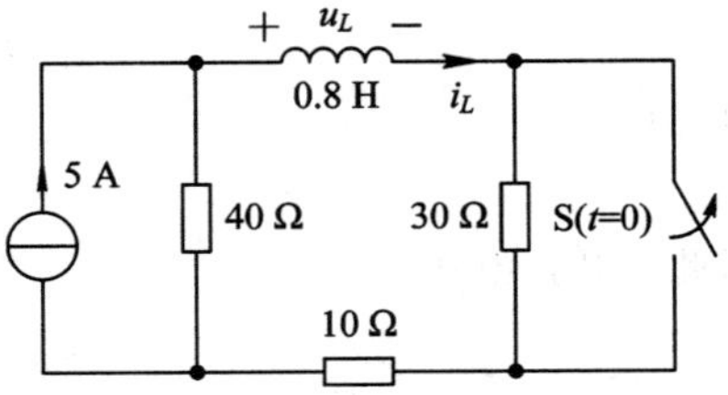

时间常数为

图 2.6.3　例 2.6.2 图

$$\tau = \frac{L}{R} = \frac{0.8 \text{ H}}{80\ \Omega} = 0.01 \text{ s}$$

将三要素代入式(2.6.5),可得

$$i_L(t) = (2.5 + 1.5e^{-100t}) \text{ A}$$

本 章 小 结

1. 电容、电感动态元件的性能对比

电容、电感动态元件性能对比表

元件模型	定义式	电压、电流关系	储　能
i　C $+$　u　$-$	$C=\dfrac{q}{u}$	$i=C\dfrac{\mathrm{d}u}{\mathrm{d}t}$, $u=\dfrac{1}{C}\displaystyle\int_{-\infty}^{t}i(\xi)\mathrm{d}\xi$	$W_C=\dfrac{1}{2}Cu^2$
i　L $+$　u　$-$	$L=\dfrac{\Psi_L}{i}$	$u=L\dfrac{\mathrm{d}i}{\mathrm{d}t}$, $i=\dfrac{1}{L}\displaystyle\int_{-\infty}^{t}u(\xi)\mathrm{d}\xi$	$W_L=\dfrac{1}{2}Li^2$

2. 换路、换路定则与初始值的计算

（1）换路：当电路在接通、断开、改接以及参数和电源发生变化时，都会引起电路工作状态的变化，电路的结构、状态或元件参数的突然改变统称为换路，通常取 $t=0$。

（2）换路定则：在换路前后电容电流和电感电压为有限值的条件下，换路定则可表示为

$$\begin{cases} u_C(0_+)=u_C(0_-) \\ i_L(0_+)=i_L(0_-) \end{cases}$$

（3）求电路初始值的步骤如下：

① 由换路前一瞬间（$t=0_-$ 时刻）的电路求出 $u_C(0_-)$、$i_L(0_-)$。

② 根据换路定则求得独立初始值，即 $u_C(0_+)=u_C(0_-)$，$i_L(0_+)=i_L(0_-)$。

③ 画出换路后一瞬间（$t=0_+$ 时刻）的等效电路：电容 C 用数值为 $u_C(0_+)$ 的电压源替换，电感 L 用数值为 $i_L(0_+)$ 的电流源替换。

④ 根据 $t=0_+$ 时刻的等效电路，求其他初始值。

3. 一阶电路的三要素解法

对于直流电源激励下的一阶电路，三要素法是求解一般一阶电路的通用方法，其公式为

$$f(t)=f(\infty)+\left[f(0_+)-f(\infty)\right]\mathrm{e}^{-\frac{t}{\tau}}$$

式中：$f(0_+)$ 为初始值，求值的方法见本章小结 2 中的（3）；$f(\infty)$ 为稳态值，它是换路后 $t=\infty$ 时的响应值，若是在直流电源激励下，换路后 $t=\infty$ 时电路又达到新的稳定状态，将电感 L 视为短路，电容 C 视为开路，可求出 $f(\infty)$；τ 为时间常数，先求出储能元件两端等效电阻 R_{eq}，再根据 $R_{\mathrm{eq}}C$ 或 L/R_{eq} 求出时间常数 τ。

三要素法不仅用于求 u_C、i_L，也适用于求解一阶电路中的其他响应。

习   题

2.1 如题 2.1 图所示直流稳态电路中，已知 $I_S=5$ A，$U_S=10$ V，$R=2$ Ω，$L=5$H，$C=2$ μF，求 R、L、C 的电压和电流。

2.2 题 2.2 图所示电路中，开关 S 原来在 1 处，电路已达稳态。在 $t=0$ 时，开关 S 由 1 切换到 2 处，求 $i_{L(+)}$。

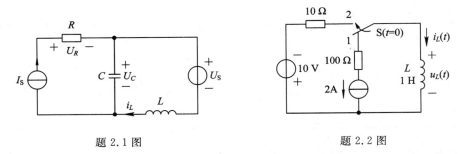

题 2.1 图   题 2.2 图

2.3 题 2.3 图所示电路中，开关 S 原来在 1 处，电路已达稳态。在 $t=0$ 时，开关 S 由 1 切换到 2 处，求 $u_C(0_+)$。

2.4 如题 2.4 图所示电路中，开关 S 闭合后，求 $i_L(\infty)$。

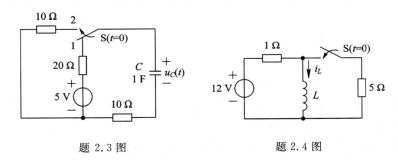

题 2.3 图   题 2.4 图

2.5 如题 2.5 图所示电路中，在 $t=0$ 时，开关 S 闭合，求换路后的 i_L。

2.6 如题 2.6 图所示电路原处于稳定状态，在 $t=0$ 时，开关 S 从 1 切换到 2 处，求 $t>0$ 时的电压 u。

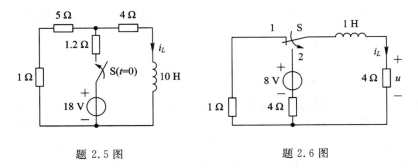

题 2.5 图   题 2.6 图

2.7　题 2.7 图所示电路原处于稳定状态，在 $t=0$ 时，开关 S 断开，求 $t>0$ 时的电感电流 $i_L(t)$。

2.8　如题 2.8 图所示电路原处于稳定状态，在 $t=0$ 时，开关 S 闭合，求换路后电容电压 $u_C(t)$ 和电容电流 $i_C(t)$。

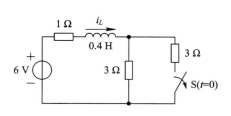

题 2.7 图

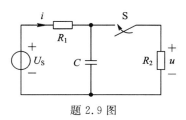

题 2.8 图

2.9　题 2.9 图所示电路原已稳定，在 $t=0$ 时，开关 S 闭合。已知 $R_1=6\ \Omega$，$R_2=3\ \Omega$，$C=1\ \text{F}$，$U_S=9\ \text{V}$，求开关 S 闭合后的 u 和 i。

2.10　题 2.10 图所示电路原已稳定，已知 $R=100\ \Omega$，$C=10\ \mu\text{F}$，$U_{S1}=10\ \text{V}$，$U_{S2}=50\ \text{V}$，在 $t=0$ 时，开关 S 由 1 切换至 2 处，求换路后的 u_C、i_C。

2.11　题 2.11 图所示电路原已稳定，已知 $U_S=36\ \text{V}$，$R_1=32\ \Omega$，$R_2=40\ \Omega$，$R_3=10\ \Omega$，$L=9\ \text{H}$，在 $t=0$ 时，开关 S 断开，求开关 S 断开后，A、B 两端的电压 u_{AB}。

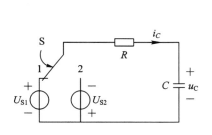

题 2.10 图

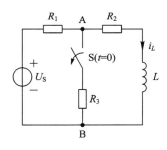

题 2.9 图

题 2.11 图

习题答案

03

第 3 章　正弦稳态交流电路

前两章我们讨论的电源信号都是直流信号,即电压和电流的大小和方向均不随时间变化,如图 3.0.1(a)所示。本章要讨论的信号都是交流信号,即电压和电流的大小和方向均随时间发生周期性的变化,如图 3.0.1(b)、(c)、(d)所示为几种常见的交流信号。常用的交流信号是正弦交流信号,即信号是按正弦规律变化的,如图 3.0.1(b)所示。正弦交流信号是目前供电和用电中信号的主要形式。

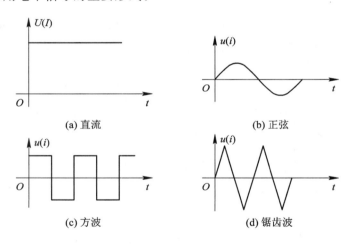

(a) 直流　　　　　(b) 正弦

(c) 方波　　　　　(d) 锯齿波

图 3.0.1　常用电信号

3.1　正弦交流信号的基本概念

正弦信号包括正弦电压信号和正弦电流信号,以电流信号为例,其波形如图 3.1.1 所示。其数学表达式为

$$i = I_m \sin(\omega t + \varphi_i) \tag{3.1.1}$$

式中,i 称为瞬时值,I_m 称为最大值或幅值,ω 称为角频率,φ_i 称为初相位(初相)或初相角。只要最大值、角频率和初相确定,一个正弦交流电信号也就确定了,所以将这三个量

称为正弦交流电的三要素。

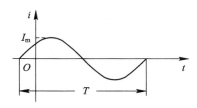

图 3.1.1　正弦电流信号的波形图

3.1.1　交流电的周期、频率和角频率

正弦量交变一次所需要的时间称为周期 T，单位是秒(s)；1 s 内完成的周期性变化的次数称为频率 f，单位是赫兹(Hz)。显然 T 与 f 互为倒数，即

$$f = \frac{1}{T} \tag{3.1.2}$$

1 s 内变化的相角弧度值称为角频率 ω，单位是弧度每秒(rad/s)。因为正弦量一个周期内变化的弧度是 2π，所以角频率与周期、频率的关系为

$$\omega = \frac{2\pi}{T} = 2\pi f \tag{3.1.3}$$

我国和大多数国家都采用 50 Hz 作为电力标准频率，有些国家(如美国、日本等)采用 60 Hz。这种频率在工业上应用广泛，习惯上称为工频。除工频外，某些领域还需要采用其他频率，如无线电通信的频率为 30 kHz～3×10^4 MHz，有线通信的频率为 300～5000 Hz 等。

3.1.2　交流电的瞬时值、最大值和有效值

正弦量在任一瞬间的值称为瞬时值，用小写字母表示，如 i、u 分别表示瞬时电流、瞬时电压。最大瞬时值称为最大值或幅值，用带下标 m 的大写字母来表示，如 I_m、U_m 分别表示电流、电压的幅值。

有效值是根据电流的热效应来规定的，它的定义是如果一个交流电流 i 和一个直流电流 I 在相等的时间内通过同一个电阻产生的热量相等，那么这个交流电流 i 的有效值在数值上就等于这个直流电流 I。

设有一电阻 R，若流过它的正弦交流电流为 i，则在一个周期 T 内产生的热量为

$$Q_{AC} = \int_0^T Ri^2 \, dt$$

同是该电阻 R，若通过它的直流电流为 I，则在同样的时间 T 内产生的热量为

$$Q_{DC} = RI^2 T$$

根据定义可知热效应相等，即 $Q_{AC} = Q_{DC}$，则

$$\int_0^T Ri^2 \, dt = RI^2 T$$

由此可得出交流电流的有效值为

$$I = \sqrt{\frac{1}{T} \int_0^T i^2 \, dt} \tag{3.1.4}$$

即交流电流的有效值等于瞬时值的平方在一个周期内的平均值的开方,故有效值又称为均方根值。

有效值的定义适用于任何周期信号,但不能用于非周期信号。

设一个正弦交流电流 $i=I_m\sin\omega t$(为分析方便,设初相为 0),代入式(3.1.4)得

$$I = \sqrt{\frac{1}{T}\int_0^T I_m^2 \sin^2\omega t\, dt}$$

因为

$$\int_0^T \sin^2\omega t\, dt = \int_0^T \frac{1-\cos2\omega t}{2}dt = \frac{1}{2}\int_0^T dt - \frac{1}{2}\int_0^T \cos2\omega t\, dt = \frac{T}{2}$$

所以

$$I = \sqrt{\frac{1}{T}I_m^2 \frac{T}{2}} = \frac{I_m}{\sqrt{2}} \tag{3.1.5}$$

式(3.1.5)就是交流电流的有效值与最大值的关系。同理,正弦交流电压的有效值与它的最大值的关系为

$$U = \frac{U_m}{\sqrt{2}} \tag{3.1.6}$$

有效值用大写字母表示,如式(3.1.5)、式(3.1.6)中的 I、U 分别表示交流电流、交流电压的有效值。

一般所说的正弦电压或正弦电流的大小,如交流电压 380 V 或 220 V、电器设备的额定值等都是指它的有效值。交流电表的刻度数值也是它们的有效值。

3.1.3　交流电的相位、初相位和相位差

正弦信号$(\omega t + \varphi)$的大小随时间变化,$(\omega t + \varphi)$代表了正弦信号的变化进程,$(\omega t + \varphi)$称为相位或相位角。

初相位是指正弦量在 $t=0$ 时的相位,即 φ,其单位可用弧度(rad)或度(°)表示。初相角的大小定义为正弦曲线由负变正的过零点与原点之间的夹角,落在原点左边为正,落在原点右边为负,初相的范围为$-180° \leqslant \varphi \leqslant 180°$。初相反映了交流电交变的起点,它与选择的时间起点有关。初相可以是正值,也可以是负值。

任何两个同频率的正弦量的相位之差称为相位差,用 φ 表示。例如两个同频率的正弦信号表达式分别如下:

$$u = U_m\sin(\omega t + \varphi_1)$$
$$i = I_m\sin(\omega t + \varphi_2)$$

则它们的相位差为

$$\varphi = (\omega t + \varphi_1) - (\omega t + \varphi_2) = \varphi_1 - \varphi_2 \tag{3.1.7}$$

可见,因为是同频率,所以相位差也等于初相之差。相位差与时间无关。相位差的范围为$-180° \leqslant \varphi \leqslant 180°$,若计算结果不在范围内,则需要将其转换成范围内的值,如需要将 225°写成$-135°$。

因为 u 和 i 的初相位不同,所以起始位置不同,即不是同时到达最大值。因此两个同频率的正弦信号在相位上的关系常见的有以下四种情况,如图 3.1.2 所示。

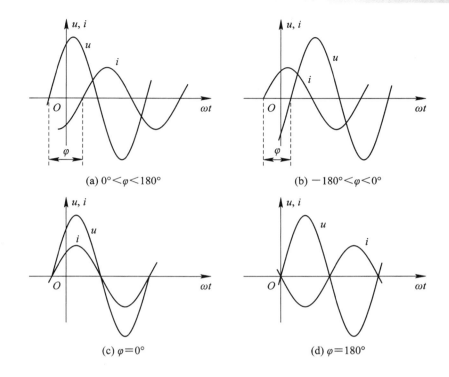

图 3.1.2　同频率正弦量的相位关系

图 3.1.2(a)所示电压比电流先达到最大值，所以电压与电流的相位差为 $0° < \varphi < 180°$，这种情况称为电压在相位上超前电流，超前 φ，或者说电流滞后电压 φ。

图 3.1.2(b)所示电流比电压先达到最大值，所以电压与电流的相位差为 $-180° < \varphi < 0°$，这种情况称为电流在相位上超前电压，超前 φ，或者说电压滞后电流 φ。

图 3.1.2(c)所示电压和电流同时到达最大值，也同时过零点，所以电压与电流的相位差 $\varphi = 0°$，这种情况称为电压和电流同相位，简称同相。

图 3.1.2(d)所示电压和电流的正负正好相反，电压到达正最大值时电流到达负最大值，所以电压与电流的相位差为 $\varphi = 180°$，这种情况称为电压和电流反相。

注意，只有同频率的正弦交流信号才能进行比较，才能画在一个波形图上进行比较，否则无意义。

3.2　正弦量的相量表示法

在 3.1 节中我们知道了可以用两种方法表示正弦量：瞬时值表示法，如 $i = I_m \sin(\omega t + \varphi_i)$，波形图表示法，如图 3.1.2 所示。但是这两种表示法在进行电路分析和计算时不便于应用，因此本节将介绍正弦交流量的第三种表示方法——相量表示法。相量表示法的基础是复数，也就是用复数来表示正弦量，这样可以把复杂的三角函数运算简化成简单的复数形式的代数运算。首先回顾一下复数的相关知识。

3.2.1　复数形式及运算法则

1. 复数的四种形式及相互转换

一个有向线段可以在复平面中用复数来表示,如图 3.2.1 所示,复平面的横轴为 ±1,称为实轴,纵轴为 ±j,称为虚轴,$j = \sqrt{-1}$,称为虚数单位,在数学中我们用 i 表示虚数,而在电学里,为了与电流 i 的符号区别,改用 j 来表示。

设复数 A 在实轴上的投影长度为 a,称为复数的实部,在纵轴上的投影长度为 b,称为复数的虚部,OA 长度 c 称为复数的模,也可表示成 $|A|$,OA 与实轴正方向的夹角 ψ 称为辐角,如图 3.2.1 所示。

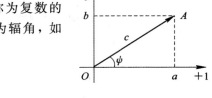

图 3.2.1　复平面

由图 3.2.1 可得出以下关系式:

$$\begin{cases} a = c \cdot \cos\psi \\ b = c \cdot \sin\psi \\ c = \sqrt{a^2 + b^2} \\ \psi = \arctan \dfrac{b}{a} \end{cases} \qquad (3.2.1)$$

由复变函数知识可知

$$A = a + jb \qquad (3.2.2)$$

式(3.2.2)称为复数的代数形式。将式(3.2.1)代入式(3.2.2)得

$$A = c \cdot \cos\psi + jc \cdot \sin\psi = c \cdot (\cos\psi + j\sin\psi) \qquad (3.2.3)$$

式(3.2.3)称为复数的三角形式。

数学中有欧拉公式如下:

$$\cos\psi + j\sin\psi = e^{j\psi} \qquad (3.2.4)$$

将式(3.2.4)代入式(3.2.3)可得

$$A = c \cdot e^{j\psi} \qquad (3.2.5)$$

式(3.2.5)为复数的指数形式。从指数形式可以看出一个复数最重要的两个参数是它的模和辐角。因此式(3.2.5)也经常简写为

$$A = c\angle\psi \qquad (3.2.6)$$

式(3.2.6)为复数的极坐标形式。这种形式直观地反映了一个复数的模和辐角,使用方便。

复数的四种表示形式可以根据式(3.2.1)相互转化,但注意式(3.2.3)即复数的三角函数形式一般不作为最终表示形式,它的计算结果就是代数形式,它只是将指数形式或极坐标形式转换为代数形式的中间计算过程。

2. 复数的运算法则

设两个复数分别为 $A_1 = a_1 + jb_1$ 和 $A_2 = a_2 + jb_2$,则它们的加、减、乘、除运算法则如下:

$$A_1 \pm A_2 = (a_1 + jb_1) \pm (a_2 + jb_2)$$
$$= (a_1 \pm a_2) + j(b_1 \pm b_2)$$
$$A_1 \cdot A_2 = c_1 e^{j\psi_1} \cdot c_2 e^{j\psi_2} = c_1 c_2 e^{j(\psi_1 + \psi_2)}$$

或
$$A_1 \cdot A_2 = c_1 \angle \psi_1 \cdot c_2 \angle \psi_2 = c_1 c_2 \angle (\psi_1 + \psi_2)$$

$$\frac{A_1}{A_2} = \frac{c_1 \mathrm{e}^{\mathrm{j}\psi_1}}{c_2 \mathrm{e}^{\mathrm{j}\psi_2}} = \frac{c_1}{c_2} \mathrm{e}^{\mathrm{j}(\psi_1 - \psi_2)}$$

或
$$\frac{A_1}{A_2} = \frac{c_1 \angle \psi_1}{c_2 \angle \psi_2} = \frac{c_1}{c_2} \angle (\psi_1 - \psi_2)$$

可见，在进行复数加减运算时，用代数形式比较方便，实部和实部相加减，虚部和虚部相加减；在进行复数乘除运算时，用指数形式或者极坐标形式比较方便，模和模相乘除，幅角和幅角相加减。

3. 旋转因子

我们可以将 $\mathrm{e}^{\mathrm{j}\psi}$ 看成是模为1、辐角为 ψ 的特殊复数，那么任何一个复数 A 与 $\mathrm{e}^{\mathrm{j}\psi}$ 相乘，意味着复数 A 的模不变，辐角增加或减少了 ψ，即相当于将复数 A 的辐角旋转了 ψ。若 ψ 为正，则逆时针旋转；若 ψ 为负，则顺时针旋转。因此将 $\mathrm{e}^{\mathrm{j}\psi}$ 称为旋转因子。

由式(3.2.4)可知，$\mathrm{e}^{\mathrm{j}90°} = \cos 90° + \mathrm{j}\sin 90° = \mathrm{j}$，同理 $\mathrm{e}^{\mathrm{j}(-90°)} = -\mathrm{j}$。任何一个复数乘以j相当于将该复数逆时针旋转了 $90°$，任何一个复数与 $(-\mathrm{j})$ 相乘意味着将该复数顺时针旋转了 $90°$。所以 $\pm\mathrm{j}$ 通常称为 $90°$ 旋转因子。

【例 3.2.1】　将复数 $A = 3 - \mathrm{j}4$ 转换为对应的极坐标形式。

解　极坐标形式只需要求出该复数的模和辐角即可。
$$|A| = \sqrt{3^2 + 4^2} = 5$$
$$\psi = \arctan \frac{-4}{3}$$

显然，A 在第四象限，$\psi = -53°$，所以 $A = 5 \angle -53°$。

【例 3.2.2】　将复数 $A = 2\sqrt{2} \angle 135°$ 转换为对应的代数形式。

解　将极坐标形式转换成代数形式，必须算出代数形式的实部和虚部，所以要先将极坐标形式转换成三角形式，然后将三角形式转换为代数形式：
$$A = 2\sqrt{2} \angle 135° = 2\sqrt{2}(\cos 135° + \mathrm{j}\sin 135°) = 2\sqrt{2}\left(-\frac{\sqrt{2}}{2} + \mathrm{j}\frac{\sqrt{2}}{2}\right) = -2 + \mathrm{j}2$$

【例 3.2.3】　已知复数 $A = -2 + \mathrm{j}2$，$B = 3 + \mathrm{j}4$，求 $A+B$，$A-B$，$A \cdot B$，$\dfrac{A}{B}$ 的值。

解　$A+B = (-2+3) + \mathrm{j}(2+4) = 1 + \mathrm{j}6$，$A-B = (-2-3) + \mathrm{j}(2-4) = -5 - \mathrm{j}2$。

根据运算法则，乘除运算时要先把代数形式转换为指数形式或极坐标形式，所以
$$A = \sqrt{(-2)^2 + 2^2} \angle \arctan(-1) = 2\sqrt{2} \angle 135°$$
$$B = \sqrt{3^2 + 4^2} \angle \arctan \frac{4}{3} = 5 \angle 53°$$
$$A \cdot B = 2\sqrt{2} \angle 135° \times 5 \angle 53° = 10\sqrt{2} \angle 188° = 10\sqrt{2} \angle -172°$$
$$\frac{A}{B} = \frac{2\sqrt{2} \angle 135°}{5 \angle 53°} = \frac{2\sqrt{2}}{5} \angle 82°$$

注意：A 与 B 相乘后的幅角超过了 $180°$，所以需要进行转换。

3.2.2　旋转矢量和正弦量之间的关系

图 3.2.2(a)中的复数 A 以原点为圆心在复平面中逆时针匀速旋转，轨迹为圆，该圆半

径为 OA 的模 c，旋转角速度为 ω。设有一正弦电流 $i=I_{\mathrm{m}}\sin(\omega t+\varphi)$，其波形图如图 3.2.2(b)所示，若 OA 模 c 等于正弦量的幅值 I_{m}，OA 的辐角 ψ 等于正弦量的初相位 φ，OA 的旋转角速度 ω 等于正弦量的角频率，则 OA 旋转一周，正弦量正好完成一个周期。若 $t=0$ 时复数在虚轴上的投影为 $b=c\sin\psi$，那么旋转后的任意时刻，OA 在虚轴上的投影为 $b=c\sin(\omega t+\varphi)$。可见，$b(t)$ 为时间函数，且具有和正弦量 $i=I_{\mathrm{m}}\sin(\omega t+\varphi)$ 相同的表达形式，因此可以用一个旋转的复数在虚轴上的投影的时间函数来表示正弦量。

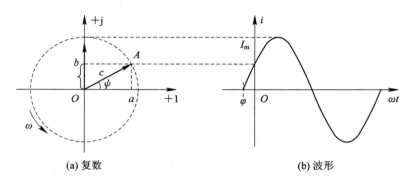

(a) 复数　　　　　　　　　　　　　(b) 波形

图 3.2.2　复平面中的旋转矢量

3.2.3　相量及相量图

由图 3.2.2 可知，正弦量的三要素和旋转矢量的三要素是一一对应的。所以正弦量可用复数表示。用以表示正弦量的矢量或复数称为相量。复数的模即为正弦量的幅值或有效值，复数的辐角即为正弦量的初相。模等于正弦量的最大值的相量称为最大值相量，模等于正弦量的有效值的相量称为有效值相量。由于相量是复数，因而相量也具有复数的四种表示形式和运算法则。由于相量是用来表示正弦量的复数，因此为了与一般的复数相区别，在相量的字母顶部打上"·"。例如表示正弦电压 $u=U_{\mathrm{m}}\sin(\omega t+\varphi)$ 的相量为

$$\dot{U}_{\mathrm{m}}=U_{\mathrm{m}}\angle\varphi=U_{\mathrm{m}}\mathrm{e}^{\mathrm{j}\varphi}$$

或

$$\dot{U}=U\angle\varphi=U\mathrm{e}^{\mathrm{j}\varphi}$$

其中 $\dot{U}_{\mathrm{m}}$ 称为电压的最大值相量，$\dot{U}$ 称为电压的有效值相量。最大值相量与有效值相量之间的关系为

$$\dot{U}_{\mathrm{m}}=\sqrt{2}\dot{U}$$

将同频率的若干相量画在同一个复平面上就构成了相量图。在相量图上能清晰地看出各正弦量的大小和相位关系，也可在相量图上进行计算。

例如，已知 $u_1=10\sin(\omega t+30°)\,\mathrm{V}$，$u_2=5\sin(\omega t-60°)\,\mathrm{V}$，因为是同频率，可将它们画在同一个相量图上，如图 3.2.3 所示。

注意：(1) 相量只能表示正弦量，而不等于正弦量，例如 $\dot{U}_{\mathrm{m}}=U_{\mathrm{m}}\angle\varphi\neq U_{\mathrm{m}}\sin(\omega t+\varphi)$。相量是个复数，是个有向线段，与时间无关，而正弦量是个时间函数。相量只是替代正弦量进行电路运算的一种工具。相量和正弦量之间是一种对应关系。两

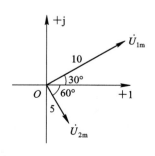

图 3.2.3　相量图

者之间只对应了两个要素，即幅值和初相，注意对应过程中并没有体现出角频率，在电路中角频率就是已知电源的频率。

（2）只有正弦量才能用相量表示，非正弦量不能用相量表示。

（3）只有同频率的正弦量才能进行相量运算，才能画在同一个相量图上进行比较，否则无意义。如 $i_1(t)=10\sqrt{2}\sin(100\pi t+30°)\,\text{A}$，$i_2(t)=10\sqrt{2}\sin(200\pi t+30°)\,\text{A}$，它们的有效值相量都为 $\dot{I}=10\angle30°\,\text{A}$，但它们是两个不同的正弦电流。

【例 3.2.4】　写出下列正弦量的有效值相量形式，要求用代数形式表示，并画出相量图。

（1）$u_1=10\sqrt{2}\sin\omega t\ \text{V}$；

（2）$u_2=10\sqrt{2}\sin(\omega t+90°)\ \text{V}$；

（3）$u_3=10\sqrt{2}\sin\left(\omega t-\dfrac{3}{4}\pi\right)\ \text{V}$。

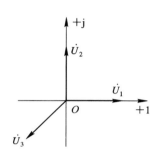

解　（1）$\dot{U}_1=10\angle0°\,\text{V}=10(\cos0°+\text{j}\sin0°)\ \text{V}=10\ \text{V}$

（2）$\dot{U}_2=10\angle90°\,\text{V}=10(\cos90°+\text{j}\sin90°)\ \text{V}=\text{j}10\ \text{V}$

（3）$\dot{U}_3=10\angle-\dfrac{3}{4}\pi\ \text{V}$

$$=10\left[\cos\left(-\frac{3}{4}\pi\right)+\text{j}\sin\left(-\frac{3}{4}\pi\right)\right]\ \text{V}$$

$$=10\left(-\frac{\sqrt{2}}{2}-\text{j}\frac{\sqrt{2}}{2}\right)\ \text{V}=-5\sqrt{2}-\text{j}5\sqrt{2}\ \text{V}$$

图 3.2.4　例 3.2.4 的相量图

相量图如图 3.2.4 所示。

【例 3.2.5】　写出下列相量所代表的正弦量，设电源频率为 50 Hz，并画出相量图。

（1）$\dot{I}_m=4-\text{j}3\ \text{A}$；

（2）$\dot{U}=-8+\text{j}6\ \text{V}$；

（3）$\dot{I}=-12-\text{j}16\ \text{A}$。

解　只要知道正弦量的三要素，就可以正确写出正弦量的表达式，一般将相量的代数形式转换成指数形式或极坐标形式，可以很方便地得出最大值和初相位。

$$\omega=2\pi f=2\times3.14\times50\ \text{rad/s}=314\ \text{rad/s}$$

（1）$\dot{I}_m=\sqrt{4^2+3^2}\angle\arctan\left(-\dfrac{3}{4}\right)\ \text{A}=5\angle-37°\ \text{A}$

$i=5\sin(314t-37°)\ \text{A}$

（2）$\dot{U}=\sqrt{(-8)^2+6^2}\angle\arctan\left(-\dfrac{6}{8}\right)\ \text{V}=10\angle143°\ \text{V}$

$u=10\sqrt{2}\sin(314t+143°)\ \text{V}$

（3）$\dot{I}=\sqrt{(-12)^2+(-16)^2}\angle\arctan\left(\dfrac{16}{12}\right)\ \text{A}$

$=20\angle-127°\ \text{A}$

$i=20\sqrt{2}\sin(314t-127°)\ \text{A}$

相量图如图 3.2.5 所示。

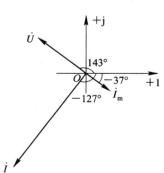

图 3.2.5　例 3.2.5 的相量图

【**例 3.2.6**】 已知 $i_1 = 5\sqrt{2}\sin(\omega t + 30°)$ A，$i_2 = 10\sqrt{2}\sin(\omega t + 60°)$ A，求 $\dot{I}_1$、$\dot{I}_2$、$\dot{I}_1 + \dot{I}_2$、$i_1 + i_2$，并画出相量图。

解 $\dot{I}_1 = 5\angle 30°$ A，$\dot{I}_2 = 10\angle 60°$ A

$$\dot{I}_1 + \dot{I}_2 = (5\angle 30° + 10\angle 60°) \text{ A}$$
$$= [5(\cos 30° + j\sin 30°) + 10(\cos 60° + j\sin 60°)] \text{ A}$$
$$= \left[5 \times \left(\frac{\sqrt{3}}{2} + j\frac{1}{2}\right) + 10 \times \left(\frac{1}{2} + j\frac{\sqrt{3}}{2}\right)\right] \text{ A}$$
$$= (9.33 + j11.16) \text{ A}$$
$$= 14.55\angle 50.2° \text{ A}$$
$$i_1 + i_2 = 14.55\sqrt{2}\sin(\omega t + 50.2°) \text{ A}$$

相量图如图 3.2.6 所示。

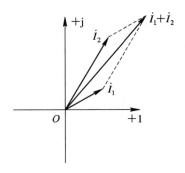

图 3.2.6   例 3.2.6 的相量图

3.3   单一参数的交流电路

3.3.1   基尔霍夫定律的相量形式

1. KCL 的相量形式

由 KCL 可知，在任一时刻，连接在电路任一节点(或闭合曲面)的各支路电流的代数和为零，即 $\sum i = 0$。若电流全部都是同频率的正弦量，则可变换为相量形式：

$$\sum \dot{I} = 0$$

即任一节点上同频率的正弦电流的对应相量的代数和为零。

2. KVL 的相量形式

由 KVL 可知，在任一时刻，对任一回路各支路电压的代数和为零，即 $\sum u = 0$。若电压全部都是同频率的正弦量时，则可变换为相量形式：

$$\sum \dot{U} = 0$$

即任一回路上同频率的正弦电压的对应相量的代数和为零。

注意：基尔霍夫定律表达式中是相量的代数和恒等于零，并不是有效值或幅值的代数和恒等于零，即 $\sum I \neq 0$，$\sum U \neq 0$。

3.3.2　纯电阻电路

在第 2 章讨论了在电流和电压关联参考方向下，线性电阻、电感和电容元件的 VCR 分别为

$$u = iR, \quad u = L\frac{\mathrm{d}i}{\mathrm{d}t}, \quad i = C\frac{\mathrm{d}u}{\mathrm{d}t}$$

在正弦稳态电路中，这些元件的电压和电流也都是和电源同频率的正弦量，下面我们分别讨论这三种基本元件在交流电路中的 VCR 的相量形式。

1. 电压和电流的关系

一个线性电阻元件的交流电路中电压和电流的参考方向如图 3.3.1(a) 所示。两者的关系由欧姆定律确定，即

$$u = Ri$$

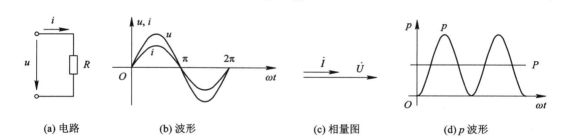

(a) 电路　　　　(b) 波形　　　　(c) 相量图　　　　(d) p 波形

图 3.3.1　纯电阻电路

为了分析方便，选择电流作为参考量，也就是令电流的初相位为 0，即

$$i = I_{\mathrm{m}}\sin\omega t \tag{3.3.1}$$

则

$$u = Ri = RI_{\mathrm{m}}\sin\omega t = U_{\mathrm{m}}\sin\omega t \tag{3.3.2}$$

比较式(3.3.1)和式(3.3.2)，不难看出 i 和 u 有如下关系：

(1) u 和 i 是同频率的正弦量。

(2) u 和 i 相位相同。

(3) u 和 i 的最大值之间和有效值之间的关系分别为

$$\begin{cases} U_{\mathrm{m}} = RI_{\mathrm{m}} \\ U = RI \end{cases} \tag{3.3.3}$$

(4) u 和 i 的最大值相量之间和有效值相量之间的关系分别为

$$\begin{cases} \dot{U}_{\mathrm{m}} = R\dot{I}_{\mathrm{m}} \\ \dot{U} = R\dot{I} \end{cases} \tag{3.3.4}$$

可见，在纯电阻电路中，各种形式均符合欧姆定律。

电压、电流的波形图和相量图分别如图 3.3.1(b)、(c)所示。

2. 功率

1) 瞬时功率

纯电阻电路在任意瞬间,电压瞬时值 u 与电流瞬时值 i 的乘积称为瞬时功率,用小写字母 p 表示:

$$p = ui = U_m \sin\omega t \times I_m \sin\omega t = U_m I_m \sin^2\omega t$$

$$= \sqrt{2}U \sqrt{2} I \sin^2\omega t = 2UI \frac{1 - \cos2\omega t}{2}$$

$$= UI(1 - \cos2\omega t) = UI - UI\cos2\omega t \tag{3.3.5}$$

由式(3.3.5)可见, p 是由两部分组成的:第一部分是常数 UI,第二部分是幅值 UI 和角频率为 2ω 的正弦量。 p 随时间变化的波形如图 3.3.1(d)所示。

由 p 的波形图我们可以看出, $p \geqslant 0$,这是因为交流电路中电阻元件的 u 和 i 同相位,即同正同负,所以 p 总为正值。 p 为正,表示该元件从电源取得电能并转换为热能,说明电阻是一个耗能元件。

2) 平均功率

一个周期内电路消耗电能的平均速度,即瞬时功率一个周期内的平均值,称为平均功率,也叫有功功率,用大写字母 P 表示:

$$P = \frac{1}{T} \int_0^T p\,dt = \frac{1}{T} \int_0^T (UI - UI\cos2\omega t)\,dt$$

$$= UI = I^2 R = \frac{U^2}{R}$$

平均功率的波形如图 3.3.1(d)所示。平均功率单位为 W(瓦),是电路实际消耗的功率,这与直流电路中讲的功率含义一样。

【例 3.3.1】 已知电阻 $R = 20\ \Omega$,接在电压为 $u = 311\sin(t + 30°)$ V 的电源上,求电阻电流的瞬时值表达式,画出相量图并计算电阻的有功功率。

解 由电压和电流关系得

$$\dot{I}_m = \frac{\dot{U}_m}{R} = \frac{311\angle30°}{20}\ A = 15.55\angle30°\ A$$

$$i = 15.55\sin(t + 30°)\ A$$

$$P = UI = \frac{311}{\sqrt{2}} \times \frac{15.55}{\sqrt{2}}\ W = 2418\ W$$

相量图如图 3.3.2 所示。

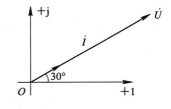

图 3.3.2　例 3.3.1 的相量图

3.3.3　纯电感电路

1. 电压和电流的关系

一个线性电感元件的交流电路中电压和电流的参考方向如图 3.3.3(a)所示。为了分析方便,选择电流作为参考量,即

$$i = I_m \sin\omega t \tag{3.3.6}$$

则

$$u = L\frac{di}{dt} = L\frac{dI_m \sin\omega t}{dt} = \omega L I_m \cos\omega t = U_m \sin(\omega t + 90°) \tag{3.3.7}$$

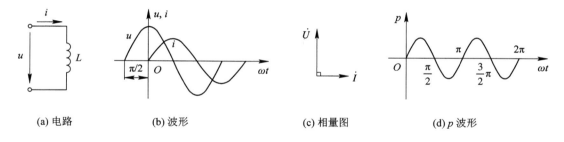

| (a) 电路 | (b) 波形 | (c) 相量图 | (d) p 波形 |

图 3.3.3　纯电感电路

比较式(3.3.6)和式(3.3.7)，不难看出 i 和 u 有如下关系：

(1) u 和 i 是同频率的正弦量。

(2) u 在相位上超前 i 90°。

(3) u 和 i 的最大值之间和有效值之间的关系分别为

$$\begin{cases} U_{\mathrm{m}} = X_L I_{\mathrm{m}} \\ U = X_L I \end{cases} \tag{3.3.8}$$

式中，$X_L = \omega L = 2\pi f L$ 称为感抗，单位为 Ω。电压一定时，X_L 越大，电流就越小，所以 X_L 是表示电感对电流阻碍作用大小的物理量。X_L 的大小与 L 和 f 成正比，L 越大，f 越高，X_L 就越大。在直流电路中，由于 $f = 0$，$X_L = 0$，所以可将电感视为短路，故电感有短直的作用。

(4) u 和 i 的最大值相量之间和有效值相量之间的关系分别为

$$\begin{cases} \dot{U}_{\mathrm{m}} = \mathrm{j} X_L \dot{I}_{\mathrm{m}} \\ \dot{U} = \mathrm{j} X_L \dot{I} \end{cases} \tag{3.3.9}$$

电压、电流的波形图和相量图如图 3.3.3(b)、(c)所示。

2. 功率

1）瞬时功率

电感的瞬时功率为

$$\begin{aligned} p &= ui = U_{\mathrm{m}} \sin(\omega t + 90°) \times I_{\mathrm{m}} \sin\omega t \\ &= U_{\mathrm{m}} \cos\omega t \times I_{\mathrm{m}} \sin\omega t = \frac{1}{2} U_{\mathrm{m}} I_{\mathrm{m}} \sin 2\omega t \\ &= \frac{1}{2} \sqrt{2} U \times \sqrt{2} I \sin 2\omega t \\ &= UI \sin 2\omega t \end{aligned} \tag{3.3.10}$$

p 波形图如图 3.3.3(d)所示。由图可知，瞬时功率 p 有正有负，$p > 0$ 时，$|i|$ 增大，这时电感中储存的磁场能增加，电感从电源获得电能并转换成了磁场能；$p < 0$ 时，$|i|$ 减小，这时电感中储存的磁场能转换成电能并回到电源。电感的瞬时功率的这一特点说明了以下两点：

(1) 电感不消耗电能，它是一种储能元件。

(2) 电感与电源之间有能量的互换。

2）平均功率

电感的平均功率为

$$P = \frac{1}{T}\int_0^T p\,\mathrm{d}t = \frac{1}{T}\int_0^T UI\sin2\omega t\,\mathrm{d}t = 0 \tag{3.3.11}$$

从平均功率(有功功率)为 0 这一特点可以看出电感是储能元件而不是耗能元件。

3) 无功功率

电感和电源之间有能量的互换,这个互换功率的大小通常用瞬时功率的最大值来衡量。由于这部分功率并没有被消耗掉,所以称为无功功率,用 Q 表示。为与有功功率区别,Q 的单位用乏(var)表示。根据定义,电感的无功功率为

$$Q = UI = I^2 X_L = \frac{U^2}{X_L} \tag{3.3.12}$$

【例 3.3.2】　电路如图 3.3.3(a)所示,已知电感两端的电压 $u=6\sin(10t+30°)\mathrm{V}$,$L=0.2\,\mathrm{H}$,求通过电感的电流 i,并画出相量图。

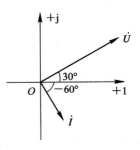

解

$$\dot{U}_\mathrm{m} = 6\angle30°\ \mathrm{V}$$

$$X_L = \omega L = 10\times0.2\ \Omega = 2\ \Omega$$

$$\dot{I}_\mathrm{m} = \frac{\dot{U}_\mathrm{m}}{\mathrm{j}X_L} = \frac{6\angle30°}{2\angle90°}\ \mathrm{A} = 3\angle-60°\ \mathrm{A}$$

$$i = 3\sin(10t-60°)\ \mathrm{A}$$

相量图如图 3.3.4 所示。

图 3.3.4　例 3.3.2 的相量图

3.3.4　纯电容电路

1. 电压和电流的关系

一个线性电容元件的交流电路中电压和电流的参考方向如图 3.3.5(a)所示。为了分析方便,选择电压作为参考量,即

$$u = U_\mathrm{m}\sin\omega t \tag{3.3.13}$$

则

$$i = C\frac{\mathrm{d}u}{\mathrm{d}t} = C\frac{\mathrm{d}U_\mathrm{m}\sin\omega t}{\mathrm{d}t} = \omega C U_\mathrm{m}\cos\omega t = I_\mathrm{m}\sin(\omega t+90°) \tag{3.3.14}$$

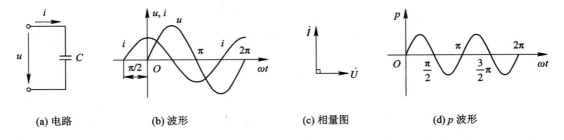

(a) 电路　　　　(b) 波形　　　　(c) 相量图　　　　(d) p 波形

图 3.3.5　纯电容电路

比较式(3.3.13)和式(3.3.14),不难看出 i 和 u 有如下关系:

(1) u 和 i 是同频率的正弦量。

(2) u 在相位上滞后 i 90°。

(3) u 和 i 的最大值之间和有效值之间的关系分别为

$$\begin{cases} U_{\mathrm{m}} = X_C I_{\mathrm{m}} \\ U = X_C I \end{cases} \tag{3.3.15}$$

式中，$X_C = \dfrac{1}{\omega C} = \dfrac{1}{2\pi f C}$ 称为容抗，单位为 Ω。电压一定时，X_C 越大，电流就越小，所以 X_C 是表示电容对电流阻碍作用大小的物理量。X_C 的大小与 C 和 f 成反比，C 越大，f 越高，X_C 就越小。在直流电路中，由于 $f = 0$，$X_C \to \infty$，故可将电容视为开路，因此电容有隔直的作用。

（4）u 和 i 的最大值相量之间和有效值相量之间的关系分别为

$$\begin{cases} \dot{U}_{\mathrm{m}} = -\mathrm{j} X_C \dot{I}_{\mathrm{m}} \\ \dot{U} = -\mathrm{j} X_C \dot{I} \end{cases} \tag{3.3.16}$$

电压、电流的波形图和相量图如图 3.3.5(b)、(c)所示。

2. 功率

1）瞬时功率

电容的瞬时功率为

$$\begin{aligned} p &= ui = U_{\mathrm{m}} \sin\omega t \times I_{\mathrm{m}} \sin(\omega t + 90°) \\ &= U_{\mathrm{m}} \sin\omega t \times I_{\mathrm{m}} \cos\omega t = \frac{1}{2} U_{\mathrm{m}} I_{\mathrm{m}} \sin 2\omega t \\ &= \frac{1}{2} \sqrt{2} U \times \sqrt{2} I \sin 2\omega t \\ &= UI \sin 2\omega t \end{aligned} \tag{3.3.17}$$

p 波形图如图 3.3.5(d)所示。由图可知，瞬时功率 p 有正有负，$p > 0$ 时，$|u|$ 增大，这时电容充电，电容从电源获得电能并转换成电场能；$p < 0$ 时，$|u|$ 减小，这时电容放电，电容中储存的电场能又转换成电能回到电源。电容的瞬时功率的这一特点说明了以下两点：

（1）电容不消耗电能，它是一种储能元件。

（2）电容与电源之间有能量的互换。

2）平均功率

电容的平均功率为

$$P = \frac{1}{T} \int_0^T p \mathrm{d}t = \frac{1}{T} \int_0^T UI \sin 2\omega t \, \mathrm{d}t = 0 \tag{3.3.18}$$

从平均功率（有功功率）为 0 这一特点也可以得出电容是储能元件而非耗能元件的结论。

3）无功功率

根据无功功率的定义，电容的无功功率为

$$Q = -UI = -I^2 X_C = -\frac{U^2}{X_C} \tag{3.3.19}$$

电容的无功功率为负值，这与电容的电压滞后于它的电流有关，后面会进一步分析。

【例 3.3.3】　电路如图 3.3.5(a)所示，已知流过电容的电流 $i = 5\sin(10^6 t + 15°)$ A，$C = 0.2\ \mu\mathrm{F}$，求电容两端的电压 u 并画出相量图。

解
$$\dot{I}_{\mathrm{m}} = 5\angle 15°\ \mathrm{A}$$

$$X_C=\frac{1}{\omega C}=\frac{1}{10^6\times0.2\times10^{-6}}\ \Omega=5\ \Omega$$

$$\dot{U}_{\mathrm{m}}=-\mathrm{j}X_C\dot{I}_{\mathrm{m}}=-\mathrm{j}5\times5\angle15°\ \mathrm{V}=25\angle-75°\ \mathrm{V}$$

$$u=25\sin(10^6t-75°)\ \mathrm{V}$$

相量图如图 3.3.6 所示。

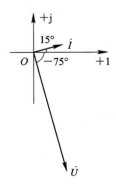

图 3.3.6　例 3.3.3 的相量图

3.4　正弦稳态交流电路分析

3.4.1　阻抗与导纳

1. 阻抗

图 3.4.1(a)所示为电阻、电感和电容元件串联的交流电路。图 3.4.1(b)是将图 3.4.1(a)中的电压电流都用相量的形式标出，即 R、L、C 都用电压与电流的相量之比标出，图 3.4.1(b)是原电路图的相量模型。可见，相量模型中三个元件的单位都统一为"Ω"，而在原电路中 R、L、C 的单位是不一致的，所以在分析交流电路时通常是在相量模型上进行分析及计算的。

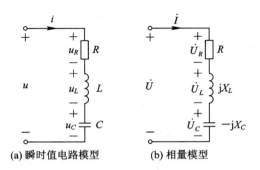

(a) 瞬时值电路模型　　　**(b) 相量模型**

图 3.4.1　串联交流电路

电路中同一电流通过各元件，电流与各个电压的参考方向如图 3.4.1 所示。

根据基尔霍夫电压定律，可用相量形式列出电压方程如下：

$$\dot{U} = \dot{U}_R + \dot{U}_L + \dot{U}_C$$

因为 $\dot{U}_R = R\dot{I}$，$\dot{U}_L = jX_L\dot{I}$，$\dot{U}_C = -jX_C\dot{I}$，所以

$$\dot{U} = R\dot{I} + jX_L\dot{I} - jX_C\dot{I}$$
$$= [R + j(X_L - X_C)]\dot{I} = (R + jX)\dot{I} \tag{3.4.1}$$

式中 $X = X_L - X_C$ 称为电抗，单位为 Ω。

再令

$$Z = \frac{\dot{U}}{\dot{I}} \tag{3.4.2}$$

Z 称为交流电路的阻抗，它的定义为端口电压相量与电流相量之比，单位为 Ω。Z 只是一般的复数计算量，不是相量，所以字母 Z 的顶部不加小圆点。由于阻抗 Z 与其他复数一样，因此也可以将 Z 写成以下形式：

$$Z = R + jX = |Z|(\cos\varphi + j\sin\varphi) = |Z|e^{j\varphi} = |Z|\angle\varphi \tag{3.4.3}$$

式中，$|Z|$ 是阻抗 Z 的模，称为阻抗模，即

$$|Z| = \sqrt{R^2 + X^2} \tag{3.4.4}$$

φ 是 Z 的角，称为阻抗角，即

$$\varphi = \arctan\frac{X}{R} \tag{3.4.5}$$

显然，$|Z|$、R 和 X 构成直角三角形，R 是 $|Z|$ 的实部，X 是 $|Z|$ 的虚部，这个三角形称为阻抗三角形，如图 3.4.2 所示。

由式(3.4.2)可以写出阻抗 Z 的另一套公式：

$$Z = \frac{\dot{U}}{\dot{I}} = \frac{U\angle\varphi_u}{I\angle\varphi_i} = \frac{U}{I}\angle(\varphi_u - \varphi_i) = \frac{U}{I}\angle\varphi \tag{3.4.6}$$

可见，阻抗模 $|Z|$ 和阻抗角还可用以下公式表示：

$$|Z| = \frac{U}{I} \tag{3.4.7}$$

$$\varphi = \varphi_u - \varphi_i \tag{3.4.8}$$

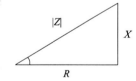

图 3.4.2　阻抗三角形

所以，阻抗、阻抗模、阻抗角都有两个计算公式，一个是定义式，一个是参数公式，分别在不同的场合使用。

画出图 3.4.1(b)的相量图，如图 3.4.3 所示，可以更直观地看出电压和电流的关系。画相量图时通常选定一个物理量作为参考相量，其他相量与这个参考相量进行比较，该电路因为是串联电路，各元件上的电流一样，因此选择电流作为参考相量比较方便，即假设电流的初相位为 0，将电流画为水平向右的方向，然后再画出各元件的电压及总电压，可见，$\dot{U}$、$\dot{U}_R$ 及 $(\dot{U}_L + \dot{U}_C)$ 构成了一个直角三角形，称为电压三角形。利用这个电压三角形，可求得电压的有效值，即

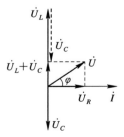

图 3.4.3　串联交流电路的相量图

$$U = \sqrt{U_R^2 + (U_L - U_C)^2} = \sqrt{(RI)^2 + (X_L I - X_C I)^2} = I\sqrt{R^2 + X^2} = I|Z|$$

由相量图不难看出，总电压是各部分电压的相量和而不是代数和，电容电压和电感电

压方向相反,它们的叠加有可能会使总电压小于分电压,这种情况在直流电路中是不可能出现的。

2. 导纳

在有些并联电路当中,用阻抗的倒数比较方便,其定义如下:

$$Y = \frac{1}{Z} = \frac{\dot{I}}{\dot{U}} = \frac{I\angle\varphi_i}{U\angle\varphi_u} = \frac{I}{U}\angle(\varphi_i - \varphi_u) = |Y|\angle\varphi_Y$$

式中:Y 称为导纳,单位为 S(西);$|Y|$ 称为导纳模,φ_Y 称为导纳角。可见,导纳模与阻抗模互为倒数,导纳角和阻抗角互为相反数。

上面讨论的串联电路中包含了三种性质不同的参数,是具有一般意义的典型电路。单一参数交流电路或者只含有某两种参数的串联电路都可以视为 RLC 串联电路的特例。单一元件的电压、电流和功率如表 3.4.1 所示。

表 3.4.1   单一元件的电压、电流和功率总结表

元件	瞬时值的伏安关系	有效值的伏安关系	相量形式的伏安关系	电压电流的相位关系	u 与 i 的相位差	有功功率 P	无功功率 Q
R	$u=Ri$	$U=RI$	$\dot{U}=R\dot{I}$	同相	$0°$	UI	0
L	$u=L\dfrac{\mathrm{d}i}{\mathrm{d}t}$	$U=X_L I$	$\dot{U}=\mathrm{j}X_L\dot{I}$	u 超前 $i\,90°$	$90°$	0	UI
C	$i=C\dfrac{\mathrm{d}u}{\mathrm{d}t}$	$U=X_C I$	$\dot{U}=-\mathrm{j}X_C\dot{I}$	u 滞后 $i\,90°$	$-90°$	0	$-UI$

3. 电路的性质

从公式(3.4.5)可看出,φ 的大小是由负载的参数决定的,即 φ 的大小由 R、L 和 C 决定。随着电路参数的不同,电压 u 与电流 i 之间的相位差 φ 也不同,即阻抗角也不同。

根据电压和电流的相位关系,可将电路分为以下三种情况:

(1) $0<\varphi<90°$,即 $X_L>X_C$,此时 $U_L>U_C$,相位上电压超前电流,电路的性质是介于纯电阻和纯电感之间,这种电路称为电感性电路。

(2) $-90°<\varphi<0$,即 $X_L<X_C$,此时 $U_L<U_C$,相位上电压滞后电流,电路的性质是介于纯电阻与纯电容之间,这种电路称为电容性电路。

(3) $\varphi=0°$,即 $X_L=X_C$,此时 $U_L=U_C$,电感电压和电容电压大小相等、方向相反,完全抵消了,总电压就等于电阻上的电压,对外电路来说相当于只有一个电阻元件。端口电压和电流同相位,这种电路称为电阻性电路。这种特殊现象称为谐振现象,在本章后面会详细讨论。

【例 3.4.1】 RLC 串联电路中,$R=16\ \Omega$,$X_L=4\ \Omega$,$X_C=16\ \Omega$,电源电压 $u=100\sqrt{2}\sin(314t+30°)\mathrm{V}$。

(1) 求阻抗 Z、总电流 i、各元件上的电压瞬时值;

(2) 判断电路的性质;

(3) 画出相量图。

解　（1）
$$Z = R + j(X_L - X_C) = (16 - j12)\ \Omega = 20\angle-37°\ \Omega$$

$$\dot{I}_m = \frac{\dot{U}_m}{Z} = \frac{100\sqrt{2}\angle30°}{20\angle-37°}\ A = 5\sqrt{2}\angle67°\ A$$

$$i = 5\sqrt{2}\sin(314t + 67°)\ A$$

$$\dot{U}_{Rm} = R\dot{I}_m = 16 \times 5\sqrt{2}\angle67°\ V = 80\sqrt{2}\angle67°\ V$$

$$u_R = 80\sqrt{2}\sin(314t + 67°)\ V$$

$$\dot{U}_{Lm} = jX_L\dot{I}_m = 4\angle90° \times 5\sqrt{2}\angle67°\ V = 20\sqrt{2}\angle157°\ V$$

$$u_L = 20\sqrt{2}\sin(314t + 157°)\ V$$

$$\dot{U}_{Cm} = -jX_C\dot{I}_m = 16\angle-90° \times 5\sqrt{2}\angle67°\ V = 80\sqrt{2}\angle-23°\ V$$

$$u_C = 80\sqrt{2}\sin(314t - 23°)\ V$$

（2）因为 $\varphi = -37° < 0°$，故电路为电容性电路。

（3）相量图如图 3.4.4 所示。

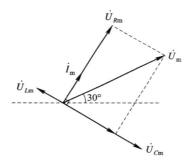

图 3.4.4　例 3.4.1 的相量图

【例 3.4.2】　在图 3.4.5(a)所示正弦交流电路中，求未知电压表的读数、有功功率、无功功率。

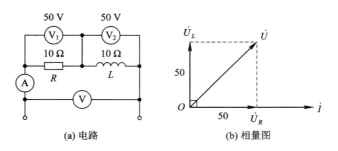

(a) 电路　　　　　　　　(b) 相量图

图 3.4.5　例 3.4.2 图

解　由图 3.4.5(a)可知电阻和电感两端电压表的读数，而总电流表和总电压表的读数未知，因为 RL 串联，所以以电流作为参考相量，即设电流初相位为 0。画出相量图如图 3.4.5(b)所示，由图得总电压表读数为 $50\sqrt{2}$ V，$I = \dfrac{U}{|Z|} = \dfrac{50\sqrt{2}}{\sqrt{10^2 + 10^2}}$ A = 5 A，所以电流表读数为 5 A。

有功功率只有电阻才有，故

$$P = I^2 R = 25 \times 10 \text{ W} = 250 \text{ W}$$

无功功率只有电感才有，故

$$Q = I^2 X_L = 25 \times 10 \text{ var} = 250 \text{ var}$$

3.4.2　阻抗串联电路

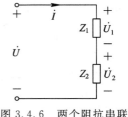

图 3.4.6 所示是两个阻抗串联的电路，根据图中的参考方向，可列出电压方程如下：

$$\dot{U} = \dot{U}_1 + \dot{U}_2 = Z_1 \dot{I} + Z_2 \dot{I} = (Z_1 + Z_2)\dot{I} = Z\dot{I}$$

等效阻抗为

$$Z = Z_1 + Z_2$$

图 3.4.6　两个阻抗串联

可见，多个阻抗串联可等效成一个阻抗，等效阻抗的实部为各阻抗实部相加，等效阻抗的虚部为各阻抗虚部相加。

3.4.3　阻抗并联电路

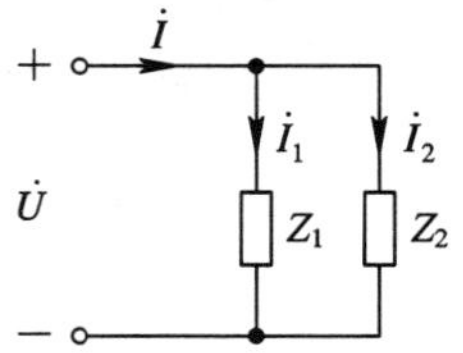

图 3.4.7 所示为两个阻抗并联电路，根据图中的参考方向，可列出电流方程如下：

$$\dot{I} = \dot{I}_1 + \dot{I}_2 = \frac{\dot{U}}{Z_1} + \frac{\dot{U}}{Z_2} = \dot{U}\left(\frac{1}{Z_1} + \frac{1}{Z_2}\right) = \frac{\dot{U}}{Z}$$

等效阻抗为

图 3.4.7　两个阻抗并联

$$Z = \frac{1}{\dfrac{1}{Z_1} + \dfrac{1}{Z_2}} = \frac{Z_1 Z_2}{Z_1 + Z_2} \tag{3.4.9}$$

计算并联阻抗时，用导纳计算更方便，因此式（3.4.9）可写成 $Y = Y_1 + Y_2$。

可见，阻抗并联的公式与电阻并联的公式一样，只是计算时用复数计算而已，串联时的分压公式和并联时的分流公式都和电阻电路一模一样，这里不再赘述，读者可自行推导。

【例 3.4.3】　电路模型如图 3.4.8 所示，已知电源电压 $\dot{U} = 50\angle 37° \text{ V}$，求 Z_{ab} 和 $\dot{I}$。

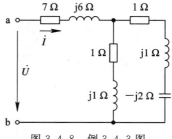

解　$Z_{ab} = \left[\dfrac{(1+j1-j2)(1+j1)}{(1+j1-j2)+(1+j1)} + 7 + j6\right] \Omega$

$= (8+j6) \Omega = 10\angle 37° \Omega$

$\dot{I} = \dfrac{\dot{U}}{Z_{ab}} = \dfrac{50\angle 37°}{10\angle 37°} \text{ A} = 5 \text{ A}$

图 3.4.8　例 3.4.3 图

3.5　交流电路的功率

在单一参数交流电路里，我们分别讨论了 R、L、C 元件的瞬时功率、有功功率和无功功率。当电路中同时含有 R、L、C 元件时，电路的功率应该既包含电阻元件消耗的有功功率，又包含储能元件与电源交换的无功功率。那么对于这种交流电路来说，它的功率与电压、电流之间有什么关系呢？

　　对于一般交流电路，可写出它的瞬时电压和瞬时电流的一般通式，设

$$u = U_\text{m}\sin(\omega t + \varphi_u)$$
$$i = I_\text{m}\sin(\omega t + \varphi_i)$$

将相位差 $\varphi = \varphi_u - \varphi_i$ 代入电流公式中，得

$$i = I_\text{m}\sin(\omega t + \varphi_u - \varphi)$$

根据瞬时功率定义可得

$$
\begin{aligned}
p &= ui = U_\text{m}\sin(\omega t + \varphi_u) \times I_\text{m}\sin(\omega t + \varphi_u - \varphi) \\
&= 2UI\sin(\omega t + \varphi_u)\sin(\omega t + \varphi_u - \varphi) \\
&= UI\left[\cos(\omega t + \varphi_u - \omega t - \varphi_u + \varphi) - \cos(\omega t + \varphi_u + \omega t + \varphi_u - \varphi)\right] \\
&= UI\left[\cos\varphi - \cos(2\omega t + 2\varphi_u - \varphi)\right]
\end{aligned}
$$

$$(3.5.1)$$

根据有功功率定义可得

$$
\begin{aligned}
P &= \frac{1}{T}\int_0^T p\,\mathrm{d}t \\
&= \frac{1}{T}\int_0^T UI\left[\cos\varphi - \cos(2\omega t + 2\varphi_u - \varphi)\right]\mathrm{d}t \\
&= \frac{UI}{T}\int_0^T \cos\varphi\,\mathrm{d}t - \frac{UI}{T}\int_0^T \cos(2\omega t + 2\varphi_u - \varphi)\,\mathrm{d}t \\
&= UI\cos\varphi
\end{aligned}
$$

$$(3.5.2)$$

　　式 (3.5.2) 就是一般的交流电路中有功功率的通式，这是根据定义公式推导出来的。我们还可以从相量图上推导出这个式子，如图 3.5.1 所示。在分析单一参数交流电路时，我们知道，当电流与电压同相时，电路为纯电阻电路，只消耗有功功率，没有无功功率，这时电路中的电流是用来传递有功功率的；当电流与电压的相位差为 $\pm 90°$ 时，电路为纯电感电路或纯电容电路，只有无功功率，没有有功功率，这时电路中的电流是用来传递无功功率的。在一般的交流电路中，电流与电压的相位差为 $-90° \leqslant \varphi \leqslant 90°$，这时可将 $\dot{I}$ 分解成两个分量，一个与电压同相，另一个与电压方向垂直，其中与 $\dot{U}$ 同相的分量 $\dot{I}_P$ 是用来传递有功功率的，称为电流的有功分量，$I_P = I\cos\varphi$；与 $\dot{U}$ 方向垂直的分量 $\dot{I}_Q$ 是用来传递无功功率的，称为电流的无功分量，$I_Q = I\sin\varphi$。

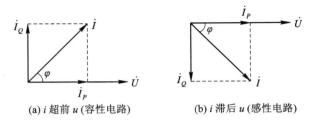

(a) i 超前 u (容性电路)　　　　(b) i 滞后 u (感性电路)

图 3.5.1　电流的有功分量和无功分量

　　有功功率就是同方向的 U、I_P 相乘，无功功率就是垂直方向的 U、I_Q 相乘，因此可从图 3.5.1 得出有功功率和无功功率的一般通式为

$$\begin{cases} P = UI\cos\varphi \\ Q = UI\sin\varphi \end{cases}$$

$$(3.5.3)$$

电压与电流的有效值的乘积定义为视在功率,用 S 表示,单位为伏安(V·A)。

$$S = UI \tag{3.5.4}$$

在直流电路中,UI 等于负载消耗的功率,所以直流电路中,$P = S$。而在交流电路中,负载消耗的功率为 $UI\cos\varphi$,所以 UI 不代表实际消耗的功率,除非 $\cos\varphi = 1$。视在功率用来说明一个电气设备的最大容量。

由式(3.5.2)、式(3.5.3)、式(3.5.4)可得出三种功率间的关系为

$$P = S\cos\varphi$$

$$Q = S\sin\varphi$$

$$S = \sqrt{P^2 + Q^2}$$

P、Q、S 三者之间符合直角三角形的关系,如图 3.5.2 所示,这个三角形称为功率三角形。不难看出,电压三角形、阻抗三角形和功率三角形是三个相似三角形,它们的夹角都为阻抗角,所以阻抗角在交流电路分析中是一个重要的参数。

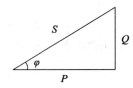

图 3.5.2　功率三角形

在接有负载的电路中,不论电路的结构如何,电路总功率与局部功率的关系如下:

(1)总的有功功率等于各部分有功功率的算术和。因为有功功率是实际消耗的功率,所以电路中的有功功率总为正值,并且总有功功率等于电阻元件的有功功率的算术和,即

$$P = \sum P_i = \sum R_i I_i^2 \tag{3.5.5}$$

(2)在同一电路中,电感的无功功率为正,电容的无功功率为负。因此,电路总的无功功率等于各部分的无功功率的代数和,即

$$Q = Q_L + Q_C = |Q_L| - |Q_C| \tag{3.5.6}$$

(3)视在功率是功率三角形的斜边,所以一般情况下总的视在功率不等于各部分视在功率的代数和,即 $S \neq \sum S_i$,只能用公式进行计算。

【例 3.5.1】　如图 3.5.3 所示电路中,$\dot{U} = 220\angle 30° \text{V}$,$R_1 = 20\ \Omega$,$R_2 = 12\ \Omega$,$X_L = 16\ \Omega$,$X_C = 10\ \Omega$。求:

(1)各支路电流的相量形式 $\dot{I}_1$、$\dot{I}_2$、$\dot{I}_3$、$\dot{I}$;

(2)电路的总有功功率 P、总无功功率 Q 和总视在功率 S。

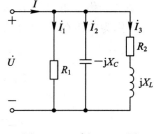

图 3.5.3　例 3.5.1 图

解　(1) $\dot{I}_1 = \dfrac{\dot{U}}{R_1} = \dfrac{220\angle 30°}{20}\ \text{A} = 11\angle 30°\ \text{A}$

$\dot{I}_2 = \dfrac{\dot{U}}{-\mathrm{j}X_C} = \dfrac{220\angle 30°}{10\angle -90°}\ \text{A} = 22\angle 120°\ \text{A}$

$\dot{I}_3 = \dfrac{\dot{U}}{R_2 + \mathrm{j}X_L} = \dfrac{220\angle 30°}{20\angle 53°}\ \text{A} = 11\angle -23°\ \text{A}$

$\dot{I} = \dot{I}_1 + \dot{I}_2 + \dot{I}_3 = (11\angle 30° + 22\angle 120° + 11\angle -23°)\ \text{A}$

$\quad = 22\angle 66.87°\ \text{A}$

(2)有功功率:

$$P = UI\cos\varphi = 220 \times 22 \times \cos(30° - 66.87°)\ \text{W} = 3872\ \text{W}$$

或

$$P = I_1^2 R_1 + I_3^2 R_2 = 11^2 \times 20 + 11^2 \times 12 \text{ W} = 3872 \text{ W}$$

无功功率：

$$Q = UI\sin\varphi = 220 \times 22 \times \sin(30° - 66.87°)\text{var} = -2904 \text{ var}$$

或

$$Q = -I_2^2 X_C + I_3^2 X_L = (-22^2 \times 10 + 11^2 \times 16)\text{var} = -2904 \text{ var}$$

视在功率：

$$S = UI = 220 \times 22 \text{ V} \cdot \text{A} = 4840 \text{ V} \cdot \text{A}$$

3.6　电路的功率因数

在交流电路中，有功功率与视在功率的比值称为电路的功率因数，用 λ 表示，即

$$\lambda = \frac{P}{S} = \cos\varphi \tag{3.6.1}$$

所以阻抗角 φ 也常称为功率因数角。由阻抗三角形可知，$\cos\varphi = \dfrac{R}{|Z|} = \dfrac{R}{\sqrt{R^2 + X^2}}$，可见 λ 仅由电路的参数决定。在纯电阻电路中，$P = S$，$Q = 0$，$\lambda = 1$，功率因数最高。在纯电感和纯电容电路中，$P = 0$，$Q = S$，$\lambda = 0$，功率因数最低。由有功功率表达式 $P = UI\cos\varphi$ 可知，当 P 一定时，$\cos\varphi$ 越小，负载电流越大。这样一方面占用较多的电网容量，使电网不能充分发挥其供电能力，另一方面又会在发电机和输电线上造成较大的功率损耗和电压降。因此功率因数是一项重要的经济指标，它反映了用电质量和效率，从充分利用电器设备的观点来看，应尽量提高 λ。

1. 功率因数低的影响

（1）不能充分利用发电设备的容量。

容量 S_N 一定的供电设备能够输出的有功功率为

$$P = S_N\cos\varphi$$

若 $\cos\varphi$ 太小，P 也就太小，设备的利用率就太低了。

（2）增加线路和供电设备的功率损耗。

负载从电源获得的电流为

$$I = \frac{P}{U\cos\varphi}$$

因为线路的功率损耗为 $P = rI^2$，与 I^2 成正比，所以在 P 和 U 一定的情况下，$\cos\varphi$ 越小低，I 就越大，供电设备和输电线路的功率损耗都会增多。

2. 功率因数低的原因

目前的各种用电设备中，电感性负载居多。并且很多负载如日光灯、工频炉等本身的功率因数很低。电感性负载的功率因数之所以小于 1，是由于负载本身需要一定的无功功率，从技术经济的观点出发，要解决这个矛盾，实际上就是要解决如何减少电源与负载之间能量互换的问题。

3. 提高功率因数的方法

提高功率因数常用的方法是在电感性负载两端并联电容。下面以日光灯为例来说明并联电容前后整个电路的工作情况，电路图和相量图如图 3.6.1 所示。

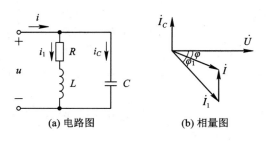

(a) 电路图   **(b) 相量图**

图 3.6.1   负载两端并联电容

1）并联电容前

（1）电路的总电流为

$$I_1 = \frac{U}{\sqrt{R^2 + X_L^2}}$$

（2）电路的功率因数就是负载的功率因数，即

$$\cos\varphi_1 = \frac{R}{\sqrt{R^2 + X_L^2}}$$

（3）有功功率为

$$P = UI_1\cos\varphi_1 = I_1^2 R$$

2）并联电容后

（1）电路的总电流为 $\dot{I} = \dot{I}_1 + \dot{I}_C$。

（2）电路中总的功率因数为 $\cos\varphi$。

（3）有功功率为 $P = UI\cos\varphi = I_1^2 R$。

从相量图上不难看出，$\varphi < \varphi_1$，所以 $\cos\varphi > \cos\varphi_1$，功率因数得到了提高，只要 C 值选得恰当，便可将电路的功率因数提高到希望的数值。从公式可以看出，并联电容后，负载的电流 $\dot{I}_1$ 没有变，负载本身的功率因数 $\cos\varphi_1$ 没有变。因为负载的参数都没有变，所以提高功率因数不是提高负载的功率因数，而是提高了整个电网系统的功率因数，这样对电网而言，提高了用电效率。因为有功功率就是负载消耗的功率，即电阻消耗的功率，而且电感和电容的有功功率都为 0，电阻上的电流不变，所以并联电容前后的有功功率没有发生变化。

如果要将功率因数提高到希望的数值，应该并联多大的电容呢？由相量图可以求得。如图 3.6.1(b)所示，在相量图上由几何关系我们可以求出 I_C，即

$$I_C = I_1\sin\varphi_1 - I\sin\varphi = \frac{P}{U\cos\varphi_1}\sin\varphi_1 - \frac{P}{U\cos\varphi}\sin\varphi$$

$$= \frac{P}{U}(\tan\varphi_1 - \tan\varphi)$$

又因为

$$U = X_C I_C = \frac{1}{\omega C}I_C$$

所以

$$C = \frac{I_C}{\omega U} = \frac{P}{\omega U^2}(\tan\varphi_1 - \tan\varphi) \tag{3.6.2}$$

【例 3.6.1】 已知图 3.6.1(a)中的 L 为铁芯电感，$U = 220$ V，$f = 50$ Hz，日光灯功率

为 40 W，额定电流为 0.4 A。

（1）求 R、L 的值；

（2）要使 $\cos\varphi$ 提高到 0.8，需在日光灯两端并联多大的电容？

解 （1）

$$|Z| = \frac{U}{I} = \frac{220 \text{ V}}{0.4 \text{ A}} = 550 \text{ } \Omega$$

$$\cos\varphi_1 = \frac{P}{UI} = \frac{40 \text{ W}}{220 \text{ V} \times 0.4 \text{ A}} = 0.45$$

$$\varphi_1 = \pm 63° \text{（取"+"，因为电路为电感性电路）}$$

因为

$$Z = |Z| \angle \varphi_1 = 550 \angle 63° \text{ } \Omega = 550(\cos 63° + \text{j}\sin 63°) \text{ } \Omega$$
$$= (250 + \text{j}490) \text{ } \Omega$$

所以

$$R = 250 \text{ } \Omega$$
$$X_L = 490 \text{ } \Omega$$
$$L = \frac{X_L}{2\pi f} = \frac{490 \text{ } \Omega}{2 \times 3.14 \times 50 \text{ Hz}} = 1.56 \text{ H}$$

（2）以 $\dot{U}$ 为参考相量，设 $\dot{U} = 220\angle 0°$ V，可得

$$I' = \frac{P}{U\cos\varphi_2} = \frac{40 \text{ W}}{220 \text{ V} \times 0.8} = 0.227 \text{ A}$$
$$\varphi_2 = 37°$$
$$I_C = I\sin\varphi_1 - I'\sin\varphi_2 = (0.4\sin 63° - 0.22\sin 37°) \text{ A} = 0.22 \text{ A}$$
$$C = \frac{I_C}{\omega U} = \frac{0.22 \text{ A}}{2 \times 3.14 \times 50 \text{ Hz} \times 220 \text{ V}} = 3.2 \text{ } \mu\text{F}$$

也可用式(3.6.2)直接计算电容值：

$$C = \frac{P}{\omega U^2}(\tan\varphi_1 - \tan\varphi_2)$$
$$= \frac{40 \text{ W}}{314 \times (220 \text{ V})^2}(\tan 63° - \tan 37°)$$
$$= 3.2 \text{ } \mu\text{F}$$

3.7 电路中的谐振

在含有电感、电容和电阻的电路中，如果等效电路中的感抗作用和容抗作用相互抵消，使整个电路端口电压和电流同相位，电路对外呈电阻性，则这种现象称为谐振。根据电路的结构不同，有串联谐振和并联谐振两种情况。

3.7.1 RLC 串联谐振

1. 串联谐振的条件

图 3.7.1 为 RLC 串联电路及谐振时的相量图。电路的阻抗 $Z = R + \text{j}(X_L - X_C)$。要使

电路呈电阻性，阻抗的虚部应为 0，故得串联谐振的条件为 $X_L = X_C$，即 $\omega L = \dfrac{1}{\omega C}$，由此得谐振频率为

$$\omega_0 = \frac{1}{\sqrt{LC}} \tag{3.7.1}$$

或

$$f_0 = \frac{1}{2\pi \sqrt{LC}} \tag{3.7.2}$$

其中，ω_0 称为谐振角频率，f_0 称为固有频率，它取决于电路参数 L 和 C，是电路的一种固有属性。当电源的频率等于谐振频率时，RLC 串联电路就产生谐振。若电源的频率是固定的，那么调整 L 或 C 的数值，使电路固有频率等于电源频率，也会产生谐振。

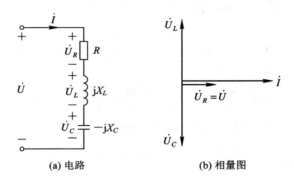

(a) 电路　　　　　　**(b) 相量图**

图 3.7.1　RLC 串联电路及谐振时的相量图

2. 品质因数

为了评价 RLC 串联谐振电路的品质，引入一个重要参数，称为品质因数。品质因数 Q 的一般定义式为

$$Q = \frac{\omega_0 L}{R} = \frac{1}{\omega_0 RC} \tag{3.7.3}$$

发生谐振时的感抗或容抗值，称为电路的特性阻抗，以符号 ρ 表示，即

$$\rho = \omega_0 L = \frac{1}{\omega_0 C} \tag{3.7.4}$$

因此，RLC 串联谐振电路品质因数 Q 与其特性阻抗 ρ 的关系为

$$Q = \frac{\rho}{R} = \frac{\omega_0 L}{R} = \frac{1}{R\omega_0 C} = \frac{1}{R} \sqrt{\frac{L}{C}} \tag{3.7.5}$$

3. 串联谐振的特征

（1）串联谐振时电路的阻抗模最小，此时有

$$|Z| = \sqrt{R^2 + (X_L - X_C)^2} = R$$

$$I = \frac{U}{|Z|} = \frac{U}{R}$$

所以，若电源电压 U 为定值，谐振时电流最大。

（2）电压与电流同相，电路的 $\cos\varphi = 1$。

（3）$U_L = U_C$，$U_{LC} = 0$；若 $X_L = X_C > R$，则 $U_L = U_C = QU > U$，即电路电感和电容元件

上的电压大于总电压，这点可从相量图上看出。如果电压过高，则可能会击穿线圈和电容器的绝缘。因此，在电力工程中一般应避免发生串联谐振。但在无线电工程中则常利用串联谐振以获得较高电压，电容或电感元件上的电压常高于电源电压几十倍或几百倍。

串联谐振时，电感电压与电容电压大小相等、相位相反，互相抵消，因此串联谐振也称为电压谐振。

【例 3.7.1】　在 RLC 串联电路中，已知 $R=20\ \Omega$，$L=500\ \mu\text{H}$，$C=161.5\ \text{pF}$。

(1) 求谐振频率 f_0；

(2) 若信号电压为 $1\ \text{mV}$，求 U_L。

解　(1) 谐振频率：

$$f_0 = \frac{1}{2\pi\sqrt{LC}} = \frac{1}{2\pi\sqrt{500\times10^{-6}\times161.5\times10^{-12}}}\ \text{Hz}$$
$$= 560\ \text{kHz}$$

(2)
$$Q = \frac{\omega_0 L}{R} = \frac{2\pi f_0 L}{R} = \frac{2\pi\times560\times10^3\times500\times10^{-6}}{20} = 88$$
$$U_L = QU = 88\times1\ \text{mV} = 88\ \text{mV}$$

可见，通过串联谐振可使信号电压从 $1\ \text{mV}$ 提高到 $88\ \text{mV}$。

3.7.2　RLC 并联谐振

电路模型如图 3.7.2(a)所示，在角频率为 ω 的正弦电流源 $\dot{I}_S$ 激励作用下，电路的输入导纳为

$$Y(j\omega) = \frac{\dot{I}_S}{\dot{U}} = G + j\left(\omega C - \frac{1}{\omega L}\right) = |Y(j\omega)|\angle\varphi_Y(\omega) \tag{3.7.6}$$

其中 $|Y(j\omega)| = \sqrt{G^2 + \left(\omega C - \dfrac{1}{\omega L}\right)^2}$，$\varphi_Y(\omega) = \arctan\dfrac{\omega C - \dfrac{1}{\omega L}}{G}$。

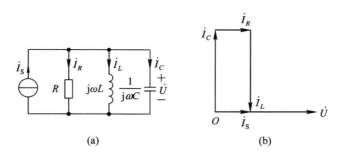

(a)　　　　　　　　(b)

图 3.7.2　RLC 并联电路及谐振时的相量图

电路谐振时，导纳的虚部为 0，有

$$\omega_0 C = \frac{1}{\omega_0 L} \tag{3.7.7}$$

因此，谐振角频率为

$$\omega_0 = \frac{1}{\sqrt{LC}} \tag{3.7.8}$$

进而得到谐振频率为

$$f_0 = \frac{1}{2\pi \sqrt{LC}} \tag{3.7.9}$$

该频率称为电路的固有频率。

并联谐振时,输入导纳 $Y(\mathrm{j}\omega_0)$ 最小,即

$$Y(\mathrm{j}\omega_0) = G + \mathrm{j}\left(\omega_0 C - \frac{1}{\omega_0 L}\right) = G$$

或者说输入阻抗最大,即 $Z(\mathrm{j}\omega_0) = R$,所以谐振时端电压达到最大值为

$$U(\omega_0) = |Z(\mathrm{j}\omega_0)| I_\mathrm{S} = R I_\mathrm{S}$$

可根据这一现象判别并联电路是否发生了谐振。

并联谐振时,$\dot{I}_L + \dot{I}_C = 0$,即谐振时的电感电流和电容电流的有效值相同、相位相反,电感电流和电容电流有效值是电源电流有效值的 Q 倍,当 Q 较大时在电感和电容中会出现过电流,所以并联谐振也称为电流谐振。

谐振时的 $I_L = I_C = Q I_\mathrm{S}$,其中 Q 称为并联谐振电路的品质因数,有

$$Q = \frac{I_L(\omega_0)}{I_\mathrm{S}} = \frac{I_C(\omega_0)}{I_\mathrm{S}} = \frac{1}{\omega_0 L G} = \frac{\omega_0 C}{G} = \frac{1}{G}\sqrt{\frac{C}{L}}$$

本 章 小 结

本章重点介绍了相量与正弦量的对应关系,正弦稳态交流电路的计算方法,交流电路中的功率,以及交流电路中的一种特殊现象——谐振。

1. 正弦量

(1) 正弦量的三要素:幅值、角频率、初相位。

(2) 正弦量的表示方法:波形图表示法、瞬时值表示法、相量表示法及相量图。

2. 复数

(1) 复数的表示形式。

代数形式为 $A = a + \mathrm{j}b$,其模为 $|A| = \sqrt{a^2 + b^2}$,辐角为 $\psi = \arctan\dfrac{b}{a}$。

三角形式为 $A = |A|(\cos\theta + \mathrm{j}\sin\theta)$,其模为 $|A|$,辐角为 ψ。

指数形式为 $A = |A|\mathrm{e}^{\mathrm{j}\psi}$,其模为 $|A|$,辐角为 ψ。

极坐标形式为 $A = |A| \angle \psi$,其模为 $|A|$,辐角为 ψ。

(2) 复数的运算。

$$A_1 \pm A_2 = (a_1 + \mathrm{j}b_1) \pm (a_2 + \mathrm{j}b_2) = (a_1 \pm a_2) + \mathrm{j}(b_1 \pm b_2)$$

$$A_1 \cdot A_2 = c_1 \mathrm{e}^{\mathrm{j}\psi_1} \cdot c_2 \mathrm{e}^{\mathrm{j}\psi_2} = c_1 c_2 \mathrm{e}^{\mathrm{j}(\psi_1 + \psi_2)} = c_1 c_2 \angle (\psi_1 + \psi_2)$$

$$\frac{A_1}{A_2} = \frac{c_1 \mathrm{e}^{\mathrm{j}\psi_1}}{c_2 \mathrm{e}^{\mathrm{j}\psi_2}} = \frac{c_1}{c_2} \mathrm{e}^{\mathrm{j}(\psi_1 - \psi_2)} = \frac{c_1}{c_2} \angle (\psi_1 - \psi_2)$$

(3) 旋转因子:$\mathrm{e}^{\mathrm{j}\psi}$。

3. 电路定律的相量形式

(1) KCL、KVL 的相量形式：

$$\sum \dot{I} = 0, \ \sum \dot{U} = 0$$

(2) R、L、C 单一元件的 VCR 的相量形式：

$$R: \dot{U} = R\dot{I}$$

$$L: \dot{U} = jX_L\dot{I} = j\omega L\dot{I}$$

$$C: \dot{U} = -jX_C\dot{I} = -j\frac{1}{\omega C}\dot{I} = \frac{1}{j\omega C}\dot{I}$$

4. 阻抗

(1) 阻抗的定义：端口的电压相量 $\dot{U}$ 与电流相量 $\dot{I}$ 之比，即

$$Z = \frac{\dot{U}}{\dot{I}} = \frac{U\angle\varphi_u}{I\angle\varphi_i} = \frac{U}{I}\angle(\varphi_u - \varphi_i) = |Z|\angle\varphi = R + jX$$

(2) 电路性质的判断方法。

① 若阻抗为代数形式，则看虚部 X 的正负。若 $X > 0$，则电路呈感性；若 $X < 0$，则电路呈容性；若 $X = 0$，则电路呈阻性。

② 若阻抗为极坐标形式，则看阻抗角 φ 的正负。若 $\varphi > 0$，则电路呈感性；若 $\varphi < 0$，则电路呈容性；若 $\varphi = 0$，则电路呈阻性。

③ 看无功功率 Q：若 $Q > 0$，则电路呈感性；若 $Q < 0$，则电路呈容性；若 $Q = 0$，则电路呈阻性。

④ 只给出网络端口电压和电流的表达式时：若电压超前电流，则电路呈感性；若电压滞后电流，则电路呈容性；若电压和电流同相，则电路呈阻性。

(3) 阻抗的串联与并联。

n 个阻抗串联：$Z_{eq} = Z_1 + Z_2 + \cdots + Z_n$。

n 个阻抗并联：$Y_{eq} = Y_1 + Y_2 + \cdots + Y_n$。

5. 画相量图的原则

串联：以电流作为参考相量，然后根据 KVL 画出回路上各电压相量。

并联：以电压作为参考相量，然后根据 KCL 画出支路上各电流相量。

混联：选取并联支路最多的电压相量作为参考相量，再画出其他相量。

6. 正弦交流电路的功率

(1) 有功功率(平均功率)$P(W)$：电路实际消耗的功率，是恒定分量，即

$$P = UI\cos\varphi$$

(2) 无功功率 $Q(var)$：表示电网与动态元件 L、C 之间能量交换的速率，即

$$Q = UI\sin\varphi$$

(3) 视在功率 $S(VA)$：表征电气设备的容量，即

$$S = UI$$

(4) 提高功率因数。

定义：功率因数 $\lambda = \cos\varphi = \dfrac{P}{S}$。

方法：并联电容法。

意义：提高电网的利用率。

计算并联电容值公式：

$$C = \frac{I_C}{\omega U} = \frac{P}{\omega U^2}(\tan\varphi_1 - \tan\varphi)$$

7. 谐振

（1）定义：一端口电压和电流同相位，或阻抗的虚部为零，电路呈电阻性。

（2）串联谐振条件：

$$\omega_0 = \frac{1}{\sqrt{LC}}, \quad f_0 = \frac{1}{2\pi\sqrt{LC}}$$

（3）串联谐振特点：

① 电压与电流同相位，电路呈电阻性。

② 阻抗$|Z|$最小，电路中电流最大。

③ $U_L = U_C = QU_s$。

（4）并联谐振条件：

$$\omega_0 = \frac{1}{\sqrt{LC}}, \quad f_0 = \frac{1}{2\pi\sqrt{LC}}$$

习　　题

3.1　已知 $u = 220\sin(628t + \pi/3)$ V，$i = 10\sin(628t - \pi/3)$ A，则正弦交流电的频率 $f =$ ＿＿＿＿ Hz，$T =$ ＿＿＿ s，电压初相位 $\varphi_u =$ ＿＿＿，电流的初相位 $\varphi_i =$ ＿＿＿，电压与电流的相位差 $\varphi_{ui} =$ ＿＿＿。

3.2　已知 $i = 10\sin(314t - \pi/3)$ A，则该交流电流的有效值 $I =$ ＿＿＿，最大值 $I_m =$ ＿＿＿，频率为＿＿＿，当 $t = 0$ 时，$i_0 =$ ＿＿＿。

3.3　正弦量 $u = U_m\sin(\omega t + \varphi)$ 的三要素是＿＿＿、＿＿＿、＿＿＿。

3.4　含有 RLC 的无源二端网络在一定条件下，电路呈电阻性，即网络的电压与电流同相，这种工作状态称为＿＿＿＿。

3.5　已知：$i = 10\sqrt{2}\sin(314t + 30°)$ A，则 $\dot{I} =$ ＿＿＿。

3.6　一个无源二端网络，在电压与电流为关联参考方向下，$u = 100\sin(\omega t + 45°)$ V，$Z = (4 + j3)$ Ω，$i =$ ＿＿＿。

3.7　如题 3.7 图所示，属于直流电压范围的有＿＿＿＿，属于交流电压范围的是＿＿＿＿。

3.8　已知一复数为 $A = 4 - j4$，其指数形式为 $A =$ ＿＿＿＿，极坐标形式为 ＿＿＿＿，三角形式为 ＿＿＿＿。

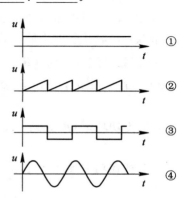

题 3.7 图

3.9　已知两个正弦交流电流 $i_1 = 10\sin(314t - 30°)\,\text{A}$，$i_2 = 310\sin(314t + 90°)\,\text{A}$，则 i_1 和 i_2 的相位差为_____，_____超前_____。

3.10　在 RLC 串联电路中，当 $X_L > X_C$ 时，电路呈_____性；当 $X_L < X_C$ 时，电路呈_____性；当 $X_L = X_C$ 时，电路呈_____性。

3.11　RLC 串联电路发生谐振，已知 $U_S = 100\,\text{V}$，$R = 10\,\Omega$，$X_L = 20\,\Omega$，则谐振时的容抗为_____，谐振电流为_____。

3.12　RLC 串联谐振电路中，已知总电压 $U = 20\,\text{V}$，电流 $I = 10\,\text{A}$，容抗 $X_C = 5\,\Omega$，则感抗 $X_L =$ _____，电阻 $R =$ _____。

3.13　一电路为 LC 串联谐振，已知 $\omega = 1000\,\text{rad/s}$，而 $C = 100\,\mu\text{F}$，则 $L =$ _____H。

3.14　把一个 $100\,\Omega$ 的电阻元件接到频率为 $50\,\text{Hz}$、电压为 $10\,\text{V}$ 的正弦交流电源上，其电流为_____A。

3.15　有一电感 $L = 0.08\text{H}$ 的纯电感线圈，通过频率为 $50\,\text{Hz}$ 的交流电流，其感抗 $X_L =$ _____Ω。如通过电流的频率为 $10\,000\,\text{Hz}$，则其感抗 $X_L =$ _____Ω。

3.16　一个 $10\,\mu\text{F}$ 的电容接在 $50\,\text{Hz}$ 的交流电源上，其容抗 $X_C =$ _____Ω，如接在 $2000\,\text{Hz}$ 的交流电源上，它的容抗 $X_C =$ _____Ω。

3.17　电路如题 3.17 图所示，已知 $Z = 2 + j2\,\Omega$，$R_2 = 2\,\Omega$，$X_C = 2\,\Omega$，$\dot{U}_{ab} = 10\angle 0°\,\text{V}$，求 $\dot{U}$。

3.18　已知电感性负载的有功功率为 $300\,\text{kW}$，功率因数为 0.65，电源电压 $U = 220\,\text{V}$，$f = 50\,\text{Hz}$，若要将功率因数提高到 0.9，求需要并联的电容量。

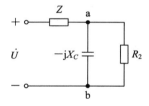

题 3.17 图

3.19　求题 3.19 图所示正弦稳态电路的开路电压 $\dot{U}_{OC}$。

3.20　如题 3.20 图所示电路中，已知 $\dot{U} = 10\angle 0°\,\text{V}$，求支路电流 $\dot{I}$、$\dot{I}_1$、$\dot{I}_2$，并求电路的功率因数。

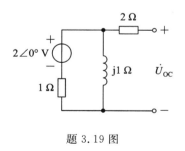

题 3.19 图

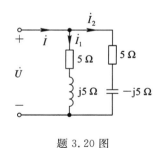

题 3.20 图

习题答案

第4章　供电与用电

目前全世界的电力系统大多采用三相制的供电方式,日常用电是取自三相制中的一相。本章主要讲述三相电源和三相负载的连接方式、三相功率以及安全用电的相关知识。

4.1　三相电源

4.1.1　三相电源的产生

三相电源通常由三相同步发电机产生。图4.1.1(a)是一台具有两个磁极的三相同步发电机结构示意图。发电机的静止部分(外壳)称为定子。定子铁心由硅钢片叠成,内壁有槽,槽内嵌放着形状、尺寸和匝数都相同、轴线互差120°的三个独立线圈,称之为三相绕组。每相绕组的首端用 L_1、L_2、L_3 或 A、B、C 表示,末端用 L_1'、L_2'、L_3' 或 X、Y、Z 表示。发电机的转动部分(中间的磁铁)称为转子,它的磁极由直流电流 I_f 通过励磁绕组而形成。图4.1.1(b)是绕组结构示意图。

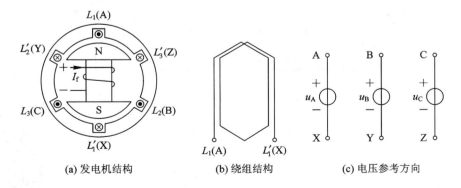

(a) 发电机结构　　　　　(b) 绕组结构　　　　　(c) 电压参考方向

图4.1.1　三相同步发电机

转子在定子中旋转,切割磁力线,由于电磁感应原理,因此在三个绕组上分别产生了 u_A、u_B、u_C 三个正弦感应电压,其参考方向如图4.1.1(c)所示。由于三个绕组的结构、尺寸和旋转速度完全相同，只是空间角度互差 120°，因此 u_A、u_B、u_C 是三个频率相同、幅值相等、相位互差 120°的对称电压，称之为对称三相电压。产生对称三相电压的电源称为对称三相电源。

1. 三相电源的表示形式

如果选择 u_A 为参考量，即令 u_A 初相为 0，则对称三相电压的瞬时表达式为

$$\begin{cases} u_A(t) = U_m \sin(\omega t) = \sqrt{2}U\sin(\omega t) \\ u_B(t) = U_m \sin(\omega t - 120°) = \sqrt{2}U\sin(\omega t - 120°) \\ u_C(t) = U_m \sin(\omega t + 120°) = \sqrt{2}U\sin(\omega t + 120°) \end{cases} \tag{4.1.1}$$

其波形图如图 4.1.2(a)所示。若用有效值相量表示，则为

$$\begin{cases} \dot{U}_A = U\angle 0° \\ \dot{U}_B = U\angle -120° \\ \dot{U}_C = U\angle 120° \end{cases} \tag{4.1.2}$$

相量图如图 4.1.2(b)所示。

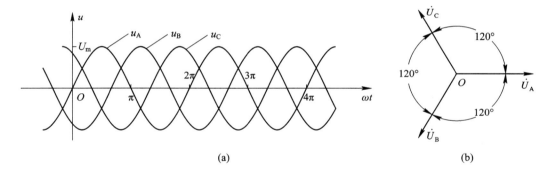

(a)   (b)

图 4.1.2 对称三相电压的波形图和相量图

2. 对称三相电源的特点

由图 4.1.2 可知，对称三相电源在任一时刻三个电压的瞬时值之和及相量之和都为 0，即

$$\begin{cases} u_A + u_B + u_C = 0 \\ \dot{U}_A + \dot{U}_B + \dot{U}_C = 0 \end{cases}$$

3. 对称三相电源的相序

三相电源中各相电源经过最大值的先后顺序称为相序。顺序为 A→B→C→A 的相序称为正序(或顺序)；顺序为 A→C→B→A 的相序称为负序(或逆序)，如图 4.1.3 所示。

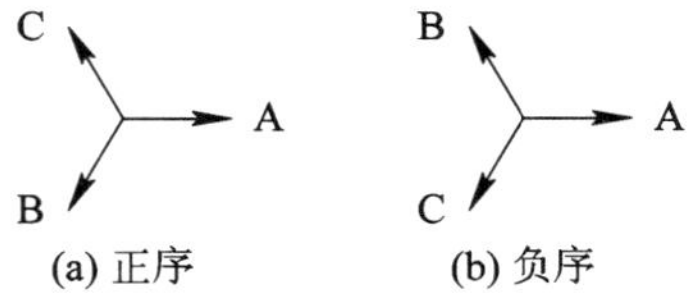

(a) 正序   (b) 负序

图 4.1.3 相序

相序在实际工程中具有重要意义,例如电动机的正反转都是通过相序改变方向的,如图 4.1.4 所示。本书中如果不加说明,一般都是正序。

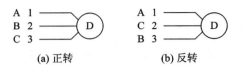

(a) 正转　　　　　　　　(b) 反转

图 4.1.4　电动机正反转控制示意图

4.1.2　三相电源的连接方式

在三相制的电力系统中,电源的三个绕组不是独立向负载供电的,而是按一定方式连接起来,形成一个整体。三相电源的连接方式有星形连接(Y 连接)和三角形连接(△连接)两种。

1. 三相电源的星形连接(Y 连接)

三相电源为星形连接时,三个绕组的末端 X、Y、Z 接在一起,成为一个公共点,该点称为中性点,用字母 N 表示。从中性点引出的导线称为中性线。低压系统的中性点通常接地,故中性线又称为零线或地线。

从三相绕组的三个首端 A、B、C 引出的导线称为相线或端线,俗称火线。

三根相线和一根中性线都引出的供电方式称为三相四线制供电方式,不引出中性线的供电方式称为三相三线制供电方式。三相四线制连接如图 4.1.5(a)所示。

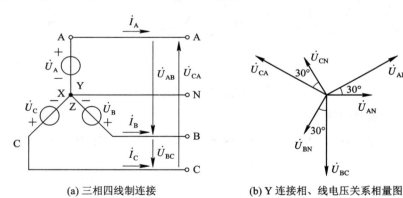

(a) 三相四线制连接　　　　　(b) Y 连接相、线电压关系相量图

图 4.1.5　三相电源的星形连接

采用三相四线制供电方式可以向用户提供两种电压:一种是相线与中性线之间的电压,称为三相电源的相电压,用 $\dot{U}_\text{A}$、$\dot{U}_\text{B}$、$\dot{U}_\text{C}$ 表示;另一种是端线与端线之间的电压,称为三相电源的线电压,用 $\dot{U}_\text{AB}$、$\dot{U}_\text{BC}$、$\dot{U}_\text{CA}$ 表示。在图 4.1.5(a)所示的参考方向下,根据 KVL,线电压与相电压之间的关系为

$$\begin{cases} \dot{U}_\text{AB} = \dot{U}_\text{A} - \dot{U}_\text{B} \\ \dot{U}_\text{BC} = \dot{U}_\text{B} - \dot{U}_\text{C} \\ \dot{U}_\text{CA} = \dot{U}_\text{C} - \dot{U}_\text{A} \end{cases} \tag{4.1.3}$$

对称三相电压的有效值相同,其有效值用 U_P 表示,即 $U_\text{A} = U_\text{B} = U_\text{C} = U_\text{P}$。以 $\dot{U}_\text{A}$ 为参

考相量，根据式(4.1.3)画出电压相量图，如图 4.1.5(b)所示。显然，三个线电压也是对称的，其有效值用 U_L 表示，即 $U_{AB} = U_{BC} = U_{CA} = U_L$。在相量图上用几何方法可以求得线电压和相电压的关系为 $U_L = \sqrt{3} U_P$，且线电压在相位上超前对应的相电压 $30°$。

三相电源工作时，每相绕组中的电流称为电源的相电流。由首端输出的火线上的电流称为电源的线电流。显然，三相电源星形连接时，电源的线电流就是相电流。中性线上的电流称为中性线电流。

2. 三相电源的三角形连接(△连接)

将三相电源中每相绕组的首端与另一相绕组的末端连接在一起，形成一个闭合回路，然后从三个首端引出三根供电线，这种连接方式称为三相电源的三角形连接，如图 4.1.6(a)所示。显然这种供电方式只能是三相三线制供电方式。

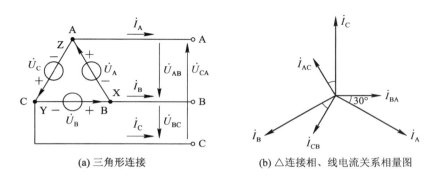

(a) 三角形连接 (b) △连接相、线电流关系相量图

图 4.1.6 三相电源的三角形连接

从图 4.1.6(a)可以看出，三相电源为三角形连接时，线电压就是对应的相电压，即

$$\begin{cases} \dot{U}_A = \dot{U}_{AB} \\ \dot{U}_B = \dot{U}_{BC} \\ \dot{U}_C = \dot{U}_{CA} \end{cases} \tag{4.1.4}$$

△连接相、线电流关系相量图如图 4.1.6(b)所示，在图示参考方向下，根据 KCL，线电流 $\dot{I}_A$、$\dot{I}_B$、$\dot{I}_C$ 与相电流 $\dot{I}_{BA}$、$\dot{I}_{CB}$、$\dot{I}_{AC}$ 的关系为

$$\begin{cases} \dot{I}_A = \dot{I}_{BA} - \dot{I}_{AC} \\ \dot{I}_B = \dot{I}_{CB} - \dot{I}_{BA} \\ \dot{I}_C = \dot{I}_{AC} - \dot{I}_{CB} \end{cases} \tag{4.1.5}$$

电流是否对称取决于负载是否对称。若负载对称，则电流对称，此时电流有效值相同。线电流有效值用 I_L 表示，相电流有效值用 I_P 表示，在相量图上用几何方法可以求得线电流和相电流的关系为 $I_L = \sqrt{3} I_P$，且线电流在相位上滞后相电流 $30°$。

4.2 三 相 负 载

三相电源的作用是给各种负载供电。三相电路中的电源是三相对称电源，负载是三相负载。三相负载是由三个单独的负载组成的，每一部分称为一相负载。三相负载的连接方式也有两种：一种是星形连接（Y 连接），另一种是三角形连接（△连接）。

4.2.1　三相负载的 Y 连接

图 4.2.1 为三相四线制供电线路上负载的星形连接。三相负载的三个末端连接在一起，用 N′表示，接到三相电源的中性线上，三相负载的三个首端分别接三相电源的三根相线。如果不计连接导线的阻抗，负载承受的相电压就是三相电源的相电压，而且每相负载与电源构成一个单独回路，任何一相负载的工作都不受其他两相负载工作的影响，所以各相电流的计算方法和单相电路一样，即

$$
\begin{cases}
\dot{I}_A = \dfrac{\dot{U}_A}{Z_A} \\[2mm]
\dot{I}_B = \dfrac{\dot{U}_B}{Z_B} \\[2mm]
\dot{I}_C = \dfrac{\dot{U}_C}{Z_C}
\end{cases}
\tag{4.2.1}
$$

根据图 4.2.1 中电流的参考方向，列 KCL 方程，得中性线电流为

$$
\dot{I}_N = \dot{I}_A + \dot{I}_B + \dot{I}_C
\tag{4.2.2}
$$

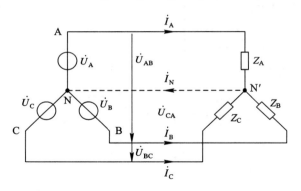

图 4.2.1　三相负载的星形连接

如果三相负载是对称的，即阻抗 $Z_A = Z_B = Z_C$，则电流 $\dot{I}_A$、$\dot{I}_B$ 和 $\dot{I}_C$ 的有效值也相等，在相位上互差 120°，是一组对称三相电流。此时中性线电流为

$$
\dot{I}_N = \dot{I}_A + \dot{I}_B + \dot{I}_C = 0
$$

既然中性线电流为 0，那么可以去掉中性线，将电路变成三相三线制星形连接，而不影响整个电路的对称性。

如果负载不对称，即 $Z_A \neq Z_B \neq Z_C$，中性线的电流不为 0，则不能省去中性线，否则会导致各相负载上的电压不再对称，有的相电压偏高，有的相电压偏低，从而使负载损坏或不能正常工作。所以，中性线的作用是使三相负载星形连接时不对称负载的相电压仍等于三相电源对称的相电压，以保证每相的独立性。

4.2.2　三相负载的△连接

图 4.2.2 所示是三相负载为三角形连接时的电路，每相负载的首端都依次与另一相负载的末端连接在一起，形成闭合回路，三个连接点分别接三相电源的三根相线。三角形连

接的特点是每相负载所承受的电压等于三相电源的线电压。显然,这种连接方式只能是三相三线制,即不需要中性线。

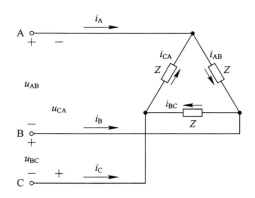

图 4.2.2　三相负载的三角形连接

负载无论是 Y 连接还是△连接,其线电压与相电压的关系以及线电流与相电流的关系都与三相电源的 Y 连接和△连接的结论相同,这里不再重复推导。

如果电路的三相电源和三相负载都是对称的,则称为三相对称电路。在分析三相对称电路时,只要计算其中的一相就可以了,即用单相电路的计算方法,其他两相可根据对称性直接推导得出。

【例 4.2.1】　一星形连接的三相电路如图 4.2.3 所示,三相电源电压对称;设电源线电压 $u_{AB}=380\sqrt{2}\sin(314t+30°)$ V。

(1) 负载为电灯组,若 $R_1=R_2=R_3=5$ Ω,求负载线电流及中性线电流 $\dot{I}_N$;

(2) 若 $R_1=5$ Ω,$R_2=10$ Ω,$R_3=20$ Ω,求负载线电流及中性线电流 $\dot{I}_N$。

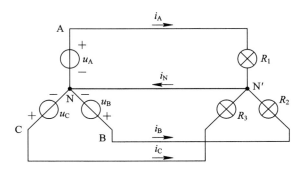

图 4.2.3　例 4.2.1 图

解　(1) 已知 $\dot{U}_{AB}=380\angle30°$ V,根据相电压和线电压的关系可知 $\dot{U}_A=220\angle0°$ V。因为电路对称,则只需计算 A 相即可,故

$$\dot{I}_A=\frac{\dot{U}_A}{R_1}=\frac{220\angle0°}{5}\text{A}=44\angle0°\text{A}$$

B、C 两相可根据对称性直接推出:

$$\dot{I}_B=44\angle-120°\text{ A}$$

$$\dot{I}_C=44\angle120°\text{ A}$$

中性线电流为

$$\dot{I}_N = \dot{I}_A + \dot{I}_B + \dot{I}_C = 0$$

（2）三相负载不对称时，需分别计算各负载线电流：

$$\dot{I}_A = \frac{\dot{U}_A}{R_1} = \frac{220\angle 0°}{5} \text{ A} = 44\angle 0° \text{ A}$$

$$\dot{I}_B = \frac{\dot{U}_B}{R_2} = \frac{220\angle -120°}{10} \text{ A} = 22\angle -120° \text{ A}$$

$$\dot{I}_C = \frac{\dot{U}_C}{R_3} = \frac{220\angle 120°}{20} \text{ A} = 11\angle 120° \text{ A}$$

中性线电流为

$$\dot{I}_N = \dot{I}_A + \dot{I}_B + \dot{I}_C = (44\angle 0° + 22\angle -120° + 11\angle 120°) \text{ A} = 29\angle -19° \text{ A}$$

显然，负载不对称时，中性线电流不为 0，此时不能断开中性线。

【例 4.2.2】 试分析例 4.2.1 所示电路的下列情况：

（1）① R_1 相短路：中性线未断开时，求各相负载电压；② 中性线断开时，求各相负载电压。

（2）① R_1 相断路：中性线未断开时，求各相负载电压；② 中性线断开时，求各相负载电压。

解 （1）① R_1 相短路，中性线未断开时，电路如图 4.2.4(a)所示。此时 R_1 相短路电流很大，将 R_1 相熔断丝熔断，而 R_2 相和 R_3 相未受影响，其相电压仍为 220 V，正常工作。

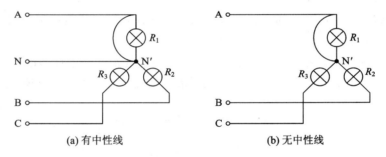

(a) 有中性线   (b) 无中性线

图 4.2.4 R_1 相短路

② R_1 相短路，中性线断开时，电路如图 4.2.4(b)所示。此时负载中性点 N′ 即为 A 端，因此负载各相电压为

$$U_1' = 0 \text{ V}$$

$$U_2' = U_{12}' = 380 \text{ V}$$

$$U_3' = U_{31}' = 380 \text{ V}$$

此情况下，R_2 相和 R_3 相的电灯组上所加的电压都超过额定电压(220 V)，这是不允许的。

（2）① R_1 相断路，中性线未断开时，电路如图 4.2.5(a)所示。R_2 相和 R_3 相的电灯仍承受 220 V 电压，正常工作。

② R_1 相断路，中性线断开时，电路如图 4.2.5(b)所示。电路变为单相电路，可求得

$$I = \frac{U_{BC}}{R_2 + R_3} = \frac{380 \text{ V}}{10 \text{ } \Omega + 20 \text{ } \Omega} = 12.7 \text{ A}$$

$$U_2 = IR_2 = 12.7 \text{ A} \times 10 \text{ } \Omega = 127 \text{ V}$$

$$U_3 = IR_3 = 12.7 \text{ A} \times 20 \text{ } \Omega = 254 \text{ V}$$

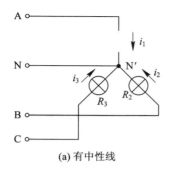
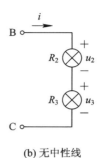

(a) 有中性线　　　　　(b) 无中性线

图 4.2.5　R_1 相断路

例 4.2.2 说明，中性线的作用在于能保持三相负载中性点和三相电源中性点电位一致，从而在三相负载不对称时，负载的相电压仍然是对称的。因此，在三相四线制电路中，不允许中性线断开，也不允许安装熔断器等短路或过电流保护装置。

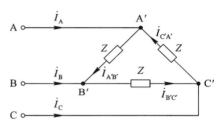

【**例 4.2.3**】　对称三相三线制的线电压为 380 V，每相负载阻抗为 $Z=10\angle53.1°\Omega$，求负载为 △连接时的相电流和线电流。

图 4.2.6　例 4.2.3 电路图

解　负载为 △连接时，电路如图 4.2.6 所示。
设 $\dot{U}_{AB}=380\angle0°$V，则

$$\dot{I}_{A'B'}=\frac{\dot{U}_{AB}}{Z}=\frac{380\angle0°}{10\angle53.1°}\text{A}=38\angle-53.1°\text{A}$$

其他两相负载的相电流分别为

$$\dot{I}_{B'C'}=38\angle(-53.1°-120°)\text{A}=38\angle-173.1°\text{A}$$
$$\dot{I}_{C'A'}=38\angle(-53.1°+120°)\text{A}=38\angle66.9°\text{A}$$

线电流分别为

$$\dot{I}_A=\sqrt{3}\dot{I}_{A'B'}\angle-30°=65.8\angle-83.1°\text{A}$$
$$\dot{I}_B=\dot{I}_A\angle-120°=65.8\angle-203.1°\text{A}=65.8\angle156.9°\text{A}$$
$$\dot{I}_C=\dot{I}_A\angle120°=65.8\angle36.9°\text{A}$$

4.3　三相功率

在三相电路中，不论哪种连接方式，总的有功功率均等于各相有功功率之和，即

$$P=P_A+P_B+P_C \tag{4.3.1}$$

若三相负载对称，则各相功率相同，故三相总功率可简化为

$$P=3P_A=3U_PI_P\cos\varphi \tag{4.3.2}$$

式中，U_P 为相电压，I_P 为相电流，$\cos\varphi$ 为负载的功率因数。

同理，无功功率和视在功率分别为

$$Q=3U_PI_P\sin\varphi \tag{4.3.3}$$
$$S=3U_PI_P=\sqrt{P^2+Q^2} \tag{4.3.4}$$

三相功率也可用线电压和线电流表示。对于星形连接的三相对称负载，由于 $U_P = \dfrac{U_L}{\sqrt{3}}$，$I_P = I_L$，故得

$$P_Y = 3U_P I_P \cos\varphi = 3\frac{U_L}{\sqrt{3}} I_L \cos\varphi = \sqrt{3} U_L I_L \cos\varphi$$

对于三角形连接的三相对称负载，由于 $U_P = U_L$，$I_P = \dfrac{I_L}{\sqrt{3}}$，故得

$$P_\triangle = 3U_P I_P \cos\varphi = 3U_L \frac{I_L}{\sqrt{3}} \cos\varphi = \sqrt{3} U_L I_L \cos\varphi$$

可见，对于三相对称负载，不论是星形或三角形连接，功率公式都可写成

$$P = \sqrt{3} U_L I_L \cos\varphi \tag{4.3.5}$$

$$Q = \sqrt{3} U_L I_L \sin\varphi \tag{4.3.6}$$

$$S = \sqrt{3} U_L I_L \tag{4.3.7}$$

【例 4.3.1】 求例 4.2.3 中电路的有功功率 P、无功功率 Q、视在功率 S。

解
$$P = 3U_P I_P \cos\varphi = 3 \times 220 \times 38 \times \cos 53° \text{ W} = 15.048 \text{ kW}$$
$$Q = 3U_P I_P \sin\varphi = 3 \times 220 \times 38 \times \sin 53° \text{ var} = 20.064 \text{ kvar}$$
$$S = 3U_P I_P = 3 \times 220 \times 38 \text{ V} \cdot \text{A} = 25.08 \text{ kV} \cdot \text{A}$$

4.4 安 全 用 电

4.4.1 触电

人体因触及带电体而承受过高的电压，以致引起局部受伤或死亡的现象称为触电。触电按照伤害程度不同分为电击和电伤两种。

1. 电击

电击是指人体触及电流而导致内部器官受到损害的现象，它是最危险的触电事故。当电流通过人体时，轻者可使人肌肉痉挛、产生麻电感，重者会造成呼吸困难甚至死亡。电击多发生在低压线路或带电设备上，因为这些带电体是人们日常工作和生活中容易接触到的。

2. 电伤

电伤是指电流对人体外部造成的局部伤害。电流的热效应、化学效应、机械效应以及电流本身的作用可使熔化或蒸发的金属微粒等侵入人体皮肤，造成皮肤局部发红、起泡或组织破坏，严重时会危及人的生命。电伤多发生在 1000 V 及以上的高压带电体上。

3. 安全电流

电流对人体的危害与电流的大小、通过人体时间的长短及电流通过人体的部位等因素有关。我们把人体触电后所能摆脱的最大电流称为安全电流。我国规定安全电流为 30 mA·s，即触电时间在 1 s 内，通过人体的最大允许电流为 30 mA。人体电阻在 600～10 000 Ω 之间，

一般情况下人体接触 36 V 电压时，通过人体的电流不会超过 30 mA。我们把 36 V 电压称为安全电压。但在环境潮湿和能导电的厂房，安全电压值规定为正常环境安全电压的 2/3 或 1/3。另外，相同电压的交流电比直流电对人体的危害更大。人体对电流的反应见表 4.4.1。

表 4.4.1　人体对电流的反应

电 流 值	反 应
$100 \sim 200 \, \mu A$	对人体无害，能治病
1 mA 左右	引起麻痹的感觉
不超过 10 mA 时	人尚可摆脱电源
超过 30 mA 时	感到剧痛，神经麻痹，呼吸困难，有生命危险
达到 100 mA 时	只要很短时间，即可使人心跳停止

4.4.2　触电方式

人体触电方式常见的有单相触电、两相触电、跨步电压触电和接触电压触电。

1. 单相触电

在人体与大地之间互不绝缘的情况下，当人体的某一部位触及三相电源线中的任意一根导线时，电流从带电导线经过人体流入大地而造成的触电伤害，称为单相触电。大部分触电事故属于单相触电。单相触电又可分为中性点接地和中性点不接地两种情况，如图 4.4.1 所示。

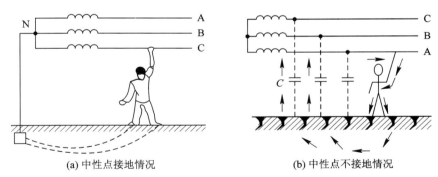

(a) 中性点接地情况　　　　　(b) 中性点不接地情况
图 4.4.1　单相触电示意图

（1）电源中性点接地系统的单相触电：人站在地面上，手触及端线时有电流通过人体到达中性点，如图 4.4.1(a) 所示。

（2）电源中性点不接地系统的单相触电：人手触及电源端线时，若端线与地面间存在绝缘不良的情况，则可能形成绝缘电阻；或在交流情况下，端线与地面间会形成分布电容，当人站在地面时，人体电阻与绝缘电阻并联而组成并联回路，导致电流通过人体，对人体造成伤害，如图 4.4.1(b) 所示。

2. 两相触电

两相触电也叫相间触电，是指人体在与大地绝缘的情况下，同时触及两根不同的相线，或者人体同时触及电气设备的两个不同相的带电部位时，电流由一根相线经过人体到达另一根相线，形成闭合回路，如图 4.4.2 所示。两相触电比单相触电更危险，因为此时加在人体上的是线电压。

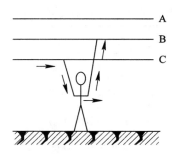

图 4.4.2　两相触电示意图

3. 跨步电压触电

当电气设备的绝缘损坏或线路的一相断线落地时，落地点的电位就是导线的电位，电流就会从落地点（或绝缘损坏处）流入大地。离落地点越远，电位越低。根据实际测量，在离导线落地点 20 m 以外的地方，由于入地电流非常小，地面的电位近似等于零。如果有人走近导线落地点附近，由于人的两脚电位不同，因此在两脚间会出现电位差，这个电位差叫作跨步电压。离电流入地点越近，则跨步电压越大；离电流入地点越远，则跨步电压越小；在离落地点 20 m 以外，跨步电压很小，可以看作是零。跨步电压触电情况示意图如图 4.4.3 所示。当发现跨步电压触电的危险时，应立即把双脚并在一起，或单脚跳着离开危险区，否则，会因触电时间长而导致触电死亡。

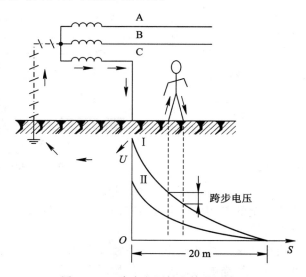

图 4.4.3　跨步电压触电情况示意图

4. 接触电压触电

导线接地后，如果人走近导线落地点附近，则不但会产生跨步电压触电，还会产生另一种形式的触电，即接触电压触电，如图 4.4.4 所示。图中左侧虚线表示设备绝缘损坏，造成接地故障,使设备金属外壳带电。

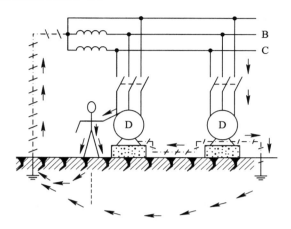

图 4.4.4　接触电压触电示意图

若接地装置布置不合理,接地设备发生碰壳时会因电位分布不均匀而形成一个电位分布区域。在此区域内,人体与带电设备外壳相接触时,会发生接触电压触电。接触电压等于相电压减去人体站立地面点的电压。人体站立点离接地点越近,则接触电压越小,反之越大。当人体站立点距离接地点 20 m 以外时,地面电压趋近于零,接触电压最大,约为电气设备的对地电压,即 220 V。

4.4.3　接地和接零

电气设备在使用中若发生绝缘损坏或击穿会造成外壳带电,此时,人体触及设备外壳就会有触电的可能。为此,电气设备必须与大地进行可靠的电气连接,即接地保护。接地可分为工作接地、保护接地(见图 4.4.5)和保护接零。

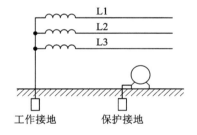

图 4.4.5　工作接地和保护接地示意图

1. 工作接地

工作接地是指为保证电气设备正常工作而进行的接地。通常是将电气设备的某一部分通过接地线与埋在地下的接地体连接起来。三相发电机或变压器的中性点接地属于工作接地。工作接地的目的是当一相接地而人体接触另一相时,触电电压降低到相电压,从而降低电气设备和输电线的绝缘水平。

2. 保护接地

保护接地指为保证人身安全,防止人体接触设备外露部分而触电的一种接地形式。在中性点不接地系统中,设备外露部分(金属外壳或金属构架)必须与大地进行可靠电气连接,即保护接地。

接地装置由接地体和接地线组成。埋入地下直接与大地接触的金属导体称为接地体;连接接地体和电气设备接地螺栓的金属导体称为接地线。接地体的对地电阻和接地线电阻的总和称为接地装置的接地电阻。

在中性点不接地系统中,如果设备外壳不接地且意外带电,则外壳与大地间存在电压，人体触及设备外壳时，将有电流流过人体，如图 4.4.6(a) 所示。如果将设备外壳接地（如图 4.4.6(b) 所示），则人体与接地体相当于电阻并联，流过每一通路的电流值与其电阻成反比。人体电阻通常为 600~10 000 Ω，接地电阻通常小于 4 Ω，流过人体的电流很小，这样就能保证人体的安全。

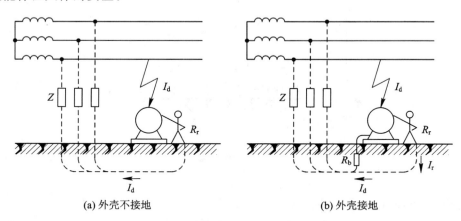

(a) 外壳不接地　　　　　　　　　(b) 外壳接地

图 4.4.6　中性点不接地系统保护接地示意图

保护接地适用于中性点不接地的低压电网。在不接地电网中，由于单相对地电流较小，利用保护接地可使人体避免发生触电事故。但在中性点接地电网中，由于单相对地电流较大，保护接地无法完全避免人体触电的危险，因此要采用保护接零。

3. 保护接零

保护接零是指电源中性点接地系统中，将设备需要接地的外露部分与电源中性线直接连接，相当于设备外露部分与大地进行了电气连接。

当设备正常工作时，其外露部分不带电，人体触及设备外壳相当于触及零线，无危险。采用保护接零时，应注意不宜将保护接地和保护接零混用，而且中性点工作接地必须可靠。中性点接地系统保护接零示意图如图 4.4.7 所示。

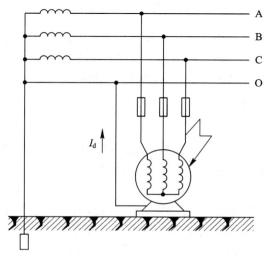

图 4.4.7　中性点接地系统保护接零示意图

4. 重复接地

在电源中性线工作接地的系统中，为确保保护接零的可靠，还需相隔一定距离将中性线或接地线重新接地，这样的接地称为重复接地，工作接地、保护接零和重复接地如图4.4.8所示。如果没有重复接地，则一旦中性线断线，设备外露部分带电，人体触及设备外露部分同样会有触电的可能。而在重复接地的系统中，即使出现中性线断线，但设备外露部分因重复接地而使其对地电压大大下降，对人体的危害也大大下降。不过应尽量避免中性线或接地线出现断线的现象。

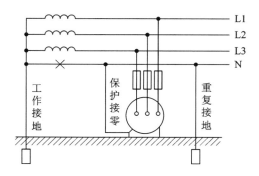

图 4.4.8　工作接地、保护接零和重复接地示意图

4.4.4　触电急救

触电事故总是突然间发生，触电者一般不会立即死亡，往往是"假死"，现场人员应该当机立断，迅速使触电者脱离电源，然后运用正确的救护方法加以抢救。例如，发生触电事故时，救护者可立即拉闸切断电源或用绝缘体将电线挑开，使触电者迅速脱离电源，然后再进行抢救工作。抢救工作必须在确定伤情后进行，如可以采用人工呼吸、心脏按压等方法，或通知医院等。

本 章 小 结

三相电路供电系统具有许多优点，应用非常广泛，应熟练掌握对称三相电路的计算。

（1）三相电源的两种连接方式：Y 连接和△连接。

（2）三相负载的两种连接方式：Y 连接和△连接。

（3）三相电源和三相负载共有四种连接方式：Y－Y 连接，Y－△连接，△－Y 连接，△－△连接。

（4）在对称三相电路中，无论是电源还是负载，相电压、线电压和相电流、线电流都有以下结论：

① Y 连接时，$U_L = \sqrt{3}U_P$，线电压超前相电压 $30°$，$I_L = I_P$。

② △连接时，$I_L = \sqrt{3}I_P$，线电流滞后相电流 $30°$，$U_L = U_P$。

（5）三相负载的功率为

$$P = 3U_P I_P \cos\varphi = \sqrt{3} U_L I_L \cos\varphi$$

$$Q = 3U_P I_P \sin\varphi = \sqrt{3} U_L I_L \sin\varphi$$

$$S = 3U_P I_P = \sqrt{3} U_L I_L$$

（6）对称三相电路的计算特点：抽出一相，按照单相电路的方法计算，其他各相根据对称性直接写出。

（7）安全用电常识。

① 触电种类：电击、电伤。

② 人体安全电流为 30 mA，安全电压为 36 V。

③ 触电方式：单相触电、两相触电、跨步电压触电和接触电压触电。

④ 避免触电的保护措施：工作接地、保护接地和保护接零。

⑤ 触电急救方法：立即拉闸切断电源或用绝缘体将电线挑开。抢救措施：人工呼吸、心脏按压等方法，或通知医院等。

习　　题

4.1　对于三相对称电动势，下列说法正确的是（　　）。

A. 它们的最大值不同

B. 它们的周期不同

C. 它们同时到达最大值

D. 它们到达最大值的时间依次落后 1/3 周期

4.2　已知对称三相电压中，B 相电压 $u_B = 220\sqrt{2}\sin(314t + \pi)$ V，则 A 相、C 相的电压为（　　）。

A. $u_A = 220\sqrt{2}\sin\left(314t + \dfrac{\pi}{3}\right)$，$u_C = 220\sqrt{2}\sin\left(314t - \dfrac{\pi}{3}\right)$

B. $u_A = 220\sqrt{2}\sin\left(314t - \dfrac{\pi}{3}\right)$，$u_C = 220\sqrt{2}\sin\left(314t + \dfrac{\pi}{3}\right)$

C. $u_A = 220\sqrt{2}\sin\left(314t + \dfrac{2\pi}{3}\right)$，$u_C = 220\sqrt{2}\sin\left(314t - \dfrac{2\pi}{3}\right)$

D. $u_A = 220\sqrt{2}\sin\left(314t - \dfrac{2\pi}{3}\right)$，$u_C = 220\sqrt{2}\sin\left(314t + \dfrac{2\pi}{3}\right)$

4.3　关于对称三相电路，下列说法正确的是（　　）。

A. 三相电源对称的三相电路

B. 三相负载对称的三相电路

C. 三相电源和三相负载均对称的三相电路

D. 以上说法都不对

4.4　如题 4.4 图所示三相对称电路中，电压表读数为 220 V，当负载 Z_W 发生短路时，电压表读数为（　　）。

A. 0 V   　　　　　　　　　B. 190 V

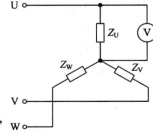

题 4.4 图

C. 220 V   D. 380 V

4.5　照明线路采用三相四线制连接，中性线必须（　　）。

A. 安装熔断器　　　　　　　　　B. 取消或断开

C. 安装开关，控制其通断　　　　D. 安装牢靠，防止中性线断开

4.6　在对称三相电压作用下，将一个对称三相负载分别接成星形连接和三角形连接，则通过负载的相电流之比为（　　）。

A. $\sqrt{3}:1$　　　B. $1:\sqrt{3}$　　　C. $3:1$　　　D. $1:3$

4.7　在对称三相电压作用下，将一个对称三相负载分别接成星形连接和三角形连接，则通过相线的线电流之比为（　　）。

A. $\sqrt{3}:1$　　　B. $1:\sqrt{3}$　　　C. $3:1$　　　D. $1:3$

4.8　三相四线制电路中，若负载不对称，则各相相电压（　　）。

A. 不对称　　　B. 仍对称　　　C. 不一定对称　　　D. 无法判断

4.9　判断：

(1) 两根相线之间的电压称为相电压。　　　　　　　　　　　　（　　）

(2) 三相负载的相电流是指电源相线上的电流。　　　　　　　　（　　）

(3) 在对称负载的三相交流电路中，中性线上的电流为 0。　　　（　　）

(4) 在负载为星形连接的三相交流电路中，必须有中性线。　　　（　　）

(5) 三相负载为星形连接时，无论负载是否对称，线电流总等于相电流。　（　　）

(6) 对称三相电路中负载对称时，三相四线制可改为三相三线制。　（　　）

(7) 电源的线电压与三相负载的连接方式无关，线电流与三相负载的连接方式有关。

（　　）

(8) 一台三相电动机，每个绕组的额定电压是 220 V，若三相电源的线电压是 380 V，则这台电动机的绕组应连接成星形连接。　　　　　　　　　　　　（　　）

(9) 三相功率计算公式 $P=\sqrt{3}U_{L}I_{L}\cos\varphi$，只有在三相负载对称时才能使用。　（　　）

4.10　某三角形连接的对称三相负载，每相负载的电阻 $R=24\ \Omega$，感抗 $X_{L}=32\ \Omega$，接到线电压为 380 V 的三相电源上，求相电压 $U_{P\triangle}$、相电流 $I_{P\triangle}$、线电流 $I_{L\triangle}$。

4.11　有一对称三相负载为三角形连接，接在线电压为 220 V 的电源上，线电流为 17.3 A，总功率为 4.5 kW。试求每相负载的电阻和电抗。

4.12　某三相对称负载连接在线电压为 380 V 的电源上，每相负载的电阻 $R=16\ \Omega$，感抗 $X_{L}=12\ \Omega$。试计算负载分别为 Y 连接和△连接的相电流、线电流及有功功率。

习题答案

第5章 磁路与变压器

变压器是一种常见的电气设备,在电力系统和电子线路中应用广泛。

在电力系统中,要输送一定的电功率,电压越高,电流就越小,输电线路的损耗也就越小。要提高输送电压,就需要用变压器将交流发电机发出的电压升高。而在用电时,为保证用电安全和符合用电设备的电压要求,还需要用变压器来降低电压。

在电子设备中,常常利用变压器来提供所需要的电压,此外,变压器还可用来耦合电路、传输信号并实现阻抗匹配。

变压器和电机都是利用电磁感应原理进行工作的。本章主要介绍磁路的基本概念,变压器的基本结构、工作原理、技术参数、外特性以及几种常用变压器。

5.1   磁路与铁芯线圈

5.1.1   铁磁材料

常用的电气设备(如变压器、电动机等)在工作时都会产生磁场。为了把磁场聚集在一定的空间范围内,以便加以控制和利用,就必须用高磁导率的铁磁材料做成一定形状的铁芯,使之形成一个磁通的路径,使磁通的绝大部分通过这一路径而闭合。磁通经过的闭合路径称为磁路。为了分析和计算磁场,下面简要介绍铁磁材料及特性。

根据导磁性能的好坏,自然界的物质可分为两大类:一类称为铁磁材料,如铁、钢、镍、钴等,这类材料的导磁性能好,磁导率 μ 值大;另一类为非铁磁材料,如铜、铝、纸、空气等,此类材料的导磁性能差,μ 值小(接近真空的磁导率 μ_0)。铁磁材料是制造变压器、电动机、电器等各种电工设备的主要材料,其磁性能对电磁器件的性能和工作状态有很大影响。铁磁材料的磁性能主要表现为高导磁性、磁饱和性和磁滞性。

1. 高导磁性

铁磁材料具有很强的导磁能力,在外磁场作用下,其内部的磁感应强度会大大增强,相对磁导率可达几百、几千甚至几万。这是因为在铁磁材料的内部存在许多磁化小区,称之为磁畴。每个磁畴就像一块小磁铁，体积约为 10^{-9} cm 。在无外磁场作用时，这些磁畴的排列是不规则的，对外不显示磁性，如图 5.1.1(a)所示。

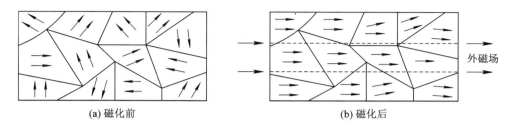

(a) 磁化前　　　　　　　　　　　(b) 磁化后

图 5.1.1　铁磁材料的磁化示意图

在一定强度的外磁场作用下，这些磁畴将顺着外磁场的方向趋向规则地排列，产生一个附加磁场，使铁磁材料内的磁感应强度大大增强，如图 5.1.1(b)所示，这种现象称为磁化。非铁磁材料没有磁畴结构，不具有磁化特性。在通电线圈中放入铁芯后，磁场会大大增强，这时的磁场是线圈产生的磁场和铁芯被磁化后产生的附加磁场之叠加。变压器、电动机和各种电器的线圈中都有铁芯，在这种具有铁芯的线圈中通入励磁电流，便可产生足够大的磁感应强度和磁通。

2. 磁饱和性

在铁磁材料的磁化过程中，随着励磁电流的增大，外磁场和附加磁场都将增强，但当励磁电流增大到一定值时，几乎所有的磁畴都与外磁场的方向一致，附加磁场就不再随励磁电流的增大而继续增强，这种现象称为磁饱和现象。

材料的磁化特性可用磁化曲线 $B = f(H)$ 表示，其中 B 为磁感应强度，是表示磁场内某点的磁场强弱和方向的物理量(这里仅指其大小)，H 为磁场强度(这里仅指其大小)，可以通过该物理量来确定磁场与电流之间的关系。铁磁材料的磁化曲线如图 5.1.2 所示，它大致上可分为 4 段，其中 Oa 段的磁感应强度 B 随磁场强度 H 增加较慢；ab 段的磁感应强度 B 随磁场强度 H 近似成正比地增加；b 点以后，B 随 H 的增加速度又减慢下来，逐渐趋于饱和；c 点以后，其磁化曲线近似于直线，且与真空或非铁磁材料的磁化曲线 $B = f(H)$ 平行。工程上称 a 点为附点，称 b 点为膝点，称 c 点为饱和点。

由于铁磁材料的 B 与 H 的关系是非线性的，故由 $B = \mu H$ 的关系可知，其磁导率的数值将随磁场强度 H 的变化而改变，如图 5.1.2 中的 $\mu = f(H)$ 曲线。铁磁材料在磁化起始的 Oa 段和进入饱和以后，μ 值均不大，但在膝点 b 的附近 μ 值最大值。所以电气工程上通常要求铁磁材料工作在膝点附近。

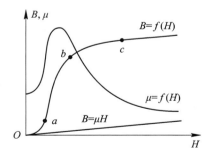

图 5.1.2　磁化曲线

3. 磁滞性

如果励磁电流是大小和方向都随时间变化的交变电流，则铁磁材料将受到交变磁化。在电流交变的一个周期中，磁感应强度随着磁场强度不断正反向变化，得到的磁化曲线为一封闭曲线。在铁磁材料反复磁化的过程中，磁感应强度的变化总是落后于磁场强度的变化,这种现象称为磁性物质的磁滞性,表示磁滞现象的闭合磁化曲线称为磁滞回线。磁感应强度 B 随磁场强度 H 变化的关系的磁滞回线如图 5.1.3 所示。由图可见,当磁场强度 H 从 0 开始增大时,磁感应强度 B 也从 0 开始增大,当 H 达到最大值时,磁感应强度也达到最大值 B_m。当磁场强度 H 减小时,磁感应强度 B 并不沿着原来这条曲线回降到 0,而是沿着一条比它高的曲线缓慢下降。当 H 减小到 0 时,B 并不等于 0 而仍保留一定的磁性。这说明铁磁材料内部已经排齐的磁畴不会完全恢复到磁化前杂乱无章的状态,这部分剩留的磁性称为剩磁,用 B_r 表示。如要去掉剩磁,使 $B=0$,则应施加一反向磁场强度 H(如图 5.1.3 所示)。H_c 称为矫顽力,它表示铁磁材料反抗退磁的能力。

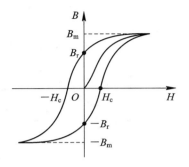

图 5.1.3　磁滞回线

若再反向增强磁场,则铁磁材料将反向磁化;当反向磁场减弱时,同样会产生反向剩磁(B_r)。

铁磁材料按其磁性能又可分为软磁材料、硬磁材料和矩磁材料三种类型。如图 5.1.4 所示是这三种类型铁磁材料的磁滞回线。软磁材料的剩磁和矫顽力较小,磁滞回线形状较窄,但磁化曲线较陡,即磁导率较高,所包围的面积较小。它既容易磁化,又容易退磁,一般用于有交变磁场的场合,如用来制作镇流器、变压器、电动机以及各种中、高频电磁元件的铁芯等。常见的软磁材料有纯铁、硅钢、坡莫合金以及非金属软磁铁氧体等。硬磁材料的剩磁和矫顽力较大,磁滞回线形状较宽,所包围的面积较大,适用于制作永久磁铁,如扬声器、耳机、电话机、录音机以及各种磁电式仪表中的永久磁铁都是硬磁材料制成的。常见的硬磁材料有碳钢、钴钢及铁镍铝钴合金等。矩磁材料的磁滞回线近似于矩形,剩磁很大,磁感应强度接近饱和,但矫顽力较小,易于翻转,常用于制作计算机和控制系统中的记忆元件和开关元件。常见的矩磁材料有镁锰铁氧体及某些铁镍合金等。

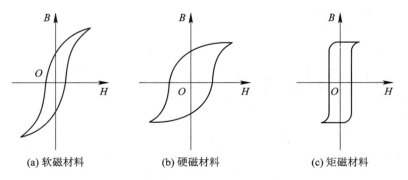

图 5.1.4　三种类型铁磁材料的磁滞回线

5.1.2　磁路的概念

在通有电流的线圈周围和内部都存在磁场。但是空心载流线圈的磁场较弱,一般难以满足电工设备的需要。工程上为了得到较强的磁场并有效地加以应用,常采用导磁性能良好的铁磁材料制成一定形状的铁芯,而将线圈绕在铁芯上。当线圈中通过电流时,铁芯即被磁化，其中的磁场大为增强，故通电线圈产生的磁通主要集中在由铁芯构成的闭合路径内，这种磁通集中通过的路径称为磁路。用于产生磁场的电流称为励磁电流。励磁电流通过的线圈称为励磁线圈或励磁绕组。

如图 5.1.5 所示是几种常见电气设备的磁路。其中，图 5.1.5(a) 所示为变压器，图 5.1.5(b) 所示为电磁铁，图 5.1.5(c) 所示为磁电式仪表，图 5.1.5(d) 所示为直流电机。现以电磁铁为例来说明磁路的概念。电磁铁包括励磁绕组、静铁芯和动铁芯几个部分。静铁芯和动铁芯都用铁磁材料制成，它们之间存在空气隙。当电流通过励磁绕组时，绕组产生的磁通绝大部分将沿着导磁性能良好的静铁芯、动铁芯并穿过它们之间的空气隙而闭合（电磁铁的空气隙是变化的）。也就是说，由于铁芯材料的导磁性能比空气好得多，励磁绕组产生的磁通绝大部分都集中在铁芯里，磁通的路径由铁芯的形状决定。

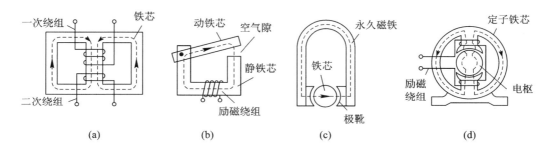

图 5.1.5　几种电气设备的磁路

在其他电气设备中，也常有不大的空气隙，即磁路的大部分由铁磁材料构成，小部分由空气隙或其他非磁性材料构成。空气隙虽然不大，但它对磁路的工作情况却有很大的影响。电路有直流和交流之分，磁路也分为直流磁路（如直流电磁铁和直流电动机）和交流磁路（如变压器、交流电磁铁和交流电动机），它们各有不同的特点。此外，也有用永久磁铁构成磁路的（如磁电式仪表），这不需要励磁绕组。

5.1.3　磁路的主要物理量

1. 磁感应强度 B

磁感应强度 B 是表示磁场内某点的磁场强弱及方向的物理量。它是一个矢量，其方向与该点磁力线的切线方向一致，与产生该磁场的电流之间的方向关系符合右手螺旋定则。若磁场内各点的磁感应强度大小相等、方向相同，则磁场为均匀磁场。在国际单位制中，磁感应强度的单位是特斯拉(T)，简称特。

2. 磁通 Φ

在均匀磁场中，磁感应强度 B 的大小与垂直于磁场方向的面积 S 的乘积称为通过该面积的磁通 Φ，即 $\Phi = BS$ 或 $B = \Phi/S$。

可见，磁感应强度 B 在数值上等于与磁场方向垂直的单位面积上通过的磁通，故 B 又称为磁通密度。在国际单位制中，磁通的单位是韦伯(Wb)，简称韦。

3. 磁导率

磁导率是表示物质导磁性能的物理量，它的单位是亨/米(H/m)。真空的磁导率

$\mu_0 = 4\pi \times 10^{-7}$ H/m。任意一种物质的磁导率与真空的磁导率之比称为相对磁导率,用 $\mu_r = \mu/\mu_0$ 表示。

4. 磁场强度

磁场强度 H 是进行磁场分析时引用的一个辅助物理量,为了从磁感应强度 B 中除去磁介质的因素,将其定义为 $H = B/\mu$。磁场强度也是矢量,它只与产生磁场的电流以及这些电流的分布情况有关,而与磁介质的磁导率无关,它的单位是安/米(A/m)。

5.1.4　磁路欧姆定律

如图 5.1.6 所示为绕有线圈的铁芯,当线圈通入电流 I 时,铁芯中就会有磁通通过。实验表明,铁芯中的磁通必与通过线圈的电流 I、线圈匝数 N 以及磁路的截面积 S 成正比,与磁路的长度 L 成反比,还与组成磁路的材料磁导率成正比,即

$$\Phi = \frac{INS\mu}{L} = \frac{IN}{\dfrac{L}{S\mu}} = \frac{F}{R_m}$$

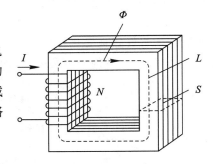

图 5.1.6　磁路欧姆定律

式中,$F = IN$ 为磁通势,R_m 为磁阻。该式与电路中的欧姆定律相似,因而称它为磁路欧姆定律。

应指出,磁路与电路虽然有许多相似之处,但它们的实质是不同的。而且由于铁芯磁路是非线性元件,其磁导率是随工作状态剧烈变化的,因此,一般不宜直接用磁路欧姆定律和磁阻公式进行定量计算,但在很多场合可以用来进行定性分析。

5.1.5　交流铁芯线圈的电磁关系

交流铁芯线圈由交流电来励磁,产生的磁通是交变的,其电磁和功率消耗相对直流铁芯线圈的要复杂。在讨论变压器之前,先了解交流铁芯线圈的一些特性。

如图 5.1.7 所示是交流铁芯线圈电路,线圈的匝数为 N。当在线圈两端加上正弦交流电压 u 时,就有交变励磁电流 i 流过,在交变磁通势 Ni 的作用下产生交变的磁通,其绝大部分通过铁芯,称为主磁通 Φ,但还有很少一部分从附近空气中通过,称为漏磁通 Φ_σ。这两种交变的磁通都将在线圈中产生感应电动势。设线圈电阻为 R,主磁通在线圈上产生的

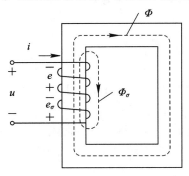

图 5.1.7　交流铁芯线圈电路

感应电动势为 e，漏磁通产生的感应电动势为 e_σ，它们与磁通的参考方向之间符合右手螺旋定则，由基尔霍夫电压定律可得铁芯线圈中的电压、电流与电动势之间的关系为

$$u = Ri - e - e_\sigma$$

由于线圈电阻上的电压降 Ri 和漏磁通感应电动势 e_σ 都很小，与主磁通电动势 e 比较，可以忽略不计，故上式可写为

$$u \approx -e$$

设主磁通 $\Phi = \Phi_\mathrm{m} \sin\omega t$，则

$$e = -N\frac{\mathrm{d}\Phi}{\mathrm{d}t} = -\frac{\mathrm{d}\Phi_\mathrm{m}\sin\omega t}{\mathrm{d}t} = -\Phi_\mathrm{m}N\omega\cos\omega t = 2\pi f N \Phi_\mathrm{m}\sin(\omega t - 90°)$$
$$= E_\mathrm{m}\sin(\omega t - 90°)$$

式中，$E_\mathrm{m} = 2\pi f N \Phi_\mathrm{m}$ 是主磁通电动势的最大值，故 $u \approx -e = E_\mathrm{m}\sin(\omega t + 90°)$。

可见，外加电压的相位超前于铁芯中磁通 $90°$，而外加电压的有效值为

$$U = E = \frac{E_\mathrm{m}}{\sqrt{2}} = \frac{2\pi f N \Phi_\mathrm{m}}{\sqrt{2}} \approx 4.44 f N \Phi_\mathrm{m} \tag{5.1.1}$$

式中，Φ_m 的单位是韦［伯］(Wb)，f 的单位是赫［兹］(Hz)，U 的单位是伏［特］(V)。

式(5.1.1)给出了铁芯线圈在正弦交流电压作用下，铁芯中磁通最大值与电压有效值的数量关系。在忽略线圈电阻和漏磁通的条件下，当线圈匝数 N 和电源频率 f 一定时，铁芯中的磁通最大值 Φ_m 近似与外加电压有效值 U 成正比，而与铁芯的材料及尺寸无关。也就是说，当线圈匝数 N、外加电压 U 和频率 f 都一定时，铁芯中的磁通最大值 Φ_m 将保持基本不变。这个结论对于分析交流电动机、电器及变压器的工作原理是十分重要的。

5.1.6　交流铁芯线圈电路的功率损耗

在交流铁芯线圈电路中，除在线圈电阻上有功率损耗外，铁芯中也会有功率损耗。线圈上损耗的功率称为铜损；铁芯中损耗的功率称为铁损，铁损包括磁滞损耗和涡流损耗两部分。

1. 磁滞损耗

铁磁材料交变磁化的磁滞现象所产生的铁损称为磁滞损耗。它是由铁磁材料内部磁畴反复转向，磁畴间相互摩擦引起铁芯发热而造成的损耗。铁芯单位体积内每周期产生的磁滞损耗与磁滞回线所包围的面积成正比。为了减小磁滞损耗，交流铁芯均由软磁材料制成。

2. 涡流损耗

铁磁材料不仅有导磁能力，同时也有导电能力，因而在交变磁通的作用下，铁芯内将产生感应电动势和感应电流，感应电流在垂直于磁通的铁芯平面内围绕磁力线呈旋涡状，故称为涡流，如图 5.1.8(a)所示。涡流使铁芯发热，其功率损耗称为涡流损耗。为了减小涡流损耗，可采用硅钢片叠成的铁芯，它不仅有较高的磁导率，还有较大的电阻率，可使铁芯的电阻增大，涡流损耗减小，同时硅钢片的两面涂有绝缘漆，使各片之间互相绝缘，可把涡流限制在一些狭长的截面内流动，从而减小了涡流损耗，如图 5.1.8(b)所示。所以，各种交流电动机、电器和变压器的铁芯普遍用硅钢片叠成。

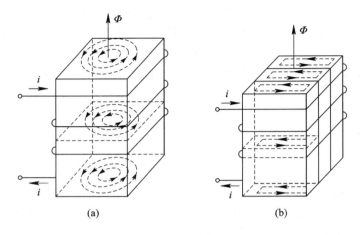

图 5.1.8　铁芯中的涡流

5.2　变　压　器

变压器是利用电磁感应原理传输电能或信号的器件，具有变压、变流、变阻抗和隔离的作用。它的种类很多，应用广泛，但基本结构和工作原理相同。

5.2.1　变压器的基本结构

变压器由铁芯和绕在铁芯上的两个或多个线圈(又称绕组)组成。

铁芯的作用是构成变压器的磁路。为了减小涡流损耗和磁滞损耗，铁芯由硅钢片交错叠装或卷绕而成。根据铁芯结构形式的不同，变压器分为壳式和心式两种，如图 5.2.1 所示。如图 5.2.1(a)所示是心式变压器，其特点是线圈包围铁芯。功率较大的变压器多采用心式结构，以减小铁芯体积，节省材料。壳式变压器则是铁芯包围线圈，如图 5.2.1(b)所示，其特点是可以省去专门的保护包装外壳。

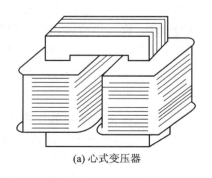
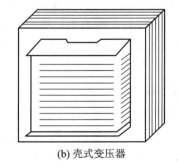

(a) 心式变压器　　　　　　(b) 壳式变压器

图 5.2.1　变压器结构示意图

如图 5.2.2 所示为一个单相双绕组变压器的结构及图形符号。变压器的两个绕组中与电源相连接的一方称为一次绕组，又称原边绕组或初级绕组。表示一次绕组各物理量的字母均标注下标"1"，如一次绕组电压 u_1、一次绕组匝数 N_1 等。与负载相连接的绕组称为二次绕组，又称副边绕组或次级绕组。表示二次绕组各物理量的字母均标注下标"2"，如二次绕组电压 u_2、二次绕组匝数 N_2 等。二次绕组电压 u_2 高于一次绕组电压 u_1 的变压器是升压变压器；反之，是降压变压器。为了防止变压器内部短路，变压器应有良好的绝缘性。

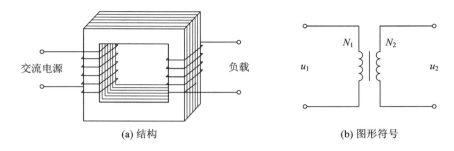

(a) 结构　　　　　　　　　　(b) 图形符号

图 5.2.2　双绕组变压器的结构及图形符号

5.2.2　变压器的工作原理

1. 空载运行

变压器的一次绕组接上交流电压 u_1，二次侧开路，这种运行状态称为空载运行状态。这时二次绕组中的电流 $i_2 = 0$，电压为开路电压 u_{2o}，一次绕组通过的电流为空载电流 i_{1o}，如图 5.2.3 所示，各物理量的方向按习惯参考方向选取。图中 N_1 为变压器一次绕组的匝数，N_2 为二次绕组的匝数。由于变压器二次侧开路，这时变压器的一次侧电路相当于一个交流铁芯线圈电路，通过的空载电流 i_{1o} 就是励磁电流。磁通势 Ni_{1o} 在铁芯中产生的主磁通 Φ 通

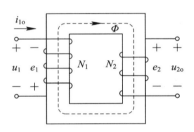

图 5.2.3　变压器空载运行

过闭合铁芯，既穿过一次绕组，也穿过二次绕组，于是在一、二次绕组中分别感应出电动势 e_1、e_2。e_1、e_2 与 Φ 的参考方向之间符合右手螺旋定则，如图 5.2.3 所示。

由法拉第电磁感应定律可知：

$$e_1 = -N \frac{\mathrm{d}\Phi}{\mathrm{d}t}$$

e_1 的有效值为 E_1，$E_1 = 4.44 f N \Phi_m$，其中，f 为交流电源的频率，Φ_m 为主磁通的最大值。

若略去漏磁通的影响，不考虑绕组上电阻的压降，可认为绕组上电动势的有效值近似等于绕组上电压的有效值，即 $U_1 \approx E_1$。

同理可推出：

$$U_{2o} \approx E_2 = 4.44 f N_2 \Phi_m$$

所以

$$\frac{U_1}{U_{2o}} \approx \frac{4.44 f N_1 \Phi_m}{4.44 f N_2 \Phi_m} = \frac{N_1}{N_2} = k \tag{5.2.1}$$

由式(5.2.1)可见，变压器空载运行时，一、二次绕组上电压的比值等于原、副边线圈的匝数比。这个比值 k 称为变压器的变压比或变比。当一、二次绕组匝数不同时，变压器就可以把某一数值的交流电压变换为同频率的另一数值的电压，这就是变压器的电压变换

作用。当变压器一次绕组匝数 N_1 比二次绕组匝数 N_2 多时，$k>1$，这种变压器称为降压变压器；反之，若 $N_1<N_2$，$k<1$，则为升压变压器。

2. 负载运行

如果变压器的二次绕组接上负载，则在二次绕组感应电动势 e_2 的作用下将产生二次绕组电流 i_2，这时，一次绕组的电流由 i_{1o} 增大为 i_1，变压器的负载运行如图 5.2.4 所示。变压器二次侧的电流 i_2 越大，一次侧的电流也越大。因为变压器二次绕组有了电流 i_2 时，二次侧的磁通势 $N_2 i_2$ 也要在铁芯中产生磁通，即变压器铁芯中的主磁通是由一、二次绕组的磁通势共同产生的。

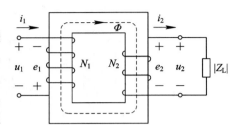

图 5.2.4   变压器的负载运行

显然，$N_2 i_2$ 的出现，有改变变压器铁芯中原有主磁通的趋势。但是，在变压器一次绕组的外加电压（电源电压）不变的情况下，由 $E=4.44fN\Phi_m$ 可知，主磁通基本保持不变，因而一次绕组的电流将由 i_{1o} 增大为 i_1，使得一次绕组的磁通势由 $N_1 i_{1o}$ 变成 $N_1 i_1$，以抵消二次绕组磁通势 $N_2 i_2$ 的作用。也就是说，变压器负载运行时的总磁通势应与空载运行时的磁通势基本相等，用公式表示即 $N_1 \dot{I}_1 + N_2 \dot{I}_2 = N_1 \dot{I}_{1o}$，这就是变压器的磁通势平衡方程式。

可见变压器负载运行时，一、二次绕组的磁通势方向相反，即变压器二次侧电流 I_2 对一次侧电流 I_1 产生的磁通有去磁作用。当负载阻抗减小，变压器二次侧电流 I_2 增大时，铁芯中的主磁通将减小，于是一次侧电流 I_1 必然增大，以保持主磁通基本不变。无论负载怎样变化，变压器一次侧电流 I_1 总能按比例自动调节，以适应负载电流的变化。由于空载电流较小，一般不到额定电流的 10%，因此当变压器额定运行时，若忽略空载电流，则可认为 $N_1 I_1 = -N_2 I_2$，于是可得变压器一、二次侧电流有效值的关系为

$$\frac{I_1}{I_2} = \frac{N_2}{N_1} = \frac{1}{k}$$

由此可知，当变压器额定运行时，一、二次侧电流之比近似等于其匝数比的倒数。改变变压器一、二次绕组的匝数，可以改变一、二次绕组电流的比值，这就是变压器的电流变换作用。

3. 阻抗变换作用

如图 5.2.5 所示，变压器的一次侧接电源 u_1，二次侧接阻抗为 $|Z_L|$ 的负载，对于电源来说，图中点画线框内的电路可用另一个阻抗为 $|Z_1'|$ 的负载来等效代替。当忽略变压器的漏磁和损耗时，等效阻抗为

$$|Z_1'| = \frac{U_1}{I_1} = \frac{(N_1/N_2)U_2}{(N_2/N_1)I_2} = (N_1/N_2)^2 \frac{U_2}{I_2} = k^2 |Z_L| \qquad (5.2.2)$$

式中，$|Z_L| = \dfrac{U_2}{I_2}$ 为变压器副边的负载阻抗。式(5.2.2)说明，在变比为 k 的变压器副边接阻抗为 $|Z_L|$ 的负载，相当于在电源上直接接一个阻抗为 $|Z_1'| = k^2 |Z_L|$ 的负载。通过选择合适的变比 k，可把实际负载阻抗变换为所需的数值。这就是变压器的阻抗变换作用。

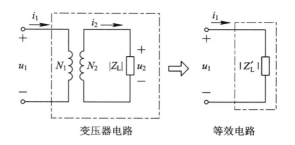

图 5.2.5 变压器阻抗变换作用

在电子电路中，为了提高信号的传输功率，常用变压器将负载阻抗变换为适当的数值。这种做法即为阻抗匹配。

5.2.3 变压器的技术参数

1. 额定电压 U_{1N}、U_{2N}

变压器一次侧的额定电压 U_{1N} 是根据绝缘强度和允许变压器最大发热程度所规定的应加在一次绕组上的正常工作电压有效值。二次侧的额定电压 U_{2N} 在电力系统中是指变压器一次侧施加额定电压时的二次侧空载电压有效值；在仪器仪表中通常是指变压器一次侧施加额定电压，二次侧接额定负载时的输出电压有效值。

2. 额定电流 I_{1N}、I_{2N}

变压器一、二次侧的额定电流 I_{1N} 和 I_{2N} 是指变压器连续运行时一、二次绕组允许通过的最大电流有效值。

3. 额定容量 S_N

额定容量 S_N 是指变压器二次侧的额定电压和额定电流的乘积，即 $S_N = U_{2N} I_{2N}$。额定容量反映了变压器所能传输电功率的能力。注意，不要把变压器的实际输出功率与额定容量相混淆，变压器在实际使用时的输出功率取决于其二次侧负载的大小和性质。

4. 额定频率 f_N

额定频率 f_N 是指变压器应接入的电源频率。我国电力系统的标准频率为 50 Hz。

5. 变压器的型号

从变压器的型号可以得知变压器的特征和性能。如 SL7-1000/10，其中 SL7 是基本型号（S 表示三相，D 表示单相，油浸自冷无文字表示，F 表示油浸风冷，L 表示铝线，铜线无文字表示，7 表示设计序号），1000 表示变压器的额定容量为 1000 kV·A，10 表示变压器高压绕组额定线电压为 10 kV。

5.2.4 变压器的外特性

运行中的变压器，当电源电压 U_1 及负载功率因数 $\cos\varphi$ 为常数时，其二次绕组输出电压 U_2 随负载电流 I_2 的变化关系可用曲线 $U_2 = f(I_2)$ 来表示，该曲线称为变压器的外特性曲线，如图 5.2.6 所示。

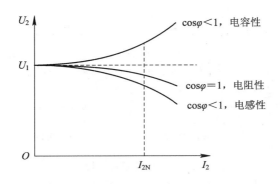

图 5.2.6   变压器的外特性曲线

由图 5.2.6 可知，当负载为电阻性和电感性时，U_2 随 I_2 的增加而下降，且感性负载比阻性负载的下降更明显；对于容性负载，U_2 随 I_2 的增加而上升。变压器二次绕组的电压变化程度说明了变压器的性能，即

$$\Delta U\% = \frac{U_{2N} - U_2}{U_{2N}} \times 100\%$$

式中，U_{2N} 为变压器二次侧的额定电压，即空载电压；U_2 为当负载为额定负载（即电流为额定电流）时变压器二次绕组的电压。电压变化率越小，变压器的稳定性越好。一般变压器的电压变化率为 $4\% \sim 6\%$。

5.2.5   变压器的损耗与效率

当变压器二次绕组接负载后，在电压 U_2 的作用下，有电流通过，负载吸收功率。对于单相变压器，负载吸收的有功功率为

$$P_2 = U_2 I_2 \cos\varphi_2$$

式中，$\cos\varphi_2$ 为负载的功率因数。这时变压器一次绕组从电源吸收的有功功率为

$$P_1 = U_1 I_1 \cos\varphi_1$$

式中，φ_1 是 $\dot{U}_1$ 与 $\dot{I}_1$ 的相位差。变压器从电源得到的有功功率 P_1 不会全部由负载吸收，传输过程中有能量损耗，即铜损耗 P_{Cu} 和铁损耗 P_{Fe}。这些损耗均变为热量，使变压器温度升高。根据能量守恒定律，有

$$P_1 = P_2 + P_{Cu} + P_{Fe}$$

变压器的效率为

$$\eta = \frac{P_2}{P_1} \times 100\%$$

变压器的效率很高，对于大容量的变压器，其效率一般可以达到 $95\% \sim 99\%$。

5.2.6   几种常用变压器

1. 三相电力变压器

在电力系统中，用于变换三相交流电压、输送电能的变压器称为三相电力变压器。它有三个铁芯柱，各套一相的一、二次绕组，其外形和结构如图 5.2.7 所示。

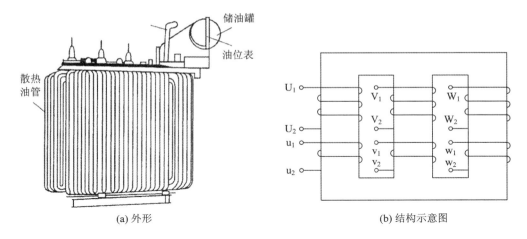

(a) 外形　　　　　　　　　　　　　(b) 结构示意图

图 5.2.7　三相电力变压器

由于三相电力变压器一次绕组所加的电压是对称的，因此三相磁通也是对称的，二次侧的电压也是对称的。为了散去变压器运行时由本身的损耗所产生的热量，通常铁芯和绕组都浸在装有绝缘油的油箱中，通过油管将热量散发于大气中。考虑到油会热胀冷缩，故在变压器油箱上置一储油罐和油位表，此外还装有一根防爆管。一旦发生故障（例如短路事故），产生大量气体时，高压气体将冲破防爆管前端的塑料薄片而释放，从而避免变压器发生爆炸。

三相电力变压器的一、二次绕组可以根据需要分别接成星形或三角形。三相电力变压器的常见连接方式是 Y，yn（即 Y／Y）和 Y，d（即 Y／△），如图 5.2.8 所示。Y，yn 连接常用于车间配电变压器，yn 表示有中性线引出的星形连接，这种接法不仅给用户提供了三相电源，还提供了单相电源。通常使用的动力和照明混合供电的三相四线制系统，就是用这种连接方式的变压器供电的。Y，d 连接的变压器主要在变电站用于降压或升压。

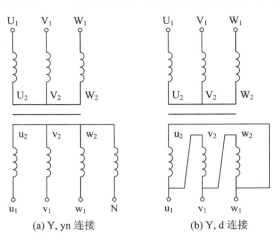

(a) Y, yn 连接　　　　　　　　　(b) Y, d 连接

图 5.2.8　三相电力变压器的两种连接方式示意图

三相电力变压器一、二次侧的线电压比值不仅与匝数比有关，而且与接法有关。设三相电力变压器一、二次侧的线电压分别为 U_{L1}、U_{L2}，相电压分别为 U_{P1}、U_{P2}，匝数分别为

N_1、N_2，则为 Y，yn 连接时，有

$$\frac{U_{L1}}{U_{L2}} = \frac{\sqrt{3}U_{P1}}{\sqrt{3}U_{P2}} = \frac{N_1}{N_2} = k$$

为 Y，d 连接时，有

$$\frac{U_{L1}}{U_{L2}} = \frac{\sqrt{3}U_{P1}}{U_{P2}} = \frac{\sqrt{3}N_1}{N_2} = \sqrt{3}k$$

三相电力变压器的额定值含义与单相变压器的相同，但三相电力变压器的额定容量 S_N 是指三相总额定容量，可用下式进行计算：

$$S_N = \sqrt{3}U_{2N}I_{2N}$$

三相电力变压器的额定电压 U_{1N}/U_{2N} 和额定电流 I_N/I_{2N} 是指线电压和线电流。其中二次侧的额定电压 U_{2N} 是指变压器一次侧施加额定电压 U_{1N} 时二次侧的空载电压，即 U_{2o}。

2. 自耦变压器

自耦变压器的结构特点是二次绕组是一次绕组的一部分，而且一、二次绕组不仅有磁的耦合，还有电的联系。上述变压、变流和变阻抗关系都适用于它。

自耦变压器电路如图 5.2.9 所示，有

$$\frac{U_1}{U_2} = \frac{N_1}{N_2} = \frac{I_2}{I_1}$$

式中，U_1、I_1 为一次绕组的电压和电流，U_2、I_2 为二次绕组的电压和电流。

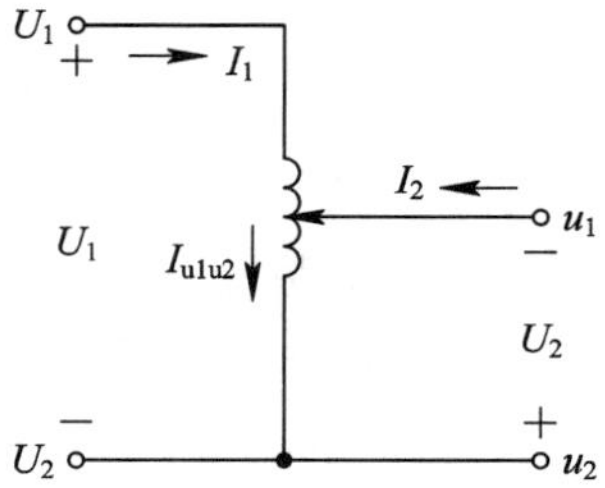

图 5.2.9　自耦变压器电路

实验室中常用的调压器就是一种可改变二次绕组匝数的特殊自耦变压器，它可以均匀地改变输出电压。如图 5.2.10 所示是单相自耦变压器的外形和原理图。

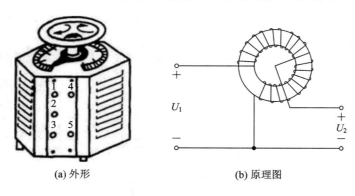

(a) 外形　　　　　　　　　(b) 原理图

图 5.2.10　单相自耦变压器的外形和原理图

除单相自耦变压器外，还有三相自耦变压器。使用自耦变压器时应注意：输入端接交流电源，输出端接负载，不能接错，否则，可能将变压器烧坏；使用完毕后，应将手柄退回零位。

3. 互感器

互感器是配合测量仪表专用的小型变压器。使用互感器可以扩大仪表的测量范围，使仪表与高压隔开，保证仪表安全使用。根据用途的不同，互感器可分为电压互感器和电流

互感器两种。

1）电压互感器

电压互感器是一台一次绕组匝数较多而二次绕组匝数较少的小型降压变压器。其一次侧与被测电压的负载并联，而二次侧与电压表相接，二次侧的额定电压一般为 100 V，如图 5.2.11 所示。

电压互感器一次侧与二次侧电压的关系为

$$U_1 = \frac{N_1}{N_2}U_2$$

电压互感器正常运行时，二次绕组不应短路，否则将会烧坏电压互感器。同时为了保证人员安全，高压电路与仪表之间应用良好的绝缘材料隔开，而且，铁芯与二次侧的一端应安全接地，以免因绕组间绝缘击穿而引起触电。

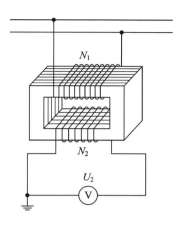

图 5.2.11　电压互感器

2）电流互感器

电流互感器是一台一次绕组匝数很少而二次绕组匝数很多的小型变压器。其一次侧与被测电压的负载串联，二次侧与电流表相接，如图 5.2.12 所示。

电流互感器一、二次侧电流的关系为

$$I_1 = \frac{N_2}{N_1}I_2$$

其中电流互感器二次侧的额定电流一般为 5 A。使用电流互感器时，二次绕组不能开路，否则会产生高压危险，而且会使铁芯温度升高，严重时会烧毁电流互感器，此外要求电流互感器二次绕组一端与铁芯共同接地。

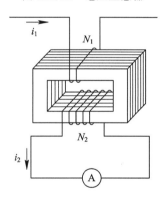

图 5.2.12　电流互感器

4. 电焊变压器

电焊变压器的工作原理与普通变压器的相同，但它们的性能却有很大差别。电焊变压器的一、二次绕组分别装在两个铁芯柱上，两个绕组漏抗都很大。电焊变压器与可变电抗器组成交流电焊机，如图 5.2.13 所示。

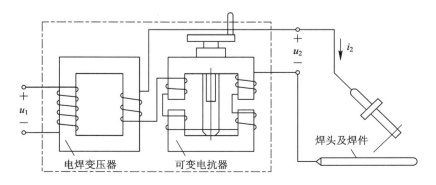

图 5.2.13　交流电焊机

电焊机具有如图 5.2.14 所示的陡降外特性。空载时 $I_2 = 0$，I_1 很小，漏磁通很小，电抗无压降，有足够的电弧点火电压，其值约为 60～80 V。开始焊接时，交流电焊机的输出端被短路，但由于漏抗且有交流电抗器的感抗作用，因此短路电流虽然较大但并不会剧烈增大。

焊接时，焊条与焊件之间的电弧相当于一个电阻，电阻上的电压降约为 30 V。当焊件与焊条之间的距离发生变化时，相当于电阻的阻值发生了变化，但由于电路的电抗比电弧的阻值大很多，因此焊接时电流变化不明显，从而保证了电弧的稳定燃烧。

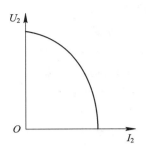

图 5.2.14　电焊机的外特性曲线

本 章 小 结

本章重点介绍了磁路的基本概念与基本定律，交流铁芯线圈的特性，变压器的基本结构、工作原理及应用。

1. 磁路的基本概念与基本定律

1）铁磁材料及特性

铁磁材料的磁性能主要表现为高导磁性、磁饱和性和磁滞性。

2）磁路的概念、主要物理量及磁路欧姆定律

通电线圈产生的磁通主要集中在由铁芯构成的闭合路径内，这种磁通集中通过的路径称为磁路。

磁路欧姆定律：

$$\Phi = \frac{INS\mu}{L} = \frac{IN}{\dfrac{L}{S\mu}} = \frac{F}{R_{\mathrm{m}}}$$

铁芯线圈在正弦交流电压作用下，铁芯中磁通最大值与电压有效值的数量关系满足式（5.1.1）。

2. 交流铁芯线圈的特性

1）交流铁芯线圈的电磁关系

在忽略线圈电阻和漏磁通的条件下，当线圈匝数 N 和电源频率 f 一定时，铁芯中的磁通最大值 Φ_{m} 近似与外加电压有效值 U 成正比，而与铁芯的材料及尺寸无关。也就是说，当线圈匝数 N、外加电压 U 和频率 f 都一定时，铁芯中的磁通最大值 Φ_{m} 将保持基本不变。

2）交流铁芯线圈电路的功率损耗

交流铁芯线圈电路的功率损耗包括磁滞损耗、涡流损耗。

3. 变压器的工作原理及应用

1）变压器的基本结构

变压器由铁芯和绕在铁芯上的两个或多个线圈组成。铁芯由硅钢片交错叠装或卷绕而

成，线圈多采用良导体如铜线组成。

2）变压器的工作原理

变压器空载运行时，一、二次绕组上电压的比值等于原、副边线圈的匝数比，满足式（5.2.1）。

当变压器额定运行时，若忽略空载电流，则变压器一、二次侧电流有效值的关系满足：

$$\frac{I_1}{I_2} = \frac{N_2}{N_1} = \frac{1}{k}$$

变压器二次侧接阻抗为 $|Z_L|$ 的负载，等效到一次侧端用阻抗 $|Z_1'|$ 来代替。当忽略变压器的漏磁和损耗时，满足关系：

$$|Z_1'| = k^2 |Z_L|$$

3）变压器的应用

常用变压器有三相电力变压器、自耦变压器、互感器等。

习　　题

5.1　一个交流铁芯线圈，已知励磁线圈的端电压 $U = 220$ V，电源频率 $f = 50$ Hz，电流 $I = 1$ A，匝数 $N = 600$ 匝，电阻 $R = 4$ Ω，漏抗 $X = 3$ Ω，电路的功率因数 $\lambda = 0.4$。求：

（1）铁芯中主磁通的最大值；

（2）铜损耗和铁损耗。

5.2　已知变压器的 $S_N = 100$ V·A，$U_{1N}/U_{2N} = 220$ V/36 V，$N_1 = 1600$，求该变压器电压比 k、额定电流 I_{1N} 和 I_{2N} 以及低压绕组匝数 N_2。

5.3　单相变压器的额定容量 $S_N = 50$ kV·A，额定电压是 10 000 V/230 V。在额定状态下向功率因数为 0.8 的感性负载供电，测得二次侧电压为 220 V，计算：

（1）变压器的变比 k；

（2）一、二次绕组的额定电流 I_{1N} 和 I_{2N}；

（3）负载的电阻和感抗；

（4）变压器输出的有功功率、无功功率、视在功率。

5.4　有一台单相照明变压器，容量为 10 kV·A，电压为 3300 V/220 V。

（1）欲在二次侧接上 40 W、220 V 的白炽灯，若要使负载在额定状态下正常运行，则可接多少个这种电灯？

（2）如果改接功率因数为 0.44 的 40 W、220 V 的日光灯（每个日光灯附有功率损耗为 8 W 的镇流器），那么可接多少个这种日光灯？

（3）求一、二次侧的电流。

5.5　三相变压器容量为 75 kV·A，以 400 V 的线电压供电给三相对称负载，负载为星形连接，每相电阻为 2 Ω，感抗为 1.5 Ω，问此变压器能否负担该负载？

5.6　电源变压器一次侧的额定电压为 220 V，二次侧有两个绕组，额定电压和额定电流分别为 450 V、0.5 A 和 110 V、2 A。求一次侧的额定电流和容量。

5.7　变压器容量为 1 kV·A，额定电压是 220 V/36 V，每匝线圈的感应电动势为

0.2 V，变压器在额定状态下工作。求：

(1) 一、二次绕组的匝数；

(2) 变比；

(3) 一、二次绕组的电流。

5.8 某三绕组变压器，三个绕组的额定电压和容量分别为 220 V/150 V·A、127 V/100 V·A、36 V/80 V·A，求这三个绕组的额定电流。

5.9 理想变压器原边与副边的匝数比为(   )。

A. $-\sqrt{\dfrac{L_2}{L_1}}$ B. $\sqrt{\dfrac{L_2}{L_1}}$

C. $-\sqrt{\dfrac{L_1}{L_2}}$ D. $\sqrt{\dfrac{L_1}{L_2}}$

5.10 理想变压器如题 5.10 图所示，副边与原边的电流比为(   )。

A. $-n$ B. n C. $-\dfrac{1}{n}$ D. $\dfrac{1}{n}$

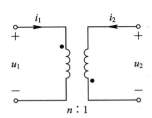

题 5.10 图

5.11 电路如题 5.11 图所示，已知电源内阻 $R_S = 1\ \mathrm{k}\Omega$，负载电阻 $R_L = 10\ \Omega$。为使 R_L 上获得最大功率，试确定图示电路中理想变压器的变比 k。

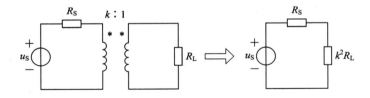

题 5.11 图

5.12 求题 5.12 图所示电路中的阻抗 Z。已知电流表的读数为 10 A，正弦电压 $U = 10$ V。

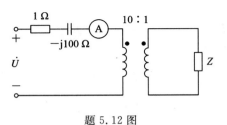

题 5.12 图

习题答案

第6章 三相异步电动机

电机是实现机械能与电能相互转换的装置。发电机将机械能转换为电能;电动机将电能转换为机械能。任何电机理论上既可以作为发电机运行,也可以作为电动机运行,所以电机是一种双向的能量转换装置,这一特性称为电机的可逆原理。

电动机按供电形式不同,可分为直流电动机与交流电动机,交流电动机按工作原理不同,可分为异步电动机与同步电动机。

异步电动机由于结构简单、工作可靠、维护方便、价格便宜,所以应用最广泛。本章主要介绍三相异步电动机的基本结构和工作原理、机械特性和使用方法。

6.1 三相异步电动机的基本结构

三相异步电动机主要由定子(固定部分)和转子(旋转部分)两个基本部分组成。如图6.1.1所示为鼠笼式转子的三相异步电动机的组成。

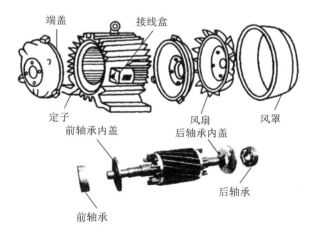

图 6.1.1 鼠笼式转子的三相异步电动机的组成

1. 定子

三相异步电动机的定子主要由机座、定子铁芯和定子绕组构成。机座用铸钢或铸铁制成，定子铁芯用涂有绝缘漆的硅钢片叠成，并固定在机座中。在定子铁芯的内圆周上有均匀分布的槽用来放置定子绕组，如图 6.1.2 所示。定子绕组由绝缘导线绕制而成。三相异步电动机具有三相对称的定子绕组，称为三相绕组。

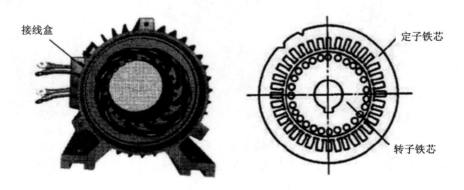

图 6.1.2　三相异步电动机的定子铁芯

三相定子绕组引出 U_1、U_2，V_1、V_2，W_1、W_2 六个出线端，其中 U_1、V_1、W_1 为首端，U_2、V_2、W_2 为末端，如图 6.1.3(a)所示。使用时可以有星形连接和三角形连接两种方式。如果电源的线电压等于三相异步电动机每相绕组的额定电压，那么三相定子绕组应采用三角形连接方式，如图 6.1.3(b)所示。如果电源的线电压等于三相异步电动机每相绕组额定电压的 $\sqrt{3}$ 倍，那么三相定子绕组应采用星形连接，如图 6.1.3(c)所示。

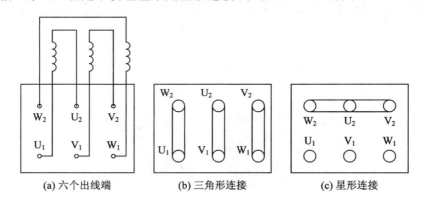

(a) 六个出线端　　　　(b) 三角形连接　　　　(c) 星形连接

图 6.1.3　三相定子绕组接线示意图

2. 转子

三相异步电动机的转子主要由转轴、转子铁芯和转子绕组构成。转子铁芯是由涂有绝缘漆的硅钢片叠成的圆柱形，并固定在转轴上。铁芯外圆周上有均匀分布的槽，这些槽用于放置转子绕组。

三相异步电动机转子绕组按结构不同可分为鼠笼式转子和绕线式转子两种，分别对应鼠笼式三相异步电动机和绕线式三相异步电动机。

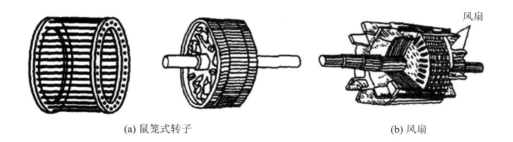

(a) 鼠笼式转子　　　　　　　　　　　　　　　　(b) 风扇

图 6.1.4　鼠笼式转子及风扇

　　鼠笼式三相异步电动机的转子绕组是由嵌放在转子铁芯槽内的导电条组成的。在转子铁芯的两端各有一个导电端环，把所有的导电条连接起来。因此，如果去掉转子铁芯，那么剩下的转子绕组很像一个鼠笼子，如图 6.1.4(a)所示，所以称为鼠笼式转子。中小型（100 kW 以下）鼠笼式三相异步电动机的鼠笼式转子绕组普遍采用铸铝制成，并在端环上铸出多片风叶作为冷却用的风扇，如图 6.1.4(b)所示。鼠笼式三相异步电动机的组成如图 6.1.5 所示。

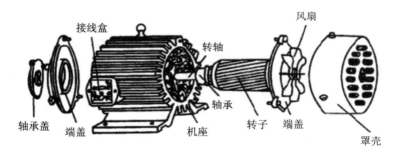

图 6.1.5　鼠笼式三相异步电动机的组成

　　绕线式三相异步电动机的转子绕组为三相绕组，各相绕组的一端连在一起（星形连接），另一端接到三个彼此绝缘的滑环上。滑环被固定在电动机转轴上和转子一起旋转，并与安装在端盖上的电刷滑动接触，实现和外部的可变电阻连接，如图 6.1.6 所示。这种电动机在使用时可通过调节外接的可变电阻 R_P 来改变转子电路的电阻，从而改善电动机的某些性能。

　　绕线式三相异步电动机的转子结构比鼠笼式的要复杂得多，但绕线式三相异步

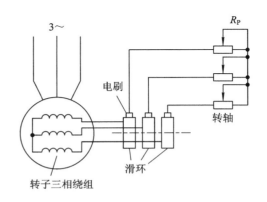

图 6.1.6　绕线式三相异步电动机的转子结构

电动机能获得较好的启动与调速性能，在需要大启动转矩时（如起重机械）往往采用绕线式三相异步电动机。

6.2 三相异步电动机的铭牌数据

要想正确安全地使用电动机，首先必须全面系统地了解电动机的额定值，掌握铭牌上所有信息及使用说明书上的操作规程。不当的使用不仅浪费资源，甚至可能损坏电动机。图 6.2.1 所示是 Y120M-4 型三相异步电动机的铭牌数据，下面将以它为例说明各技术数据及各字母的含义。

三相异步电动机					
型　号	Y120M-4	功　率	7.5 kW	频　率	50 Hz
电　压	380 V	电　流	15.4 A	接　法	△
转　速	1440 r/min	绝缘等级	B	工作方式	连续
年　　月		编号			××电机厂

图 6.2.1　电动机铭牌数据

1. 型号

电动机的产品型号是电动机的类型和规格代号。它由汉语拼音大写字母及国际通用符号和阿拉伯数字组成。例如：

产品型号中，除 Y 表示三相异步电动机外，还有 YR 表示绕线式异步电动机，YB 表示防爆异步电动机，YQ 表示高启动转矩异步电动机。常用的异步电动机型号、结构、用途可从电工手册中查询。

2. 额定功率与效率

电动机的额定功率表示电动机在额定工作状态下运行时，其转轴输出的机械功率值（P_2），单位为千瓦（kW）。电动机的输出功率 P_2 并不等于从电源输入的功率 P_1，其差值为电动机本身的损耗功率 ΔP（如铜损 ΔP_{Cu}、铁损 ΔP_{Fe}、机械损耗等），即 $\Delta P = P_1 - P_2$。电动机的效率 η 就是输出功率与输入功率的比值。

以 Y120M-4 型电动机为例，其输入功率为

$$P_1 = \sqrt{3} U_{IN} I_{IN} \cos\varphi = \sqrt{3} \times 380 \text{ V} \times 15.4 \text{ A} \times 0.85 = 8.6 \text{ kW}$$

输出功率为 $P_2 = 7.5$ kW，效率为

$$\eta = \frac{P_2}{P_1} \times 100\% = \frac{7.5}{8.6} \times 100\% = 87.2\%$$

一般三相异步电动机额定运行时，效率约为 $72\% \sim 93\%$，当电动机在额定功率的 75% 左右运行时，效率最高。

3. 频率 f

电动机的频率是指电动机所接电源的频率。我国的工频为 50 Hz。

4. 电压 U_N

电动机的电压是指电动机在额定工作状态下运行时，其定子绕组上应加的额定线电压值 U_N。一般规定电动机运行时的电压不应高于或低于额定电压值的 5%。若铭牌上有两个电压值，则表示定子绕组在两种不同连接方式时的线电压。例如 380/220Y/△是指线电压 380 V 时采用 Y 连接；线电压 220 V 时采用△连接。

5. 电流 I_N

电动机铭牌上所标的电流值为电动机在额定电压下，其转轴输出额定功率时定子绕组上的额定线电流值 I_N。若铭牌上有两个电流值，则表示定子绕组在两种不同连接方式时的线电流。

6. 接法

电动机铭牌上的接法指的是三相定子绕组的连接方式。在实际应用中，为便于采用 Y-△ 换接启动，三相异步电动机系列的功率较大时(4 kW 以上)，一般均采用三角形连接。

7. 转速

电动机铭牌上的转速表示电动机定子加额定线电压，其转轴输出额定功率时每分钟的转数，用 n_N 表示。不同磁极对数的异步电动机有不同的转速等级。生产中最常用的是四个极的($n_0 = 1500$ r/min)Y 系列电动机。

8. 绝缘等级

电动机的绝缘等级是按电动机各绕组及其他绝缘部件所用的绝缘材料在使用时容许的极限温度来分级的。常用绝缘材料等级见表 6.2.1。

表 6.2.1　常用绝缘材料等级

绝缘等级	Y	A	E	B	F	H	C
最高允许温度/℃	90	105	120	130	155	180	大于 180

9. 工作方式

电动机的工作方式是指电动机在额定状态下工作时，保证其温升不超过最高允许值的可持续运行的时限。电动机的工作方式有以下三大类：

(1) 连续工作制(代号 S1)：电动机可在额定状态下长时间连续运转，温度不会超出允许值。通常在用户未指定工作制时，厂商应默认为连续工作制。

(2) 短时工作制(代号 S2)：只允许在规定时间内按额定值运行。若电机在额定负载下运行的时间达到了规定时间，则立即停止运行，只有冷却后才能重新启动。若超过了规定时间继续运行，电动机就可能过热而损坏。我国电机短时工作制的持续时间标准有四种：10 min、30 min、60 min、90 min。

(3) 断续周期工作制(代号 S3)：按一系列相同的工作周期运行，每一个周期包括一段恒定负载运行时间和一段断能停转时间。这种工作制中的每一个周期的启动电流不致对温升产生显著影响。

此外，电动机铭牌的主要技术数据还有功率因数（如 0.85）、效率（如 87％）。

6.3 三相异步电动机的工作原理与机械特性

6.3.1 三相异步电动机的工作原理

1. 旋转磁场

为了理解三相异步电动机的工作原理，先讨论三相异步电动机的定子绕组接至三相电源后，在电动机中产生磁场的情况。

图 6.3.1 所示为三相异步电动机定子绕组的简单模型。三相绕组 U$_1$、U$_2$，V$_1$、V$_2$，W$_1$、W$_2$ 在空间互成 120°，每相绕组一匝，星形连接。给定子绕组通入三相交流电流（以 A 相电流为参考），即

$$i_A = I_m \sin\omega t$$
$$i_B = I_m \sin(\omega t - 120°)$$
$$i_C = I_m \sin(\omega t - 240°) = I_m \sin(\omega t + 120°)$$

则参考方向如图 6.3.1 所示，图中⊙表示导线中电流方向从里向外，⊗表示电流方向从外向里。

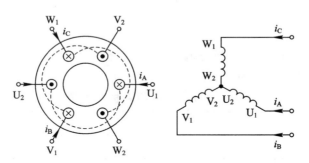

图 6.3.1　三相异步电动机定子绕组

当三相定子绕组接至三相对称电源时，绕组中就有三相对称电流 i_A、i_B、i_C 通过。图 6.3.2 为三相对称电流的波形图。下面分析三相交流电流在定子绕组内共同产生的磁场在一个周期内的变化情况。

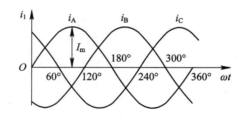

图 6.3.2　三相对称电流波形

(1) 当 $\omega t = 0°$ 时，$i_A = 0$，$i_B = -\frac{\sqrt{3}}{2}I_m < 0$，$i_C = \frac{\sqrt{3}}{2}I_m > 0$，此时 U 相绕组电流为 0；V 相绕组电流为负值，i_B 的实际方向与参考方向相反；W 相绕组电流为正值，i_C 的实际方向与参考方向相同。按右手螺旋定则可得各个导体中电流所产生的合成磁场，如图 6.3.3（a）所示，是一个具有两个磁极的磁场。由于电动机磁场的磁极数常用磁极对数 p 来表示，故这两个磁极称为一对磁极，用 $p=1$ 表示。

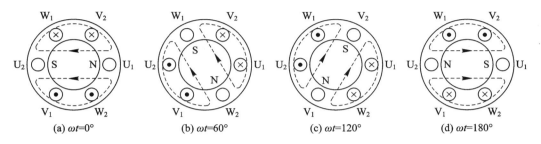

图 6.3.3 两极旋转磁场

(2) 当 $\omega t = 60°$ 时，$i_A = \frac{\sqrt{3}}{3}I_m > 0$，$i_B = -\frac{\sqrt{3}}{2}I_m < 0$，$i_C = 0$，此时的合成磁场如图 6.3.3（b）所示，也是一个两极磁场。但这个两极磁场的空间位置和 $\omega t = 0°$ 时相比，已按顺时针方向在空间上旋转了 60°。

(3) 当 $\omega t = 120°$ 时，$i_A = \frac{\sqrt{3}}{3}I_m > 0$，$i_B = -\frac{\sqrt{3}}{2}I_m < 0$，$i_C = 0$，此时的合成磁场如图 6.3.3（c）所示，也是一个两极磁场。但这个两极磁场的空间位置和 $\omega t = 0°$ 时相比，已按顺时针方向在空间上旋转了 120°。

(4) 当 $\omega t = 180°$ 时，$i_A = 0$，$i_B = \frac{\sqrt{3}}{2}I_m > 0$，$i_C = \frac{\sqrt{3}}{2}I_m > 0$，此时的合成磁场如图 6.3.3（d）所示，也是一个两极磁场。但这个两极磁场的空间位置和 $\omega t = 0°$ 时相比，已按顺时针方向在空间上旋转了 180°。

综上所述，可以证明：当三相电流不断地随时间变化时，通过它所建立的合成磁场也不断地在空间旋转。由此可以得出结论：三相正弦交流电流通过电动机的三相对称绕组，在电动机中所建立的合成磁场是一个不断旋转的磁场，该磁场称为旋转磁场。

2. 旋转磁场的转向

从图 6.3.3 的分析中可以看出，旋转磁场的旋转方向是 U_1 到 V_1 到 W_1（顺时针方向），即与通入三相绕组的三相电流相序从 i_A 到 i_B 到 i_C 是一致的。

如果把三相绕组连接电源的三根引线中的任意两根对调，例如把 i_B 通入 U 相绕组，i_A 通入 V 相绕组，i_C 仍然通入 W 相绕组。利用与图 6.3.3 同样的分析方法，可以得到此时旋转磁场的旋转方向将会是 U_1 到 V_1 到 W_1，旋转磁场按逆时针方向旋转。

由此可以得出结论：旋转磁场的旋转方向与三相电流的相序一致。要改变三相异步电动机的旋转方向，只需改变三相电流的相序即可。实际上只要把三相异步电动机与电源的三根连接线中的任意两根对调，电动机的转向便与原来相反了。

3. 三相异步电动机的转速

三相异步电动机的转速与旋转磁场的转速有关，旋转磁场的转速由磁场的磁极数所决定。在 $p=1$ 的情况下(见图 6.3.3)，当 ωt 从 $0°$ 变到 $120°$ 时，磁场在空间也旋转了 $120°$，当电流变化了 $360°$ 时，旋转磁场恰好在空间旋转一周。设电流的频率为 f，即电流每秒钟变化 f 次，每分钟变化 60 次，于是旋转磁场的转速为 $n_0=60f$，其单位为转每分(r/min)。在旋转磁场具有两对磁极的情况下，当 ωt 从 $0°$ 变到 $60°$ 时，磁场在空间只转了 $30°$。也就是说，当电流变化一周时，磁场仅旋转了半周，比 $p=1$ 时的转速慢了 1/2，即

$$n_0 = \frac{60f}{2}$$

同理，在三对磁极的情况下，电流交变一周，磁场在空间仅旋转了 1/3 周，只有 $p=1$，即

$$n_0 = \frac{60f}{3}$$

由此可推广到 p 对磁极的旋转磁场的转速为

$$n_0 = \frac{60f}{p} \tag{6.3.1}$$

旋转磁场的转速 n_0 又称同步转速，它由电源的频率 f 和磁极对数 p 所决定，而磁极对数 p 又由三相绕组的安排情况所确定。由于受所用线圈、铁芯的尺寸大小、电动机体积等条件的限制，p 不能无限大。

我国工业交流电频率是 50 Hz，对某一电动机，磁对数 p 是固定的，因此 n_0 也是不变的。表 6.3.1 中列出了电动机磁极对数所对应的同步转速。

表 6.3.1　同　步　转　速

p	1	2	3	4	5	6
$n_0/(\text{r/min})$	3000	1500	1000	750	600	500

三相异步电动机转速 n 接近但略小于旋转磁场的同步转速 n_0，只有这样定子和转子之间才存在相对运动。

三相异步电动机的转子转速 n 与旋转磁场的同步转速 n_0 之差是保证三相异步电动机工作的必要因素。这两个转速之差称为转差。转差与同步转速之比称为转差率(s)，即

$$s = \frac{n_0 - n}{n_0} \tag{6.3.2}$$

或

$$n = (1-s)n_0$$

转差率 s 是三相异步电动机的重要参数指标，由于三相异步电动机的转速 $n<n_0$，且 $n>0$，故转差率在 $0\sim1$ 的范围内，即 $0<s<1$。对于常用的三相异步电动机，在额定负载时的额定转速 n_N 接近同步转速，所以它的额定转差率 s_N 较小，约为 $0.01\sim0.07$，转差率有时也用百分数表示。

【例 6.3.1】　一台三相异步电动机的额定转速 $n_N=712.5$ r/min，电源频率为 50 Hz，求其磁极对数 p、额定转差率 s。

解　因为异步电动机的额定转速 n 略低于同步转速 n_0，而电源频率 $f=50$ Hz 时，

$n_0 = \dfrac{60f}{p}$，略高于 $n_N = 712.5$ r/min 的 n_0 只能是 750 r/min，故磁极对数 $p = 4$。

该电动机的额定转差率为

$$s = \frac{n_0 - n}{n_0} = \frac{750 - 712.5}{750} = 0.05$$

4. 工作原理

三相异步电动机工作原理示意图如图 6.2.4 所示。当三相定子绕组接至三相电源后，三相绕组内将流过三相电流并在电机内建立旋转磁场。当 $p = 1$ 时，如图 6.3.4 所示用一对旋转的磁铁来模拟该旋转磁场，它以恒定转速 n 顺时针方向旋转。

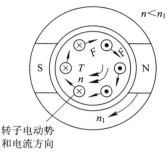

转子电动势
和电流方向

在该旋转磁场的作用下，转子导体逆时针方向切割磁通而产生感应电动势。根据右手定则可 图 6.3.4　三相异步电动机工作原理示意图知，在 N 极下的转子导体的感应电动势方向是由里向外的，而在 S 极下的转子导体的感应电动势方向是由外向里的。因为转子绕组是短接的，所以在感应电动势的作用下，产生感应电流，即转子电流。也就是说，三相异步电动机的转子电流是由电磁感应而产生的。因此这种电动机又称为感应电动机。

根据安培定律，载流导体与磁场相互作用而产生电磁力 F，其方向按左手定则确定。在旋转磁场作用下，各个载流导体受到的电磁力对于电动机转子转轴所形成的转矩称为电磁转矩 T，在它的作用下，电动机转子转动起来。从图 6.3.4 可见，由转子导体所受电磁力形成的电磁转矩与旋转磁场的转向一致，故三相异步电动机转子旋转的方向与旋转磁场的方向相同。

但是，电动机转子的转速 n 必定低于旋转磁场转速 n_0，如果转子转速达到 n_0，那么转子与旋转磁场之间就没有相对运动，转子导体将不切割磁力线，于是转子导体中不会产生感应电动势和转子电流，也不可能产生电磁转矩，所以电动机转子不可能维持在转速 n_0 状态下运行。可见电动机只有在转子转速 n 低于同步转速 n_0 的情况下，才能产生电磁转矩来驱动负载，维持稳定运行。因此这种电动机称为异步电动机。

6.3.2　电磁转矩

由三相异步电动机的工作原理可知，驱动电动机旋转的电磁场转矩是由转子导电条中的电流与旋转磁场每极磁通相互作用而产生的。因此，三相异步电动机的电磁转矩 T 的大小和转子电流 I_2 成正比。因为转子电路同时存在电阻和感抗(电路呈感性)，故转子电流 I_2 滞后于转子感应电动势 E_2 一个相位角 φ_2，转子电路的功率因数为 $\cos\varphi_2$。又由于只有转子电流的有功分量 $I_2\cos\varphi_2$ 与旋转磁场相互作用时，才能产生电磁转矩，因此异步电动机的电磁转矩 T 还与转子电路的功率因数成正比。故异步电动机转子上电磁转矩 T 可表示为

$$T = K_m \Phi_m I_2 \cos\varphi_2 \qquad\qquad (6.3.3)$$

式中，K_m 是决定于电动机结构的常数，电磁转矩 T 的单位为牛顿米(N·m)。

1. 定子电动势

图 6.3.5 是三相异步电动机每相电路图。和变压器相比，三相异步电动机的定子绕组相当于变压器的原边绕组，转子绕组相当于变压器的副边绕组，且其电磁关系也与变压器类似。三相异步电动机每相电路图和单相变压器类似，所以其定子电路每相的电压方程和变压器原绕组电路一样，即定子电动势 e_1 的有效值为

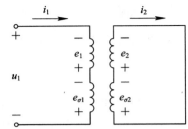

$$E_1 = 4.44 f_1 N_1 \Phi_m \approx U_1 \qquad (6.3.4)$$

图 6.3.5　三相异步电动机每相电路图

三相异步电动机定子和转子每相绕组的匝数分别为 N_1 和 N_2，f_1 为定子电路的电流频率。

2. 转子电动势

三相异步电动机转子电路电动势 e_2 的有效值为

$$E_2 = 4.44 f_2 N_2 \Phi_m \qquad (6.3.5)$$

式中 f_2 为转子电路的电流频率，它和定子电路的电流频率 f_1 的关系如何呢？下面将给予阐述。

因为旋转磁场和转子间的相对转速为 $(n_0 - n)$，故转子的频率

$$f_2 = \frac{p(n_0 - n)}{60} \qquad (6.3.6)$$

式(6.3.6)也可写成

$$f_2 = \frac{p(n_0 - n)}{60} = \frac{n_0 - n}{n_0} \times \frac{p n_0}{60} = s f_1 \qquad (6.3.7)$$

可见三相异步电动机转子电路的电流频率 f_2 与定子电路的电流频率 f_1 并不相等，这一点和单相变压器有显著的不同，f_2 和转差率 s 密切相关。转差率 s 大，频率 f_2 也随之增加。

将式(6.3.7)代入到式(6.3.5)中，可得到 E_2 与定子电路电流频率间的关系为

$$E_2 = 4.44 s f_1 N_2 \Phi_m \qquad (6.3.8)$$

当 $n=0$，即 $s=1$ 时，转子电动势为

$$E_{20} = 4.44 f_1 N_2 \Phi_m$$

3. 转子感抗 X_2

由感抗的定义可知

$$X_2 = 2\pi f_2 L_{\sigma 2}$$

又据式(6.3.7)，可得

$$X_2 = 2\pi s f_1 L_{\sigma 2} \qquad (6.3.9)$$

当 $n=0$，即 $s=1$ 时，转子感抗为

$$X_{20} = 2\pi f_1 L_{\sigma 2} \qquad (6.3.10)$$

比较式(6.3.9)和式(6.3.10)，可得

$$X_2 = s X_{20} \qquad (6.3.11)$$

可见，转子电路感抗 X_2 与转差率 s 成正比。

4. 转子电路电流 I_2

三相异步电动机转子电路的每相电流 I_2 的有效值为

$$I_2 = \frac{E_2}{\sqrt{R_2^2 + X_2^2}} = \frac{sE_{20}}{\sqrt{R_2^2 + (sX_{20})^2}} \tag{6.3.12}$$

5. 转子电路的功率因数 $\cos\varphi_2$

由于转子有漏磁通,相应的感抗为 X_2,因此 $\dot{I}_2$ 比 $\dot{E}_2$ 滞后 φ_2 角,故三相异步电动机转子电路的功率因数为

$$\cos\varphi_2 = \frac{R_2}{\sqrt{R_2^2 + X_2^2}} = \frac{R_2}{\sqrt{R_2^2 + (sX_{20})^2}} \tag{6.3.13}$$

由式(6.3.3)、式(6.3.12)、式(6.3.13),可得出电磁转矩的参数方程为

$$
\begin{aligned}
T &= K_{\mathrm{m}}\Phi_{\mathrm{m}}I_2\cos\varphi_2 = K_{\mathrm{m}}\frac{U_1}{4.44f_1N_1}\frac{4.44f_1N_2 s\Phi}{\sqrt{R_2^2 + (sX_{20})^2}}\frac{R_2}{\sqrt{R_2^2 + (sX_{20})^2}} \\
&= K_{\mathrm{m}}\frac{U_1N_2}{N_1}\frac{sR_2}{R_2^2 + (sX_{20})^2}\frac{U_1}{4.44f_1N_1} \\
&= K_{\mathrm{m}}\frac{N_2}{4.44f_1N_1^2}\frac{sR_2}{R_2^2 + (sX_{20})^2}U_1^2 \\
&= KU_1^2
\end{aligned}
\tag{6.3.14}
$$

式中,K 为电动机系数,f_1 为定子电流频率,s 为转差率,R_2 为转子电路每相的电阻,X_{20} 为电动机启动时(转子尚未转起来时)的转子感抗。

式(6.3.14)更为明确地说明了三相异步电动机电磁转矩 T 受电源电压 U_1、转差率 s 等外部条件及电路自身参数的影响很大,这是三相异步电动机的不足之处,也是它的特点之一。

当电源电压 U_1 和频率 f_1 一定且 R_2、X_{20} 都是常数时,电磁转矩只随转差率 s 变化。三相异步电动机电磁转矩 T 与转差率 s 之间的关系可用转矩特性 $T = f(s)$ 函数来表示,其特性曲线如图6.3.6所示。

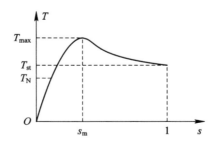

图 6.3.6　三相异步电动机转矩特性 $T = f(s)$ 曲线图

6.3.3　机械特性曲线

如图6.3.6所示的三相异步电动机转矩特性 $T = f(s)$ 曲线只是间接表示电磁转矩与转速之间的关系。而在实际工作中,常用三相异步电动机的机械特性曲线来分析问题,机械特性曲线反映了三相异步电动机的转速 n 与电磁转矩 T 之间的函数关系,如图6.3.7所示。

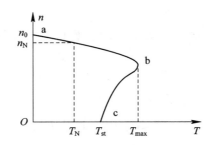

图 6.3.7 机械特性 $T = f(n)$ 曲线

可通过转矩特性曲线得到机械特性曲线。把转矩特性 $T = f(s)$ 曲线的坐标轴 s 变成 n，再把 T 轴平行移到 $n = 0$，即 $s = 1$ 处，并将坐标轴顺时针旋转 90°，就得到图 6.3.7 所示的机械特性曲线。

由图 6.3.6 可知，s_m 作为临界转差率，将曲线 $T = f(s)$ 分为对应 s 两个不同性质的区域。同样，在图 6.3.7 所示的 $T = f(n)$ 曲线上也相应地存在两个不同性质的运行区域：稳定工作区 ab 和不稳定工作区 bc。通常三相异步电动机都工作在机械特性曲线的 ab 段，当负载转矩 T_L 增大时，在最初瞬间电动机的转矩 $T < T_L$，所以它的转速 n 开始下降。随着 n 的下降，电动机的转矩 T 相应增大，这时 T_L 增大的影响超过 $\cos\varphi_2$ 减小的影响；当转矩增大到 $T = T_L$ 时，电动机在新的稳定状态下运行，这时转速低于之前的转速。

由图 6.3.7 所示的机械特性曲线可见，ab 段比较平坦，当负载在空载与额定值之间变化时，电动机的转速变化不大。这种特性称为硬的机械特性。三相异步电动机的这种硬特性适用于当负载变化时，对转速要求变化不大的鼠笼式三相异步电动机。

研究机械特性是为了分析三相异步电动机的运行性能。在机械特性曲线上，我们将讨论三个重要的转矩。

1）额定转矩 T_N

三相异步电动机的额定转矩是指其工作在额定状态下产生的电磁转矩。由于电磁转矩 T 必须与阻转矩 T_C 相等，三相异步电动机才能稳定运行，即

$$T = T_C$$

而 T_C 又是由三相异步电动机轴上的输出机械负载转矩 T_L 和空载损耗转矩 T_O 共同构成的，通常 T_O 很小，可忽略，故

$$T = T_O + T_L \approx T_L \tag{6.3.15}$$

又据电磁功率与转矩的关系可得

$$T \approx T_2 = \frac{P_2}{\omega} \tag{6.3.16}$$

式中，P_2 为三相异步电动机轴上输出的机械功率，功率的单位是瓦（W），转矩的单位是牛·米（N·m），角速度的单位是弧度/秒（rad/s）。如用 kW 表示功率，则得

$$T = \frac{P_2}{\omega} = \frac{P_2 \times 1000}{\frac{2\pi n}{60}} = 9550 \frac{P_2}{n} \tag{6.3.17}$$

若三相异步电动机处于额定状态，则可从电动机的铭牌上查到额定功率和额定转速的大小，可得额定转矩的计算公式为

$$T_{\mathrm{N}} = 9550 \frac{P_{2\mathrm{N}}}{n_{\mathrm{N}}} \tag{6.3.18}$$

式中，$P_{2\mathrm{N}}$ 为电动机额定输出功率（kW）、n_{N} 为电动机额定转速（r/min）、T_{N} 为电动机额定转矩（N·m）。

2）最大转矩 $T_{\max}$

从三相异步电动机的机械特性曲线上看，其转矩有一个最大值 $T_{\max}$，称为最大转矩或临界转矩。对应于最大转矩的转差率为 s_{m}，若将转矩 T 对转差率 s 求导，并令 $\dfrac{\mathrm{d}T}{\mathrm{d}s}=0$，即

$$s_{\mathrm{m}} = \frac{R_2}{X_{20}} \tag{6.3.19}$$

将式（6.3.19）代入式（6.3.14），得到最大转矩 $T_{\max}$ 为

$$T_{\max} = K \frac{U_1^2}{2X_{20}} \tag{6.3.20}$$

分析式（6.3.19）和式（6.3.20）可得到如下结论：

（1）三相异步电动机的最大转差率 s_{m} 与转子电阻 R_2 成正比，R_2 越大，s_{m} 也越大，图 6.3.8 所示为三相异步电动机不同转子电阻（$R_1 > R_2$）与机械特性的关系，由图可见，若要调低三相异步电动机的转速，则可采用在转子电路串联电阻的方法，反之，减小转子电路的电阻可相应提高电动机的转速。

（2）最大转矩 $T_{\max}$ 与 R_2 无关，它仅与电源电压的平方（U_1^2）成正比。所以供电电压的波动将影响三相异步电动机的运行情况。图 6.3.9 所示为电压变化（$U_1 > U_2$）对三相异步电动机机械特性的影响，也可采用调压的方法实现三相异步电动机转速的改变。

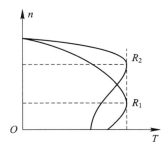
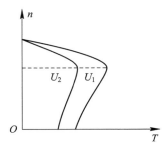

图 6.3.8　不同转子电阻与机械特性的关系　　图 6.3.9　电压变化对机械特性的影响

当三相异步电动机工作电流超过它所允许的额定值，这种工作状态称为过载。为了避免电动机过热，不允许其长期过载运行。

三相异步电动机在允许的温升下，可以在短时间内过载。但这时的负载转矩不得超过最大转矩 T_{m}，否则就会发生"堵转"而烧毁电动机。所以最大转矩 T_{m} 反映了三相异步电动机短时的过载能力，通常将它与额定转矩 T_{N} 的比值 λ 称为三相异步电动机的转矩过载系数或过载能力，即

$$\lambda = \frac{T_{\max}}{T_{\mathrm{N}}} \tag{6.3.21}$$

λ 是衡量三相异步电动机短时过载能力和稳定运行的一个重要参数。λ 值越大，三相异步电动机的过载能力就越强。通常三相异步电动机的过载系数为 1.8～2.2。

3) 启动转矩 T_{st}

三相异步电动机刚启动($n=0$)时的转矩称为启动转矩 T_{st}。启动转矩必须大于负载转矩，即 $T_{st}>T_L$，电动机才能启动。通常用启动转矩与额定转矩的比值来表示三相异步电动机的启动能力 λ_{st}，即

$$\lambda_{st} = \frac{T_{st}}{T_N} \tag{6.3.22}$$

通常三相异步电动机的启动系数约为 0.8～2.0。

【例 6.3.2】 某台鼠笼式三相异步电动机，△连接，额定功率为 $P_N=40\ kW$，额定转速为 $n_N=1460\ r/min$，过载系数为 $\lambda=2.0$，试求：

(1) 其额定转矩 T_N、额定转差率 s_N 和最大转矩 T_{max}；

(2) 当电源电压下降到 $U'_N=0.9U_N$ 时的转矩。

解 (1) 该电动机的额定转矩为

$$T_N = 9550\frac{P_{2N}}{n_N} = 9550 \times \frac{40\ kW}{1460\ r/min} = 261.6\ N \cdot m$$

由于额定转速 $n_N=1460\ r/min$，可得出同步转速 $n_0=1500\ r/min$，所以额定转差率为

$$s_N = \frac{n_0 - n_N}{n_0} = \frac{1500-1460}{1500} \approx 2.67\%$$

由 $\lambda = T_{max}/T_N$ 可得最大转矩为

$$T_{max} = \lambda T_N = 2.0 \times 261.6\ N \cdot m = 523.2\ N \cdot m$$

(2) 已知 $U'_N=0.9U_N$，由式(6.2.14)转矩与电压的平方成正比，得

$$\frac{T'_N}{T_N} = \left(\frac{U'_N}{U_N}\right)^2 = (0.9)^2$$

$$T'_N = (0.9)^2 T_N = 218.9\ N \cdot m$$

6.4 三相异步电动机的启动、制动与调速

6.4.1 三相异步电动机的启动

将一台三相异步电动机接上交流电，使之从静止状态开始旋转直至稳定运行，这个过程称为启动。研究三相异步电动机启动就是研究接通电源后，怎样使电动机转速从零开始上升直至达到稳定转速(额定转速)的稳定工作状态。三相异步电动机能够启动的条件是启动转矩 T_{st} 必须大于负载转矩 T_L。

三相异步电动机刚接通电源的瞬间，$n=0$，$s=1$，即转子尚未转动，定子电流(启动电流) I_{st} 很大，大约为电动机额定电流的 5～7 倍。例如 Y120M—4 型电动机的额定电流为 15.4 A，其启动电流可达 77～107.8A。三相异步电动机的启动电流虽然很大，但启动时间一般都很短，小型电动机只有 1～3 s，而且启动电流随转速的升高而迅速减小。因此，只要三相异步电动机不处在频繁启动状态中，一般不会引起电动机过热。但启动电流过大时，会产生较大的线路压降，影响到同一线路上其他设备的正常工作。例如，可能使同一

线路中其他运行中的电动机转速降低，甚至"堵转"，白炽灯突然变暗等。电动机容量越大，这种影响也越大。

三相异步电动机的启动电流虽然很大，但因其转子电流频率最高（$f_2 = f_1$），所以转子感抗很大，而转子的功率因数 $\cos\varphi_2$ 很小，因此，其启动转矩并不大，仅为额定转矩的 $1\sim2$ 倍。但启动电流大是三相异步电动机的主要缺点，必须采用适当的启动方法，以减小启动电流。鼠笼式三相异步电动机常用的启动方法有直接启动、降压启动等。

1. 直接启动

直接启动是指将额定电压通过闸刀开关或接触器直接加在定子绕组上使电机启动。这种方法简单、可靠，而且启动迅速；缺点是启动电流大。一般容量较小、不频繁启动的电动机采用这种方法。

一台三相异步电动能否直接启动要视情况而定，那么究竟多大功率的三相异步电动机可直接启动呢？这与供电线路变压器容量大小及电动机功率大小有关。通常三相异步电动机直接启动时，电网的电压降不得超过额定电压的 $5\%\sim15\%$，否则不允许直接启动三相异步电动机。

2. 降压启动

在不允许直接启动三相异步电动机的情况下，对容量较大的鼠笼式三相异步电动机，常采用降压启动的方法，即启动三相异步电动机时先降低加在定子绕组上的电压，当电动机转速接近额定转速时，再加上额定电压运行。由于启动时降低了加在定子绕组上的电压，从而减小了启动电流。但由于 $T\propto U_1^2$，因此会同时减小电动机的启动转矩。所以降压启动只适合于轻载、空载启动或对启动转矩要求不高的场合。

降压启动方法有多种。下面将详细介绍星形-三角形换接启动法。星形-三角形换接启动法简记为 Y-△ 启动法，适用于正常工作时电动机定子绕组是三角形接法的三相异步电动机，如图 6.4.1 所示。

将开关 Q_2 置于"启动"位置，三相异步电动机定子绕组为 Y 形连接，开始降压启动，这时定子绕组只承受 $\sqrt{3}U_{N1}$ 的额定电压；当三相异步电动机转速接近额定值时，迅速将开关 Q_2 切换至"运行"位置，电动机定子绕组换成△形连接并全压运行。

下面讨论用 Y-△ 启动法启动三相异步电动机时的启动电流和启动转矩。设供电电源线电压为 U_L，定子绕组的每相阻抗为 $|Z|$，Y 形连接。电动机启动时，启动电流为线电流 I_{LY} 并等于相电流 I_{PY}，即

$$I_{LY} = I_{PY} = \frac{U_L}{\sqrt{3}\,|Z|}$$

当定子绕组三角形连接并直接启动时，其线电流为

$$I_{L\triangle} = \sqrt{3}\,I_{P\triangle} = \sqrt{3}\,\frac{U_L}{|Z|} \tag{6.4.1}$$

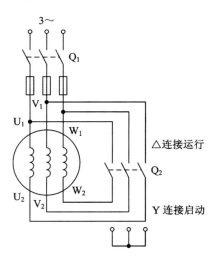

图 6.4.1　简单的 Y-△换接启动法

所以

$$I_{\mathrm{LY}} = \frac{1}{3} I_{\mathrm{L}\triangle} \tag{6.4.2}$$

又因为 $T \propto U_1^2$，故有

$$\frac{T_{\mathrm{st}}}{T_{\mathrm{N}}} = \left(\frac{\dfrac{U_{\mathrm{L}}}{\sqrt{3}}}{U_{\mathrm{L}}} \right)^2 = \frac{1}{3} \tag{6.4.3}$$

可见，采用 Y-△ 换接启动法启动三相异步电动机，可使启动电流减小到直接启动时的 1/3。又由于 $T \propto U_1^2$，所以启动转矩也减小至直接启动时的 1/3。因此，Y-△ 换接启动法的优点是设备简单，成本低，寿命长，动作可靠，没有附加损耗，这种方法仅适用于空载或轻载启动。

【例 6.4.1】 已知一台 Y280M-6 型三相异步电动机的技术数据见表 6.4.1，试求：电动机的磁极对数 p、额定转差率 s_{N}、额定转矩 T_{N}、启动电流 T_{st}、启动转矩 T_{st}、最大转矩 $T_{\max}$。

表 6.4.1　Y280M-6 型三相异步电动机技术数据

$P_{\mathrm{N}}/\mathrm{kW}$	$U_{\mathrm{N}}/\mathrm{V}$	$I_{\mathrm{N}}/\mathrm{A}$	f_1/Hz	$n_{\mathrm{N}}/(\mathrm{r/min})$
55	380	104.9	50	980
η	$\cos\varphi_2$	$I_{\mathrm{st}}/I_{\mathrm{N}}$	$T_{\mathrm{st}}/T_{\mathrm{N}}$	$T_{\max}/T_{\mathrm{N}}$
91.6%	0.87	6.5	1.8	2.0

解 已知 $n_{\mathrm{N}} = 980 \ \mathrm{r/min}$，则磁极对数 $p = 3$，有

$$s_{\mathrm{N}} = \frac{n_0 - n_{\mathrm{N}}}{n_0} \times 100\% = \frac{1000 - 980}{1000} = 2\%$$

$$T_{\mathrm{N}} = 9550 \frac{P_{\mathrm{N}}}{n_{\mathrm{N}}} = 9550 \frac{55 \ \mathrm{kW}}{980 \ \mathrm{r/min}} = 536 \ \mathrm{N \cdot m}$$

因为 $\dfrac{I_{\mathrm{st}}}{I_{\mathrm{N}}} = 6.5$，所以 $I_{\mathrm{st}} = 6.5 I_{\mathrm{N}} = 6.5 \times 104.9 \ \mathrm{A} = 681.9 \ \mathrm{A}$。

因为 $\dfrac{T_{\mathrm{st}}}{T_{\mathrm{N}}} = 2.0$，所以 $T_{\mathrm{st}} = 6.5 T_{\mathrm{N}} = 2.0 \times 536 \ \mathrm{N \cdot m} = 1072 \ \mathrm{N \cdot m}$。

三相异步电动机的启动除 Y-△ 换接启动法外，常见的还有定子绕组串电抗启动和自耦变压器降压启动。前者通常用于绕线式三相异步电机的启动。只要在转子电路中接入适当的启动电阻，既可减小启动电流又可增大启动转矩。后者的原理是利用三相自耦变压器将电动机在启动过程中的端电压降低，从而减小启动电流，当然启动转矩也会相应减小。

6.4.2　三相异步电动机的制动

三相异步电动机的制动是指使稳定运行的三相异步电动机断电后，在最短的时间内克服电动机的转动部分及其拖动的生产机械的惯性而迅速停车，以达到静止状态。对电动机进行准确制动不仅能保证工作安全，而且还能提高生产效率。

三相异步电动机的制动方式有机械制动和电气制动两大类。其中电气制动主要有能耗制动、反接制动和发电反馈制动等。本节将介绍能耗制动、反接制动。

1. 能耗制动

能耗制动原理示意图如图 6.4.2 所示。在断开三相异步电动机的交流电源的同时把开关 Q 置于"制动"，给任意两相定子绕组接通直流电源。定子绕组中流过的直流电流在电动机内部产生一个不旋转的恒定直流磁场 H（磁通 Φ）。断电后，电动机转子由于惯性作用还按原方向转动，从而切割直流磁场产生感应电动势和感应电流，其方向用右手定则确定。转子电流与直流磁场相互作用，使转子导体受力 F，F 的方向用左手定则确定。F 所产生的转矩方向与电动机原旋转方向相反，因而起制动作用，是制动转矩。制动转矩的大小与直流电源的参数有关，一般为电动机额定电流的 $0.5 \sim 1$ 倍。这种制动方法是利用转子惯性转动的能量切割磁场而产生制动转矩，其实质是将转子动能转换成电能，并最终变成热能消耗在转子回路的电阻上，故称能耗制动。

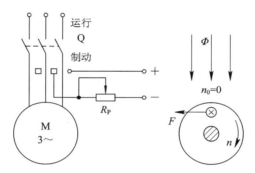

图 6.4.2　能耗制动原理示意图

能耗制动的特点是制动平稳、准确、能耗低，但需配备直流电源。

2. 反接制动

图 6.4.3 所示是反接制动原理示意图。当三相异步电动机停车时，在断开开关 Q_1 的同时，接通开关 Q_2，目的是改变三相异步电动机的三相电源相序，从而导致定子旋转磁场反向，使转子产生一个与原转向相反的制动力矩，迫使转子迅速停转。当转速接近零时，必须立即断开 Q_2，切断电源，否则电动机将在反向磁场的作用下反转。

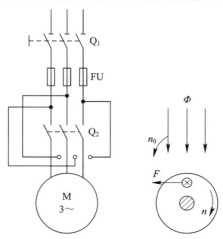

图 6.4.3　反接制动原理示意图

在反接制动时，旋转磁场与转子的相对转速$(n+n_0)$很大，定子绕组电流也很大，为确保运行安全，不因电流大导致电动机过热损坏，必须在定子电路(鼠笼式)或转子电路(绕线式)中串入限流电阻。

反接制动具有制动方法简单、制动效果好等特点，但其能耗大、冲击大。在不频繁启停、功率较小的电力拖动中常用这种制动方式。

6.4.3　三相异步电动机的调速

在实际生产过程中，为满足生产机械的要求，需要人为地改变三相异步电动机的转速，这就是通常说的调速。三相异步电动机调速的方法较多，根据 $n=(1-s)n_0=(1-s)\dfrac{60f_1}{p}$ 可知，改变电源频率 f_1、电动机的磁极对数 p 或转差率 s 均能改变电动机的转速。其中改变电源频率和磁极对数常用于鼠笼式三相异步电动机的调速；改变转差率 s，则用于绕线式三相异步电动机的调速。

1. 变频调速

变频调速是通过改变三相异步电动机供电电源的频率来实现调速的。变频调速装置主要由整流器、逆变器、控制电路三个部分组成。整流器先将 50 Hz 的交流电转换成电压可调的直流电，再由逆变器变换成频率连续可调且电压也可调的三相交流电，以此来实现三相异步电动机的无级调速。由于在交流异步电动机的诸多调速方法中，变频调速具有调速性能好、调速范围广、运行效率高等特点，使得变频调速技术的应用日益广泛。

2. 变极调速

变极调速是通过改变旋转磁场的磁极对数来实现对三相异步电动机的调速的。由 $n_0=\dfrac{60f_1}{p}$ 可知，通过磁极对数 p 的增减来改变 n_0 的大小，从而达到改变电动机转速的目的。

如前所述，三相异步电动机定子绕组接法的不同是引起旋转磁场磁极对数改变的根本原因。例如，设定子绕组的 A 相绕组由两个线圈(A_1X_1 和 A_2X_2)组成，当这两个线圈并联时，定子旋转磁场是一对磁极，即 $p=1$，见图 6.4.4(a)；若两个线圈串联，则定子旋转磁场是两对磁极，即 $p=2$，见图 6.4.4(b)。从这个例子可看出，这种调速方法不能实现无级调速，是有级调速，这是因为旋转磁场的磁极对数只能成对地改变。

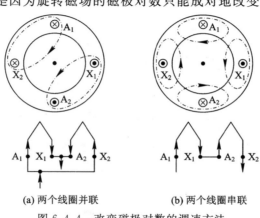

(a) 两个线圈并联　　　　　(b) 两个线圈串联

图 6.4.4　改变磁极对数的调速方法

变极调速电动机受磁极对数的限制，转速级别不会太多，否则电动机结构复杂、体积庞大，不利于生产应用。常用的变极调速电动机有双速或三速电动机等，其中双速电动机应用最广。

3．变转差率调速

在三相异步电动机的结构中，前面提及绕线式转子的三根引出线，通过滑环、电刷等最终会接到启动装置或调速用的变阻器 R_2 上。只要改变调速变阻器 R_2 的大小，就可平滑调速。例如增大调速电阻 R_2，电动机的转差率 s 增大，转速 n 降低；反之，转速 n 升高，从而实现调速。变转差率调速的优点在于投资少、调速设备简单，但使用效果不够经济，耗能大。这种调速方法大多应用于起重机等设备中。

本 章 小 结

本章重点讲了三相异步电动机的基本结构、工作原理、机械特性以及电动机的启动、制动、调速。

1．三相异步电动机的基本结构

三相异步电动机主要由定子和转子两个基本部分组成。定子主要由机座、定子铁芯和定子绕组构成。转子绕组按结构不同可分为鼠笼式转子和绕线式转子两种。

2．三相异步电动机的工作原理和机械特性

1）旋转磁场

三相正弦交流电流通过电动机的三相对称绕组，在电动机中形成一个旋转磁场。旋转磁场的旋转方向与三相电流的相序一致。

要改变电动机的旋转方向只需改变三相电流的相序，只要把电动机与电源的三根连接线中的任意两根对调即可。

2）三相异步电动机的转速

同步转速 n_0 为

$$n_0 = \frac{60f}{p}$$

三相异步电动机转速 n 接近但略小于旋转磁场的同步转速 n_0，只有这样定子和转子之间才存在相对运动。

三相异步电动机的转子转速 n 与旋转磁场的同步转速 n_0 之差称为转差。转差与同步转速之比称为转差率(s)，表示为

$$s = \frac{n_0 - n}{n_0}$$

3）三相异步电动机的工作原理

三相异步电动机的转子导体在旋转磁场作用下受到的电磁力，对于转子转轴形成电磁转矩 T，从而使电动机转子转动起来。转子旋转的方向与旋转磁场的方向相同。

4）三相异步电动机的机械特性

三相异步电动机的额定转矩是指其工作在额定状态下产生的电磁转矩。计算公式见式

(6.3.18)。

三相异步电动机的最大转矩 T_{max} 反映了电动机短时容许的过载能力。

三相异步电动机刚启动($n=0$)时的转矩称为启动转矩 T_{st}。启动转矩必须大于负载转矩，电动机才能启动。

3. 三相异步电动机的启动、制动、调速

(1) 鼠笼式三相异步电动机常用的启动方法有直接启动、降压启动。

(2) 三相异步电动机常用的电气制动方式有能耗制动、反接制动。

(3) 三相异步电动机常用的调速方法有变频调速、变极调速、变转差率调速。

习　题

6.1　已知某三相异步电动机定子电压的频率 $f_1=50$ Hz，极对数 $p=2$，转差率 $s=0.015$。求同步转速 n_0、转子转速 n 和转子电流频率 f_2。

6.2　某三相异步电动机的额定数据为 3 kW、2970 r/min、50 Hz，求旋转磁场转速、额定转差率、磁极对数、额定转矩。

6.3　某三相异步电动机的技术数据为 $P_N=30$ kW，$U_N=380$ V，$n_N=970$ r/min，$I_N=56.8$ A，三角形接法，$f=50$ Hz，$T_{st}/T_N=1.2$，$\eta_N=88\%$，$T_{max}/T_N=2.2$，$I_{st}/I_N=7$。

(1) 求电动机的磁极对数 p、额定转差率 s_N、额定转矩 T_N、启动转矩 T_{st}、最大转矩 T_{max}；

(2) 若采用换接启动，启动转矩 T_{st} 和启动电流 T_{st} 各为多少？

6.4　某工厂负载为 850 kW，功率因数为 0.6(电感性)，有 1600 kV·A 的变压器供电。现加入 400 kW、功率因数为 0.8(电容性)的负载，如果多加的负载由同步电动机拖动，是否需要加大变压器容量？这时工厂新的功率因数是多少？

6.5　已知三相异步电动机启动时，其定子电路的阻抗为常数，证明当采用星形-三角形降压启动时的启动电流和启动转矩均为直接启动的 1/3。

6.6　三相异步电动机拖动某生产机械运行，当 $f_1=50$ Hz 时，$n=2930$ r/min，当 $f_1=40$ Hz 和 60 Hz 时，转差率都为 $s_N=0.035$。求这两种频率时的转子转速。

习题答案

第二部分 模拟电子技术基础

第7章 常用半导体器件

多数现代电子器件是由性能介于导体与绝缘体之间的半导体材料制造而成的。半导体器件是现代电子技术的重要组成部分，由于它具有体积小、重量轻、使用寿命长、输入功率小和功率转换效率高等优点而得到广泛的应用。

本章首先简单介绍了半导体基础知识和半导体器件的基础——PN结，接着重点讨论了半导体二极管、三极管的基本结构、伏安特性以及半导体二极管的典型应用和特殊二极管，最后介绍了场效应晶体管。

7.1 半导体的基础知识

物质按导电能力的不同，可分为导体、绝缘体和半导体。半导体的导电能力介于导体和绝缘体之间，在常态下更接近于绝缘体，但它在掺入杂质或受热、受光照后，其导电能力明显增强。常用于制作半导体器件的材料是硅(Si)和锗(Ge)，它们都是四价元素，其原子的最外层轨道上有四个电子，称为价电子。

7.1.1 本征半导体

完全纯净的具有晶体结构的半导体称为本征半导体。半导体中存在两种载流子：带负电的自由电子和带正电的空穴。两种载流子同时存在，是半导体区别于导体的重要特点。

在本征半导体中，由于原子间距很小，价电子不仅受到自身原子核的约束，还要受到相邻原子核的吸引，使得每个价电子为相邻原子所共有，从而形成共价键。这样四个价电子与相邻的四个原子中的价电子分别组成四对共价键，依靠共价键使晶体中的原子紧密地结合在一起。图7.1.1是单晶硅或锗的共价键结构平面示意图。

在本征半导体中，自由电子和空穴总是成对出现，数量相等，称为电子–空穴对，温度对其影响很大，温度越高，载流子数量越多。

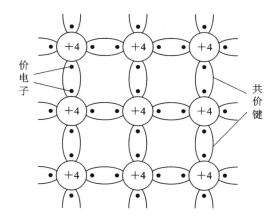

图 7.1.1　单晶硅或锗的共价键结构平面示意图

7.1.2　杂质半导体

在常温下，本征半导体中载流子总数很少，导电能力很弱。如果在本征半导体中掺入微量三价元素（如硼、铟）或五价元素（如磷、砷），就能使半导体的导电性能明显增强。这种做法称为掺杂，掺杂后的半导体称为杂质半导体。

根据掺入杂质的性质不同，可将杂质半导体分为 N 型半导体和 P 型半导体两大类。

1. N 型半导体

在本征半导体中掺入微量的五价元素（如磷）后，就可形成 N 型半导体，其内部结构平面示意图如图 7.1.2 所示。此时半导体的晶体结构中，磷原子在顶替掉一个硅原子而与周围的四个硅原子以共价键结合起来后，还多余了一个价电子，该价电子因为不在共价键中，所以受磷原子核的束缚十分微弱，极易摆脱原子核束缚而成为自由电子，从而使原来的中性磷原子成为不能移动的正离子。因此，在 N 型半导体中，总的载流子数目（电子）大为增加，导电能力增强。其自由电子是多数载流子，简称多子，空穴是少数载流子，简称少子。

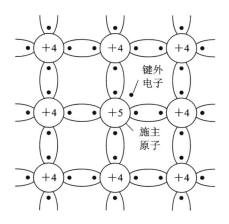

图 7.1.2　N 型半导体的内部结构平面示意图

2. P 型半导体

在本征半导体中掺入少量的三价元素（如硼），可形成 P 型半导体，其内部结构平面示意图如图 7.1.3 所示。此时半导体的晶体结构中，硼原子最外层的三个价电子在和相邻的四个硅原子组成共价键时因缺少一个价电子而产生一个空位。当邻近的电子填补该空位时，使硼原子成为不能移动的负离子。因此，在 P 型半导体中，总的载流子数目（空穴）大为增加，导电能力增强，其空穴是多数载流子，简称多子，自由电子是少数载流子，简称少子。

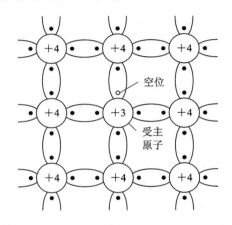

图 7.1.3　P 型半导体的内部结构平面示意图

可见，N 型半导体和 P 型半导体中的多子主要由杂质提供，与温度几乎无关，多子浓度由掺杂浓度决定；而少子由本征激发产生，与温度和光照等外界因素有关。

不论何种类型的杂质半导体，它们对外都显示电中性。不同的是，在外加电场的作用下，N 型半导体中电流的主体是电子，P 型半导体中电流的主体是空穴。

7.1.3　PN 结及其单向导电性

1. PN 结的形成

通过掺杂工艺，把本征半导体晶体的一侧做成 P 型半导体，另一侧做成 N 型半导体，这样在它们的交界面处会形成一个很薄的特殊物理层，称为 PN 结。PN 结是构造半导体器件的基本单元。普通晶体二极管就是由 PN 结构成的。

物质总是从浓度高的地方向浓度低的地方运动，这种由于浓度差而产生的运动称为扩散运动。在 PN 结处，因为 P 区多子是空穴，少子是自由电子，而 N 区多子是自由电子，少子是空穴，所以在它们的交界面处存在空穴和电子的浓度差。由于浓度差的存在使载流子由高浓度区域向低浓度区域进行扩散运动，形成的电流称为扩散电流。于是 P 区中的多子空穴会向 N 区扩散，并在 N 区被电子复合；而 N 区中的多子电子也会向 P 区扩散，并在 P 区被空穴复合。上述过程如图 7.1.4（a）所示。

由于在 PN 结交界面处大量的空穴和自由电子复合后出现了在交界面处没有空穴也没有电子的一块儿区域，称为空间电荷区，如图 7.1.4（b）所示。这个空间电荷区即 PN 结。在空间电荷区形成了一个电场，其方向是从带正电的 N 区指向带负电的 P 区。由于这个电场是在空间电荷区内部形成的，而不是外加电压形成的，故称为内电场。这个内电场的方向是阻止载流子扩散运动的,故又称为阻挡层。显然空穴移动方向与电场方向相同,而电子则是逆着电场的方向移动。这种由于电场作用而导致载流子的运动称为漂移运动,即在内电场作用下,P区少子电子向 N 区漂移,N 区少子空穴向 P 区漂移。多子扩散运动形成的扩散电流和少子漂移运动形成的漂移电流的方向是相反的。当二者达到动态平衡时,空间电荷区的宽度保持相对稳定,正负离子数亦不再变化。

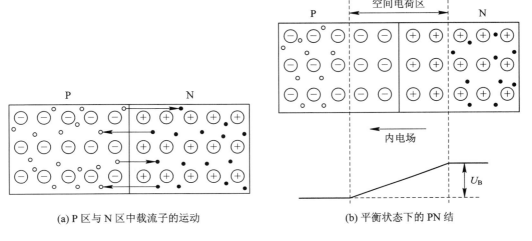

(a) P 区与 N 区中载流子的运动　　　　　　(b) 平衡状态下的 PN 结

图 7.1.4　PN 结的形成

2. PN 结的单向导电性

如果在 PN 结的两端外加电压,就将破坏原来的平衡状态,导致有电流流过 PN 结。当外加电压极性不同时,PN 结表现出截然不同的导电性能。

(1) 外加正向电压:P 区接电源正极,N 区接电源负极,称为 PN 结正向偏置。

如图 7.1.5 所示,在外加正向电压形成的外电场作用下,P 区中的多数载流子空穴和 N 区中的多数载流子电子都要向 PN 结移动,即 P 区空穴进入 PN 结后,就要和原来的一部分负离子中和,同样,当 N 区电子进入 PN 结后,中和了部分正离子,结果使 PN 结变窄,有利于扩散运动,形成扩散电流。N 区电子不断扩散到 P 区,P 区空穴不断扩散到 N 区,在外电路上形成一个流入 P 区的电流,称为正向电流。当外加电压升高,PN 结进一步变窄,扩散电流随之增大,在正常工作范围内,PN 结上外加电压只要稍有变化(如 0.1 V),便能引起电流

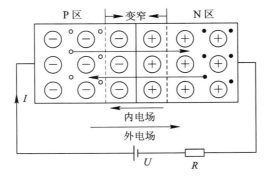

图 7.1.5　PN 结加正向电压

的显著变化，因此电流 I 是随外加电压急速增大的。正向的 PN 结表现为一个阻值很小的电阻，此时称为 PN 结正向导通。

（2）外加反向电压：P 区接电源负极，N 区接电源正极，称为 PN 结反向偏置（反偏）。

如图 7.1.6 所示，外加的反向电压形成的外电场方向与 PN 结内电场方向相同，进一步阻碍了扩散运动，扩散电流大大减小，有利于漂移运动。此时 PN 结区的少子在内电场的作用下形成的漂移电流大于扩散电流，可忽略扩散电流。由于漂移电流本身就很小，PN 结呈现高阻性。表现在外电路上有一个流入 N 区的反向电流，它是由少子的漂移运动形成的，所以浓度很小，I 很微弱，可忽略不计，而认为 PN 结基本不导电，称为 PN 结反向截止。

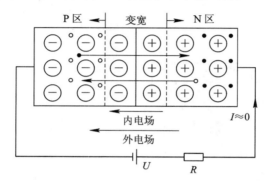

图 7.1.6　PN 结加反向电压

综上所述，PN 结具有正向导通、反向截止的特性，这就是 PN 结的单向导电性。

7.2　半导体二极管

7.2.1　半导体二极管的基本结构

将 PN 结用外壳封装起来，并加上电极引线就构成了半导体二极管，简称二极管。连接二极管 P 区的引出线称为二极管的阳极，连接 N 区的引出线称为二极管的阴极。二极管的图形符号如图 7.2.1 所示。

二极管有许多类型。从工艺上分，有点接触型、面接触型和平面型二极管，如图 7.2.2 所示。点接触型二极管是由一根金属丝经过特殊工艺与半导体表面相接形成 PN 结，因而结面积很小，不能通过较大电流。其极间电容很小，工作频率可达 100 MHz 以上，但不能承受高的反向电压和大的电流，故适用于高频电路和数字电路。面接触型和平面型二极管的 PN 结是用合金法或扩散法做成的，这种二极管的 PN 结面积大，可承受较大的电流，但极间电容也大。这类二极管适用于整流，而不宜用于高频电路。

7.2.1　二极管的图形符号

常见的二极管封装形式有金属、塑料和玻璃三种封装。按照应用的不同，二极管可分为整流、检波、开关、稳压、发光、光电、快恢复和变容二极管等。根据用途的不同，二极管的外形各异，图 7.2.3 所示为一些常见的二极管外形。

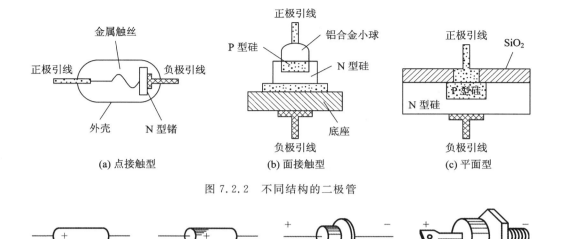

图 7.2.2　不同结构的二极管

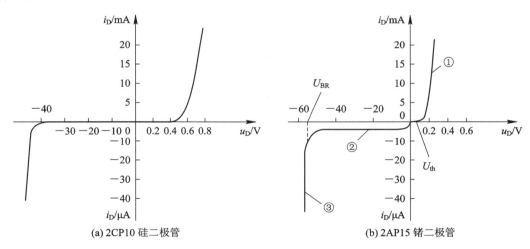

图 7.2.3　二极管的几种常见外形

7.2.2　半导体二极管的伏安特性

二极管既然是一个 PN 结，那么它也具有单向导电性，其伏安特性曲线如图 7.2.4 所示。

图 7.2.4　二极管的伏安特性曲线

由图 7.2.4 可见，当外加正向电压很低时，正向电流很小，电流值几乎为 0。这是因为外加电压尚不足以克服 PN 结内电场对扩散运动的阻碍作用，二极管对外呈高电阻特性。一旦正向电压超过一定数值后，电流增长很快。这个一定数值的正向电压称为死区电压或开启电压。死区电压的大小与制造二极管使用的材料有关，并受环境温度影响。通常，硅材料二极管（简称硅管）的死区电压约为 0.5 V，锗材料二极管（简称锗管）的死区电压约为 0.2 V。当正向电压超过死区电压值时，外电场抵消了内电场，正向电流随外加电压的升高而明显增大，呈指数增长，二极管正向电阻变得很小。当二极管完全导通后，正向压降基本维持不变，称为二极管正向导通压降，硅管约为 0.6～0.8 V，锗管约为 0.2～0.3 V。

当二极管两端加反向电压时，形成很小的反向电流。反向电流有两个特点：一是它随温度的升高而增长很快；二是在反向电压不超过某一范围时，反向电流的大小基本恒定，而与反向电压的高低无关，故通常称此时的反向电流为反向饱和电流。当外加反向电压过高时，反向电流将突然增大，二极管失去单向导电性，这种现象称为反向击穿。此时对应的反向电压称为反向击穿电压 U_{BR}。

7.2.3　半导体二极管的等效电路

显然二极管是非线性的，为了简化分析计算，在一定条件下可以近似用线性电路来等效。本书仅介绍理想模型二极管等效电路和恒压降模型二极管等效电路。

1. 理想模型二极管等效电路

如图 7.2.5(a)所示为理想二极管的伏安特性曲线，其中虚线表示实际二极管的伏安特性，图 7.2.5(b)所示是它的等效电路。由图可见，在正向偏置时，理想二极管的管压降为 0，相当于开关闭合；而在反向偏置时，二极管等效电阻为无穷大，电流值为 0，相当于开关断开。这种等效电路实际上忽略了二极管的正向压降和反向电流，而将二极管等效为一个理想开关。

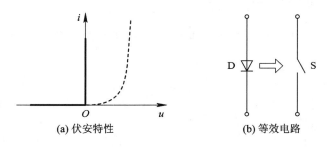

(a) 伏安特性　　　　　　(b) 等效电路

图 7.2.5　二极管的理想模型

2. 恒压降模型二极管等效电路

如图 7.2.6(a)所示为考虑二极管正向导通恒压降时的伏安特性曲线，其中虚线表示实际二极管的伏安特性，图 7.2.6(b)是它的等效电路。由图可见，当外加正向电压大于 U_{ON} 时，二极管导通，开关闭合，二极管两端的压降为 U_{ON}；当外加电压小于 U_{ON} 时，二极管截止，开关断开。其基本思想是当二极管导通后，认为其管压降是恒定的，且不随电流而变，典型值为 0.7 V(硅管)或 0.3 V(锗管)。

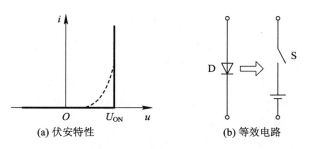

(a) 伏安特性　　　　　　(b) 等效电路

图 7.2.6　二极管的恒压降模型

7.3　半导体二极管的典型应用

利用二极管的单向导电性，可以进行整流、限幅、钳位和检波，也可以用构成其他元件或电路的保护电路，以及在脉冲与数字电路中作为开关元件等。

7.3.1　限幅电路

利用二极管正向导通后其两端电压很小且基本不变的特性，可以构成各种限幅电路，使输出电压幅度限制在某一电压值范围以内。

一个简单的上限幅电路如图 7.3.1(a)所示。根据理想二极管模型可知，当 $u_i \geqslant E = 2$ V 时，D 导通，$u_o = 2$ V，即将 u_o 的最大电压限制在 2 V 以上；当 $u_i < 2$ V 时，D 截止，二极管所在支路断开，$u_o = u_i$。图 7.3.1(b)画出了输入正弦信号时，电路对应的输出波形。

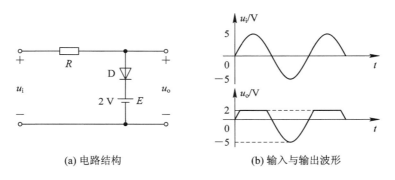

(a) 电路结构　　　　　　　(b) 输入与输出波形

图 7.3.1　二极管构成的限幅电路

【例 7.3.1】　电路如图 7.3.2(a)所示，设输入电压 $u_i = 10\sin\omega t$ (V)，$U_{S1} = U_{S2} = 5$ V。试画出输出电压 u_o 的波形。

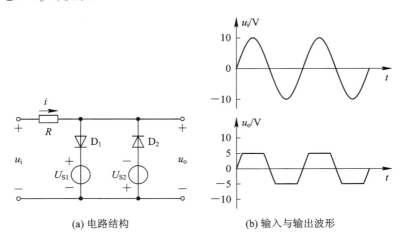

(a) 电路结构　　　　　　　(b) 输入与输出波形

图 7.3.2　例 7.3.1 图(二极管双向限幅电路图及其波形)

解　当 $-U_{S2} < u_i < U_{S1}$ 时，D_1、D_2 都处于反向偏置而截止，因此 $i = 0$，$u_o = u_i$；当

$u_i > U_{S2}$时，D_1处于正向偏置而导通，使输出电压保持在U_{S1}；当$u_i < -U_{S2}$时，D_2处于正向偏置而导通，输出电压保持在$-U_{S2}$；故输出电压u_o的波形如图7.3.2(b)所示。

由例7.3.1可看出，由于输出电压u_o被限制在$+U_{S1}$与$-U_{S2}$之间，即$|u_o| \leqslant 5$ V，因此该电路为双向限幅电路。这种电路又好像将输入信号的高峰和低谷部分削掉一样，因此也称为削波电路，常用于波形变换和整形。

7.3.2　整流电路

几乎所有的电子仪器都需要直流供电，而直流发电机和干电池提供的直流电压往往又难以符合各种特定的要求。为此，采用最经济而简便的方法是直接通过交流电网来获得所需的直流电压。为了得到直流电压，常利用具有单向导电性能的电子元器件(如二极管)将交流电转换为直流电，这就是整流电路。经过简单整流之后的输出电压波形波动较大，不能直接作为负载的供电电源，往往需要继续加接滤波电路和稳压电路进行进一步处理。下面介绍单相半波整流电路和桥式整流电路。

1. 单相半波整流电路

单相半波整流电路是一种最简单的整流电路。单相半波整流电路如图7.3.3(a)所示，图中 T 为电源变压器，用来将市电 220 V 交流电压转换为整流电路所要求的交流低电压，同时保证直流电源与市电电源有良好的隔离。

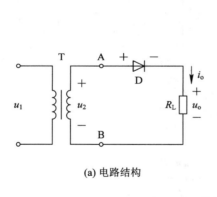
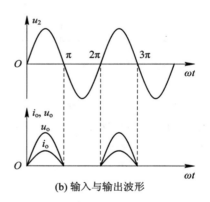

(a) 电路结构　　　　　　　(b) 输入与输出波形

图7.3.3　单相半波整流电路

若二极管为理想二极管，则当输入为一正弦波时，根据二极管的单向导电性可知：正半周时，二极管导通(相当于开关闭合)，$u_o = u_i$；负半周时，二极管截止(相当于开关断开)，$u_o = 0$。其输入与输出波形如图7.3.3(b)所示。由于流过负载的电流和加在负载两端的电压只有半个周期的正弦波，故称为半波整流。

此时，负载上的电压只有大小的变化而无方向的变化，故称u_o为单向脉动电压。负载上的直流电压即一个周期内脉动电压的平均值为

$$U_{o(AV)} = \frac{1}{2\pi} \int_0^\pi \sqrt{2} U_2 \sin\omega t \, d(\omega t) = \frac{\sqrt{2}}{\pi} U_2 = 0.45 U_2 \tag{7.3.1}$$

流过负载 R_L 上的直流电流为

$$I_o = \frac{U_o}{R_L} \approx \frac{0.45 U_2}{R_L} \tag{7.3.2}$$

式 7.3.1 说明，经半波整流后，负载上脉动电压的平均值只有变压器次级电压有效值的 45%，电压利用率是比较低的。

2. 单相桥式整流电路

为克服单相半波整流电源利用率低的缺点，常采用单相桥式整流电路，它由四个二极管接成电桥形式构成。图 7.3.4 所示为单相桥式整流电路的几种画法。

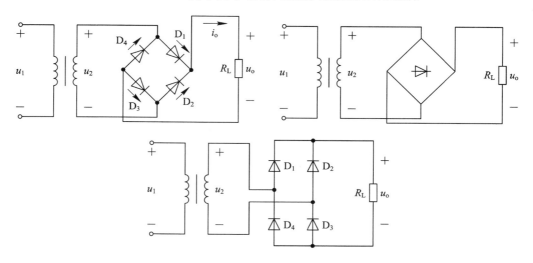

图 7.3.4　单相桥式整流电路的几种画法

电源变压器将电网电压转换成大小适当的正弦电压。单相桥式整流电路如图 7.3.5(a) 所示，设变压器二次侧输出电压为 $u_2 = \sqrt{2}U_2\sin\omega t$，当 u_2 为正半周期时（$0 \leqslant \omega t \leqslant \pi$），变压器二次侧 a 点的电位高于 b 点，二极管 D_1、D_3 导通，D_2、D_4 截止，电流的流通路径是 a—D_1—R_L—D_3—b。当 u_2 为负半周期时（$\pi \leqslant \omega t \leqslant 2\pi$），变压器二次侧 b 点的电位高于 a 点，二极管 D_2、D_4 导通，D_1、D_3 截止，电流的流通路径是 b—D_2—R_L—D_4—a。可见，在 u_2 变化的一个周期内，D_1、D_3 和 D_2、D_4 两组整流二极管轮流导通半周，流过负载 R_L 上的电流方向一致，在 R_L 两端产生的电压极性始终上正下负。电路中各点波形如图 7.3.5(b) 所示。

将桥式整流电路的输出电压波形与半波整流电路的输出电压波形相比较，显然桥式整流电路的直流电压 U_o 比半波整流时增加了一倍，即

$$U_{o(AV)} = \frac{1}{2\pi}\int_0^{2\pi}\sqrt{2}U_2\sin\omega t\,d(\omega t) = \frac{2\sqrt{2}}{\pi}U_2 = 0.9U_2 \tag{7.3.3}$$

负载电流同样也增加了一倍，即

$$I_o = \frac{U_o}{R_L} \approx \frac{0.9U_2}{R_L} \tag{7.3.4}$$

因为在桥式整流电路中，二极管 D_1、D_3 和 D_2、D_4 在电源电压变化的一周内是轮流导通的，所以流过每个二极管的平均电流都等于负载电流的一半；在二极管截止时，管子两端承受的最大反向电压为 u_2 的峰值电压，即

$$I_{FM} > 0.45\frac{U_2}{R_L}, \quad U_{RM} > \sqrt{2}U_2$$

与半波整流电路相比，桥式整流电路的优点是输出电压高、纹波小，同时电源变压器

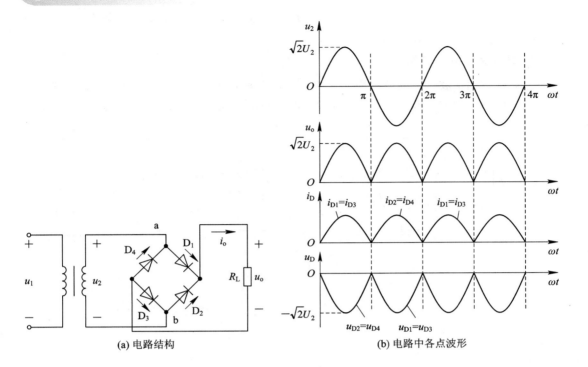

(a) 电路结构　　　　　　　　　(b) 电路中各点波形

图 7.3.5　单相桥式整流电路

在正、负半周均给负载供电，使电源变压器的利用率提高了。

7.3.3　钳位电路

利用二极管正向导通时压降很小的特性，可组成钳位电路，如图 7.3.6 所示。若 A 点电位 $V_A=0$，二极管 D 正向导通，其压降很小，F 点的电位也被钳制在 0 V 左右，即 $V_F\approx0$。

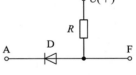

图 7.3.6　二极管钳位电路

【例 7.3.2】　二极管电路如图 7.3.7 所示，试判断图中的二极管是导通还是截止，并求出 AO 两端电压 U_{AO}。设二极管为理想器件。

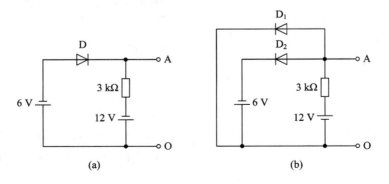

(a)　　　　　　　　　　　(b)

图 7.3.7　例 7.3.2 图

解　(1) 取该电路最下方 O 点为零电势点，假设将二极管 D 从电路中断开，则二极管

D 阳极电位为 -6 V，阴极电位为 -12 V，阳极电位大于阴极电位，D 导通，由题可知二极管为理想二极管，故 $U_{AO}=-6$ V。

（2）取该电路最下方 O 点为零电势点，假设将二极管 D_1、D_2 从电路中断开，则两个二极管阳极电位都为 12 V，阴极电位分别为 0 V 和 -6 V，显然 D_2 两端电位差大，D_2 优先导通；D_2 优先导通后，由题可知二极管为理想二极管，D_1 阳极电位 A 点被强制限定为 -6 V，此时 D_1 阳极电位 -6 V 小于阴极电位 0 V，故 D_1 截止，$U_{AO}=-6$ V。

7.3.4　电平选择电路

能够从多路输入信号中选出最低或最高电平的电路，称为电平选择电路，也称为开关电路。如图 7.3.8(a)所示为一种二极管构成的低电平选择电路，这种电路也是数字电路基本逻辑门电路中的原理性电路。设两路输入信号 u_1、u_2 均小于 E。表面上看似乎二极管 D_1、D_2 都能导通，实际上若 $u_1 < u_2$，则 D_1 优先导通而把 u_o 限制在低电平 u_1 上，致使 D_2 截止。反之，若 $u_2 < u_1$，则 D_2 优先导通而把 u_o 限制在低电平 u_2 上，致使 D_1 截止。只有当 $u_1 = u_2$ 时，D_1、D_2 才能同时导通。

可见，通过该电路能选出任意时刻两路信号中的低电平信号。图 7.3.8(b)画出了当 u_1、u_2 为方波时，输出端选出的低电平波形。

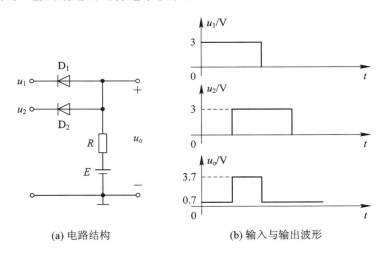

(a) 电路结构　　　　　　(b) 输入与输出波形

图 7.3.8　二极管构成的低电平选择电路

若将图 7.3.8(a)所示电路中的二极管 D_1、D_2 反接，将 E 改为负值，则电路就变为高电平选择电路。

7.4　特殊二极管

特殊二极管包括发光二极管、稳压二极管、光电二极管、变容二极管等。下面分别对这几种二极管进行简要的描述。

7.4.1　发光二极管

　　发光二极管是一种将电能直接转换成光能的固体器件，简称 LED。发光二极管和普通二极管相似，也由一个 PN 结组成。发光二极管在正向导通时，由于空穴和电子的复合而发出能量，发出一定波长的可见光。光的波长不同，颜色也不同。常见的 LED 有红、绿、黄、橙等颜色。发光二极管的驱动电压低、工作电流小，具有很强的抗振动和抗冲击能力。

　　发光二极管是一种电流控制器件，具有单向导电性。只有当外加的正向电压使得发光二极管的正向电流足够大时，它才发光，它的开启电压比普通二极管的高，红色的 LED 在 1.6~1.8 V 之间，绿色的 LED 约为 2 V。LED 正向电流愈大，发光愈强。使用时，应特别注意不要超过最大功耗、最大正向电流和反向击穿电压等极限参数。

　　由于发光二极管体积小、可靠性高、耗电省、寿命长，被广泛用于信号指示等电路中。图 7.4.1 为发光二极管的图形符号及外形。

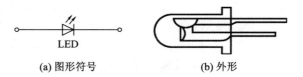

(a) 图形符号　　　　　　(b) 外形

图 7.4.1　发光二极管的图形符号和外形

7.4.2　稳压二极管

　　稳压二极管又名齐纳二极管，简称稳压管，是一种用特殊工艺制作的面接触型硅半导体二极管。它和普通二极管相比，正向特性相同，而反向击穿电压较低，且击穿时的反向电流在较大范围内变化时，击穿电压基本不变，体现了恒压特性。稳压管正是利用反向击穿特性来实现稳压的。此时，击穿电压称为稳定工作电压，用 U_Z 表示。稳压二极管广泛用于稳压电源与限幅电路中。

1. 稳压二极管的伏安特性

　　稳压管在正向偏置时，其特性和普通二极管一样；反向偏置时，其伏安特性曲线开始一段和普通二极管一样，当反向电压达到一定数值以后，反向电流突然增大，而且电流在一定范围内增大时，管子两端电压只有少许升高，变化很小，具有稳压性能。这种"反向击穿"是可恢复的，只要通过外电路限流电阻使电流在限定范围内，就不致引起热击穿而损坏稳压管。图 7.4.2 为稳压二极管图形符号和伏安特性曲线。

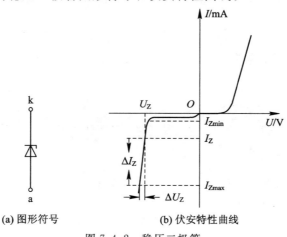

(a) 图形符号　　　　　　(b) 伏安特性曲线

图 7.4.2　稳压二极管

稳压管虽然工作于反向击穿状态，但其反向电流必须控制在一定的数值范围内，此时 PN 结的结温不会超过容许值而损坏，故这种反向击穿是可逆的，即去掉反向电压后，稳压管可以恢复正常。如果反向电流超出了容许值，则稳压管会因为电流过大而发热损坏(热击穿)，所以在使用时应串入限流电阻予以保护，此时，电流变化范围应控制在 $I_{Zmin} < I < I_{Zmax}$。

2. 简单稳压二极管稳压电路

稳压管构成的并联式稳压电路如图 7.4.3 所示。图中 U_i 为有波动的输入电压，并满足 $U_i > U_Z$。R 为限流电阻，它与稳压管 D_Z 配合起稳压作用，R_L 为负载。由于负载 R_L 与稳压管并联，因而此稳压电路称为并联式稳压电路。

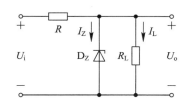

图 7.4.3　稳压管构成的并联式
稳压电路

引起 U_i 电压不稳定的原因是电网电压的波动和负载电流的变化，下面分析在这两种情况下稳压电路的作用。

(1) 当负载电阻不变而电网电压波动使输出电压 U_o 变化(如电网电压升高而使输入电压 U_i 升高)时。

当电网电压升高时，整流滤波输出电压 U_i 升高，经限流电阻和负载电阻分压，使 U_o(即 U_Z)升高；U_Z 升高将导致 I_Z 剧增；而 I_Z 剧增，流过限流电阻的电流也要增大，从而限流电阻上的压降 U_R 增大；因为 $U_o = U_i - U_R$，故抵消了 U_i 的升高。该调整过程可表示为

$$U_i \uparrow \longrightarrow U_o \uparrow \longrightarrow U_Z \uparrow \longrightarrow I_Z \uparrow \uparrow \longrightarrow I_R \uparrow \uparrow \longrightarrow U_R \uparrow \uparrow$$
$$U_o \downarrow \longleftarrow$$

当电网电压降低时，上述变化过程刚好相反，结果同样使 U_o 稳定。

(2) 当电网电压不变而负载变化使输出电压变化(如负载电阻 R_L 减小而使输出电压 U_o 下降)时。

假设电网电压保持不变，当负载电阻 R_L 减小而 I_L 增大时，流过限流电阻 R 上的电流增大而压降增大，输出电压 U_o 下降。由于稳压管并联在输出端，由伏安特性可看出，当稳压管两端电压有所下降时，电流 I_Z 将急剧减小；流过限流电阻的电流也要减小，从而限流电阻上的压降 U_R 减小；因为 $U_o = U_i - U_R$，故抵消了 U_o 的下降。该调整过程可表示为

$$R_L \downarrow \longrightarrow U_o \downarrow \longrightarrow U_Z \downarrow \longrightarrow I_Z \downarrow \downarrow \longrightarrow I_R \downarrow \downarrow \longrightarrow U_R \downarrow \downarrow$$
$$U_o \uparrow \longleftarrow$$

当负载电阻增大时，上述变化过程刚好相反，结果同样使 U_o 稳定。

由以上分析可见，电路稳压的实质在于通过稳压管调整电流的作用和通过电阻 R 的调压作用达到稳压的目的。

7.4.3　光电二极管

光电二极管又称光敏二极管，它是一种光接收器件，特点是 PN 结的面积大，管壳上有透光的窗口便于接收光照。

光电二极管工作在反向偏置状态下。当无光照时，它的伏安特性和普通二极管一样，

其反向电流很小，称为暗电流。当有光照时，半导体共价键中的电子获得能量，产生的电子-空穴对增多，反向电流增大，且在一定的反向电压范围内，反向电流和光照度 E 成正比。图 7.4.4 所示为光电二极管的基本电路和图形符号。

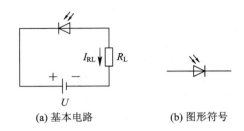

(a) 基本电路   (b) 图形符号

图 7.4.4   光电二极管的基本电路和图形符号

利用光电二极管做成的光电传感器，可以用于光的测量。当 PN 结的面积较大时，可以做成光电池。

7.4.4   变容二极管

图 7.4.5 所示为变容二极管的图形符号。此种管子是利用 PN 结的电容效应进行工作的，它工作在反向偏置状态，当外加的反偏电压变化时，其电容量也随着改变。变容二极管的容量很小，为皮法(pF)数量级，所以主要用于高频场合。

图 7.4.5   变容二极管图形符号

7.5   双极结型晶体管

双极结型晶体管(bipolar junction transistor，BJT)因其有自由电子和空穴两种极性的载流子参与导电而得名；又因其是三层杂质半导体构成的器件，有三个电极，所以又称为半导体三极管、晶体三极管等，简称三极管；它们常常是组成各种电路的核心器件。图 7.5.1 所示为 BJT 的几种常见外形。

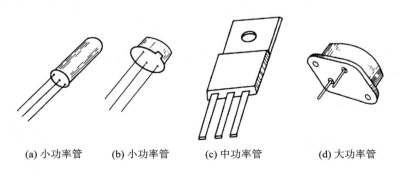

(a) 小功率管   (b) 小功率管   (c) 中功率管   (d) 大功率管

图 7.5.1   BJT 的几种常见外形

7.5.1　BJT 的结构及分类

NPN 型和 PNP 型 BJT 的结构示意图如图 7.5.2(a)、(b)所示。它是通过一定的制作工艺,在同一块半导体上用掺入不同杂质的方法制成两个紧挨的 PN 结,并引出三个电极构成的。具体做法是在一个硅(或锗)片上生成三个杂质半导体区域,一个 P 区(或 N 区)夹在两个 N 区(或 P 区)中间。因此,BJT 有两种管型:NPN 型和 PNP 型。从三个杂质区域各自引出一个电极,分别叫作发射极 E、集电极 C、基极 B,它们对应的杂质区域分别称为发射区、集电区和基区。三个杂质半导体区域之间形成两个 PN 结,发射区与基区间的 PN 结称为发射结,集电区与基区间的 PN 结称为集电结。图 7.5.2(c)、(d)所示分别是 NPN 型和 PNP 型 BJT 的图形符号,其中发射极上的箭头表示发射结加正向偏置电压时,发射极电流的实际方向。需要说明的是,虽然发射区和集电区是同一种半导体材料,但由于它们的掺杂浓度不同,因此并不是对称的,在使用时发射极和集电极一般不能对调使用。

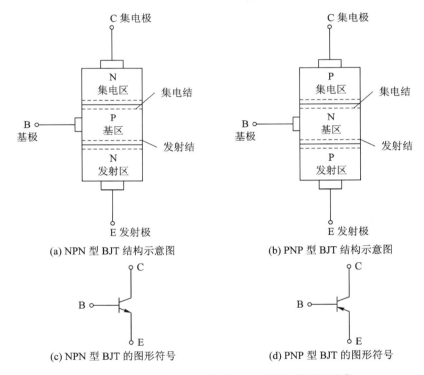

图 7.5.2　两种类型 BJT 的结构示意图及其图形符号

BJT 的种类很多,按照所用的半导体材料不同,分为硅管和锗管;按照管型不同,分为 NPN 管和 PNP 管;按照工作频率不同,分为低频管和高频管;按照功率不同,分为小功率管、中功率管、大功率管等。

本节主要讨论 NPN 型 BJT,但结论对 PNP 型同样适用,只不过两者所需电源电压的极性相反,产生的电流方向相反。

7.5.2　BJT 的工作状态

二极管的工作状态取决于 PN 结的偏置方式。同样,BJT 的工作状态也取决于两个 PN

结的偏置方式。由于 BJT 有两个 PN 结，三个电极，故需要外加两个电源，且有一个极是公用的。根据公用极不同，BJT 可分为共基极、共射极和共集电极三种连接方式，如图 7.5.3 所示。无论哪种连接方式，工作原理相同。

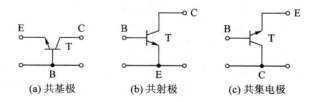

(a) 共基极　　　　　　(b) 共射极　　　　　　(c) 共集电极

图 7.5.3　BJT 的三种连接方式

根据外加电源的偏置方式，BJT 有三种工作状态：当发射结正向偏置，集电结反向偏置时，BJT 处于放大状态；当发射结、集电结均正向偏置时，BJT 处于饱和状态；当发射结、集电结均反向偏置时，BJT 处于截止状态。

要使 BJT 起放大作用，外加电源的极性应使发射结处于正向偏置，集电结处于反向偏置，电路如图 7.5.4(a) 所示。此时 BJT 内载流子的运动情况如图 7.5.4(b) 所示。

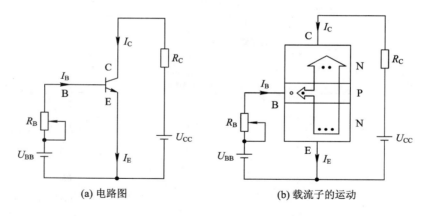

(a) 电路图　　　　　　　　　　　(b) 载流子的运动

图 7.5.4　放大状态下 BJT 中载流子的运动过程

由于发射结正偏，发射区电子源源不断地越过发射结扩散到基区，形成电子扩散电流 I_E。发射区的自由电子到达基区后，一部分与基区中的空穴相遇而复合。通过基极电源从基区抽走电子来补充空穴，形成基区(极)电流 I_B。由于集电结反偏，在结内形成了较强的电场，因而，使扩散到集电结边沿的电子在该电场作用下漂移到集电区，形成集电区(极)电流 I_C。

由以上分析可知，在 BJT 中，发射极电流 I_E 等于集电极电流 I_C 和基极电流 I_B 之和，即

$$I_E = I_C + I_B \tag{7.5.1}$$

为了反映集电区电流 I_C 与基区电流 I_B 之间的比例关系，定义共射极电流放大系数 β 为

$$\beta = \frac{I_C}{I_B} \tag{7.5.2}$$

其含义是基区每复合一个电子，就有 β 个电子扩散到集电区。β 值一般在 20～200 之间。

7.5.3　BJT 的 U-I 特性曲线

BJT 的伏安特性曲线是描述 BJT 各极电流与极间电压关系的曲线，它们可由实验求得。

1. 输入特性曲线

BJT 的输入特性曲线是当 U_{CE} 一定时，BJT 的基极电流 i_B 与发射结电压 u_{BE} 之间的关系曲线，即 $i_B = f(u_{BE})\big|_{U_{CE}=常数}$，实验测得 NPN 型硅 BJT 共射极连接时的输入特性曲线如图 7.5.5 所示。

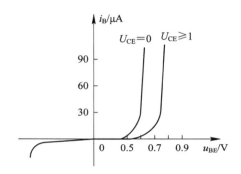

图 7.5.5　NPN 型硅 BJT 共射极连接时的输入特性曲线

（1）当 $U_{CE}=0$ 时，输入特性曲线相当于发射结的正向伏安特性曲线。

（2）当 $U_{CE}\geqslant 1$ V 时，$u_{CB}=(U_{CE}-u_{BE})>0$，集电结已处于反偏状态，开始收集电子，基区复合减少，同样的 u_{BE} 下，i_B 减小，输入特性曲线右移。

（3）当 $u_{BE}<0$ 时，BJT 截止，i_B 为反向电流。当反向电压超过某一值时，发射结会发生反向击穿。

可见，BJT 的输入特性曲线和二极管的伏安特性曲线相仿，也存在一段死区：NPN 型硅管死区电压约为 0.5 V，PNP 型锗管死区电压约为 -0.1 V。正常工作时的发射结电压，NPN 型硅管约为 $0.6\sim0.7$ V，PNP 型锗管约为 $-0.2\sim-0.3$ V。

2. 输出特性曲线

NPN 型硅 BJT 共射极连接时的输出特性曲线如图 7.5.6 所示，该曲线是指当 i_B 一定时，输出回路中的 i_C 与 u_{CE} 之间的关系曲线，如图 7.5.6 所示，用函数式可表示为

$$i_C = f(u_{CE})\big|_{i_B=常数}$$

由图 7.5.6 可见，输出特性曲线可以划分为三个区域，对应于三种工作状态。现分别讨论如下：

（1）截止区。BJT 工作在截止状态时，发射结和集电结均反向偏置，I_B、I_C、I_E 近似为 0，等效电阻很大，相当于一个开关断开。

（2）放大区。图 7.5.6 中，输出特性曲线近似平行等间距的区域称为放大区。BJT 工作在放大状态时，发射结正向偏置，集电结反向偏置；基极电流 I_B 的微小变化会引起集电极电流 I_C 的较大变化，即具有电流放大作用。I_C 与 I_B 之间满足关系式 $I_C=\beta I_B$。NPN 型硅 BJT 各电极间电位关系为 $V_C>V_B>V_E$，发射结电压 $U_{BE}\approx0.7$ V。NPN 型锗 BJT 的 $U_{BE}\approx0.2$ V。

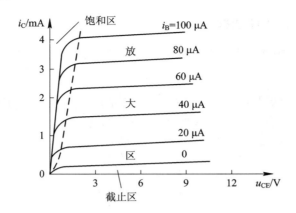

图 7.5.6　NPN 型硅 BJT 共发射极连接时的输出特性曲线

（3）饱和区。BJT 工作在饱和状态时，发射结和集电结均正向偏置；管子的电流放大能力下降，通常有 $I_C < \beta I_B$；U_{CE} 的值很小，称此时的电压 U_{CE} 为 BJT 的饱和压降，用 U_{CES} 表示。一般硅 BJT 的 U_{CES} 约为 $0.3\ V$，锗 BJT 的 U_{CES} 约为 $0.1\ V$。由于 U_{CE} 很小，BJT 的集-射极之间就相当于开关的接通。

在模拟电子电路中，BJT 通常作为放大器件使用，管子应工作在放大状态；而在数字电子电路中，BJT 通常作为开关器件使用，管子应工作在截止和饱和状态。

7.6　场效应晶体管

BJT 是利用输入电流来控制输出电流的半导体器件，因而称为电流控制型器件。场效应晶体管（简称场效应管）是一种电压控制型器件，它是利用电场效应来控制输出电流的大小的。场效应管工作时，内部参与导电的只有一种载流子，因此又称为单极性器件。与 BJT 相比，场效应管输入电阻很高，因而它不吸收信号源电流，不消耗信号源功率，具有温度稳定性好、抗辐射能力强、噪声低、制造工艺简单、易于集成等优点，在电子电路中得到了广泛的应用。

根据结构不同，场效应管可分为两大类：绝缘栅型场效应管和结型场效应管。

7.6.1　绝缘栅型场效应管

绝缘栅型场效应管是由金属（metal）、氧化物（oxide）和半导体（semiconductor）材料构成的，因此又叫 MOS 管，可以用 MOSFET 表示。绝缘栅场效应管按工作方式不同，可分为增强型和耗尽型两种，每一种又有 N 沟道和 P 沟道之分。

增强型和耗尽型 MOS 管的区别是当 $u_{GS} = 0$ 时，存在导电沟道的称为耗尽型 MOS 管，不存在导电沟道的称为增强型 MOS 管。

1. N 沟道增强型 MOSFET 的结构与符号

N 沟道增强型 MOS 管是以 P 型半导体作为衬底，用半导体工艺制作两个高浓度的 N^+ 型区，从两个 N^+ 型区分别引出一个金属电极作为 MOS 管的源极 S 和漏极 D；另外，在

P 型衬底的表面生长一层很薄的 SiO_2 绝缘层，从绝缘层上引出一个金属电极称为 MOS 管的栅极 G。B 为从衬底引出的金属电极，一般工作时，衬底与源极相连。图 7.6.1 所示为 N 沟道增强型 MOS 管的内部结构与图形符号。

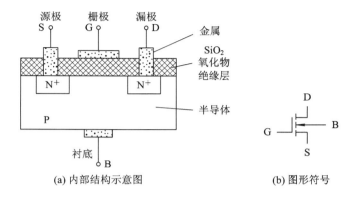

(a) 内部结构示意图　　　　　　　　(b) 图形符号

图 7.6.1　N 沟道增强型绝缘栅型场效应管的内部结构与图形符号

图 7.6.1(b) 所示符号中的箭头表示从 P 区（衬底）指向 N 区（N 沟道），虚线表示增强型。

2. N 沟道增强型 MOSFET 工作原理

以 N 沟道增强型 MOSFET 为例，我们简单介绍一下它的工作原理。如图 7.6.2 所示，在栅极 G 和源极 S 之间加电压 u_{GS}，漏极 D 和源极 S 之间加电压 u_{DS}，衬底 B 与源极 S 相连。

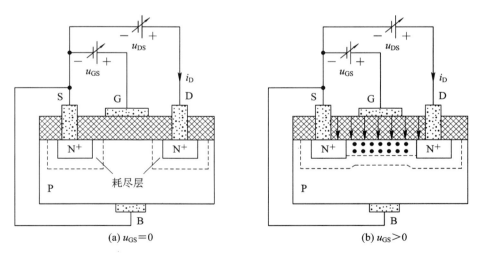

(a) $u_{GS}=0$　　　　　　　　　　(b) $u_{GS}>0$

图 7.6.2　N 沟道增强型场效应管工作原理

（1）u_{GS} 对沟道的控制作用。

当 $u_{GS}\leqslant 0$ 时，无导电沟道，D、S 间加电压时，无电流产生。

我们把漏源电压作用下开始导电时的栅源电压称为开启电压用 $U_{GS(th)}$ 表示。

当 $0<u_{GS}<U_{GS(th)}$ 时，在 u_{GS} 作用下，会产生一个垂直于 P 型衬底的电场，这个电场将吸引一部分 P 区中的自由电子到衬底表面。但由于 u_{GS} 不够大，不足以形成导电沟道（感生

沟道),D、S 间加电压后,仍无电流产生。

当 $u_{GS} > U_{GS(th)}$ 时,在电场作用下,自由电子在 P 型衬底表面形成一个 N 型区域(反型层),它连通了两个 N$^+$ 区,使漏、源极之间产生导电沟道。此时在 D、S 间加电压后,将有电流产生。u_{GS} 越大,导电沟道越厚,电流越大。

(2) u_{DS} 对沟道的控制作用。

u_{DS} 对沟道的控制作用如图 7.6.3 所示。当 u_{GS} 一定($u_{GS} > U_{GS(th)}$)时,u_{DS} 升高,一方面使 i_D 迅速增大;另一方面,使沿着沟道从源极到漏极的电位梯度上升。由于靠近漏极 D 处的电位高,电场强,耗尽层宽而使沟道变薄,因此整个沟道呈楔形分布。当 u_{DS} 增加到一定值时,在紧靠漏极处出现预夹断。

预夹断后,随着 u_{DS} 增加,夹断区向源极延长,沟道电阻增大,i_D 基本不变。

所以,MOSFET 的工作原理是通过改变场效应管的栅源电压 u_{GS},利用电场效应来控制导电沟道的导电能力,从而控制漏极电流 i_D。因此 MOSFET 是一个电压控制型器件。

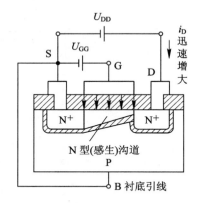

图 7.6.3　u_{DS} 对沟道的控制作用

3. N 沟道增强型 MOSFET 的输出特性曲线

MOSFET 的输出特性是指在栅源电压 u_{GS} 一定的条件下,漏极电流 i_D 与漏源电压 u_{DS} 之间的关系,即

$$i_D = f(u_{DS})\big|_{u_{GS}=常数} \tag{7.6.1}$$

给定一个 u_{GS},就有一条不同的 i_D-u_{DS} 曲线。在 i_D-u_{DS} 坐标系下取不同的 u_{GS},就可以得到 N 沟道增强型 MOSFET 的输出特性曲线,如图 7.6.4 所示。

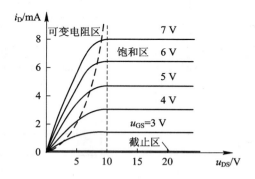

图 7.6.4　N 沟道增强型 MOSFET 的输出特性曲线

由图 7.6.4 可见,N 沟道增强型 MOSFET 的输出特性曲线有三个工作区域:可变电阻区、饱和区、截止区。

(1) 截止区:当 $u_{GS} < U_{GS(th)}$ 时,导电沟道尚未形成,$i_D = 0$,为截止工作状态。

(2) 可变电阻区:当 $u_{DS} \leqslant (u_{GS} - U_{GS(th)})$ 时,有

$$i_D = K_n\big[2(u_{GS} - U_{GS(th)})u_{DS} - u_{DS}^2\big] \tag{7.6.2}$$

其中 K_n 是电导常数，其值大小与 N 型半导体中的电子迁移率、栅极与衬底间的氧化层单位面积电容、导电沟道的宽长比有关。当某一特定的集成电路的制造材料、制造工艺和制造尺寸确定时，可认为该量是常量。由于 u_{DS} 较小，可近似认为 $i_D \approx 2K_n(u_{GS} - U_{GS(th)})u_{DS}$。

（3）饱和区（又称恒流区或放大区）：当 $u_{GS} > U_{GS(th)}$，且 $u_{DS} \geqslant (u_{GS} - U_{GS(th)})$ 时，MOSFET 进入饱和区，此时

$$i_D = K_n(u_{GS} - U_{GS(th)})^2 \tag{7.6.3}$$

7.6.2　结型场效应管

结型场效应管（junction field effect transistor）简称 JFET，根据导电沟道的不同，可分为 N 沟道和 P 沟道两种，它具有三个电极：栅极、源极和漏极，分别与 BJT 的基极、发射极和集电极对应。图 7.6.5 给出了 JFET 的结构示意图及图形符号，结型场效应管图形符号中的箭头表示由 P 区指向 N 区。

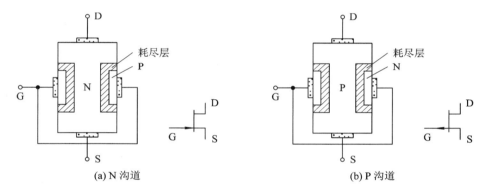

(a) N 沟道　　　　　　　　　　　　(b) P 沟道

图 7.6.5　结型场效应管结构示意图及图形符号

以 N 沟道 JFET 为例，其结构为在 N 型半导体两侧通过高浓度扩散，制造两个重掺杂 P^+ 型区，形成两个 PN 结，将两个 P^+ 区接在一起引出一个电极，称为栅极（gate），而在 N 型本体材料的两端各引出一个欧姆电极，分别称为源极（source）和漏极（drain）。两个 PN 结之间的 N 型区域称为导电沟道。由于场效应管结构的对称，源极和漏极可以互换。

本 章 小 结

本章主要讲述了半导体基础知识、半导体二极管及其典型应用、特殊二极管、双极结型晶体管、场效应晶体管等相关内容。

1. 半导体基础知识

（1）半导体包括本征半导体、P 型半导体、N 型半导体。

（2）PN 结的形成：通过掺杂工艺，把本征半导体晶体的一侧做成 P 型半导体，另一侧做成 N 型半导体，这样在它们的交界面处会形成一个很薄的特殊物理层，称为 PN 结。

（3）PN 结的单向导电性：PN 结正向偏置时导通，对应电阻小，流过电流较大；PN 结反向偏置时截止，对应电阻大，流过电流非常小。

2．二极管及其典型应用

（1）二极管的图形符号和伏安特性分别如图 7.2.1、图 7.2.4 所示。

（2）二极管的电路模型包括理想模型、恒压降模型。

（3）二极管的典型应用有限幅、整流、钳位、电平选择等。

（4）特殊二极管包括稳压二极管、发光二极管、变容二极管等。

3．双极结型晶体管

（1）BJT 的结构与图形符号如图 7.5.2 所示。

（2）BJT 放大时的电流关系和电压关系。

电流关系：
$$I_E = I_C + I_B, \quad \beta = \frac{I_C}{I_B}$$

电压关系：发射结正向偏置，集电结反向偏置时，对 NPN 型 BJT，各电极间电位关系为 $V_C > V_B > V_E$，PNP 型 BJT 为 $V_C < V_B < V_E$。

（3）BJT 的输出特性曲线（如图 7.5.6 所示）和三种工作状态（放大区、饱和区、截止区）。

截止区：BJT 工作在截止状态，BJT 的发射结和集电结均反向偏置，I_B、I_C、I_E 近似为 0。

放大区：BJT 工作在放大状态，BJT 的发射结正向偏置，集电结反向偏置；I_C 与 I_B 之间满足关系式 $I_C = \beta I_B$。

饱和区：BJT 工作在饱和状态，BJT 的发射结和集电结均正向偏置；管子的电流放大能力下降，通常有 $I_C < \beta I_B$；I_C 值通常很大，U_{CE} 的值很小。

4．场效应晶体管

（1）MOSFET 的结构与图形符号见图 7.6.1。

（2）MOSFET 的工作原理：通过改变场效应管的栅源电压 u_{GS}，利用电场效应来控制导电沟道的导电能力，从而控制漏极电流 i_D。因此 MOSFET 是一个电压控制型器件。

（3）MOSFET 的输出特性曲线（见图 7.6.4）和三种工作状态（饱和区、可变电阻区、截止区）。

对增强型 NMOS，有

截止区：当 $u_{GS} < U_{GS(th)}$ 时，$i_D = 0$。

可变电阻区：当 $u_{DS} \leqslant (u_{GS} - U_{GS(th)})$ 时，有式（7.6.2）。

饱和区：当 $u_{GS} > U_{GS(th)}$，且 $u_{DS} \geqslant (u_{GS} - U_{GS(th)})$ 时，有式（7.6.3）。

习　　题

7.1　判断下列说法是否正确，用"√"和"×"表示判断结果并填入括号内。

（1）一般情况下，环境温度越高，半导体的导电性越强。　　　　　　　　　　　（　　）

（2）因为 N 型半导体的多子是自由电子，所以它带负电。　　　　　　　　（　　）

（3）PN 结在无光照、无外加电压时，内部既无多子扩散运动也无少子漂移运动。

　　　　　　　　　　　　　　　　　　　　　　　　　　　　　　　　　　　（　　）

（4）半导体导电和导体导电相同，其电流的主体都是电子。　　　　　　　　（　　）

（5）在实验室判断二极管的好坏和区别二极管的正、负极性可以用万用表的电阻挡来进行判断。　　　　　　　　　　　　　　　　　　　　　　　　　　　　　　（　　）

7.2　选择正确答案填空：

（1）PN 结加正向电压时，空间电荷区将_____。

A. 变窄　　　　　　　B. 基本不变　　　　　　C. 变宽

（2）二极管两端正向偏置电压大于_____电压时，二极管才导通。

A. 击穿　　　　　　　B. 死区　　　　　　　　C. 饱和

（3）当环境温度升高时，二极管的正向压降_____，反向饱和电流_____。

A. 增大　　　　　　　B. 减小　　　　　　　　C. 不变　　　　　　D. 无法判定

（4）单相桥式整流电路中，每个二极管承受的最大反向工作电压等于_____。

A. U_2　　　　　　　B. $\sqrt{2}U_2$　　　　　　C. $\dfrac{1}{2}U_2$　　　　　D. $2U_2$

（5）稳压管的稳压区是其工作在_____状态。

A. 正向导通　　　　　B. 反向截止　　　　　　C. 反向击穿

7.3　填空：

（1）杂质半导体有_____型和_____型之分。

（2）二极管的两端加正向电压时，有一段"死区电压"，锗管约为_____，硅管约为_____。

（3）PN 结加正向电压，是指电源的正极接_____区，电源的负极接_____区，这种接法叫_____。

（4）二极管的类型按材料分有_____和_____两类。

（5）单相半波整流电路中，负载端的输出电压值约为_____，当采用桥式整流时，负载端的输出电压值约为_____。

7.4　电路如题 7.4 图所示，设二极管为理想二极管，判断二极管是否导通，并求输出电压 U_0。

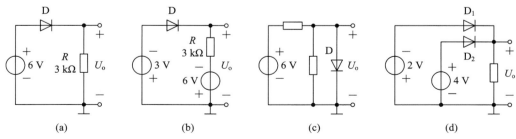

(a)　　　　　　　　　(b)　　　　　　　　　(c)　　　　　　　　　(d)

题 7.4 图

7.5　写出题 7.5 图所示各电路的输出电压值，并判断二极管的状态(导通还是截止)，设二极管均为理想二极管。

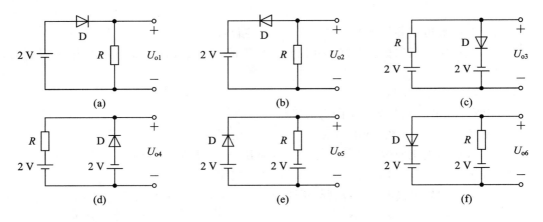

题 7.5 图

7.6　电路如题 7.6 图所示，已知 $u_i = 10\sin\omega t\,(\mathrm{V})$，试画出 u_o 的波形。设二极管正向导通电压可忽略不计。

7.7　电路如题 7.7 图所示，已知 $u_i = 5\sin\omega t\,(\mathrm{V})$，二极管导通电压 $U_D = 0.7\,\mathrm{V}$。试画出 u_o 的波形，并标出幅值。

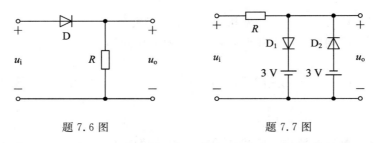

题 7.6 图　　　　　　　　　题 7.7 图

7.8　有两个稳压管，其稳定电压分别为 5 V 和 9 V，正向压降均为 0.7 V，试问这两个稳压管连接起来总共有多少种可能的输出稳定电压？

7.9　已知稳压管的稳压值 $U_Z = 6\,\mathrm{V}$，稳定电流的最小值 $I_{Zmin} = 5\,\mathrm{mA}$。求题 7.9 图所示电路中 U_{o1} 和 U_{o2} 各为多少伏。

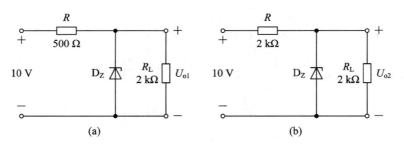

题 7.9 图

7.10 若稳压二极管 D_{Z1} 和 D_{Z2} 的稳定电压分别为 6 V 和 10 V，求题 7.10 图所示电路的输出电压 U_o（忽略二极管正向导通电压）。

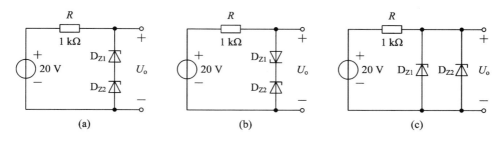

题 7.10 图

7.11 电路如题 7.11 图(a)所示，其输入电压 u_{i1} 和 u_{i2} 的波形如题 7.11 图(b)所示，二极管导通电压 $U_D = 0.7$ V。试画出输出电压 u_o 的波形，并标出幅值。

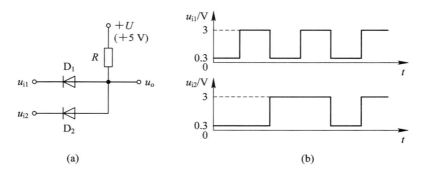

题 7.11 图

7.12 电路如题 7.12 图所示，已知 $U_2 = 18$ V，$R_L = 50$ Ω，现用直流电压表测量输出电压 U_o，问出现下列几种情况时，U_o 各为多大？

(1) 正常工作时，$U_o = ($　　　$)$V；

(2) D_1 断开时，$U_o = ($　　　$)$V。

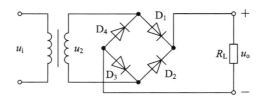

题 7.12 图

7.13 填空：

(1) 三极管的三个工作区分别是_____、_____和_____。在放大电路中，晶体管通常工作在_____区。

(2) 当三极管处于正常放大状态时，其发射结应工作在_____状态，集电结应工作在_____状态。

（3）场效应管从类型上可分为_____和_____两大类。

（4）因为场效应晶体管是用_____控制漏极电流的，所以晶体管是_____驱动型器件，场效应管是_____驱动型器件。

7.14　一只 NPN 型三极管，能否将 C 极和 E 极交换使用？为什么？

7.15　测得某放大电路中 BJT 的三个电极 A、B、C 的对地电位分别为 $V_A = -9$ V，$V_B = -6$ V，$V_C = -6.2$ V，试分析 A、B、C 中哪个是基极 B，哪个是发射极 E，哪个是集电极 C，并说明此 BJT 是 NPN 管还是 PNP 管。

7.16　从题 7.16 图所示各三极管电极上测得的对地电压数据中，分析各管的类型（是锗管还是硅管）和电路中所处的工作状态（是 NPN 型还是 PNP 型）。

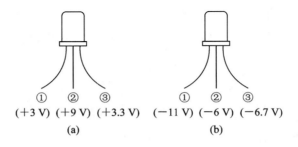

题 7.16 图

7.17　测量某 NPN 型硅 BJT 各电极对地电位如下，试判别管子工作在什么区域。

（1）$V_C = 6$ V，$V_B = 0.7$ V，$V_E = 0$ V；

（2）$V_C = 6$ V，$V_B = 2$ V，$V_E = 1.3$ V；

（3）$V_C = 5.7$ V，$V_B = 6$ V，$V_E = 5.3$ V；

（4）$V_C = 6$ V，$V_B = 3.3$ V，$V_E = 3.3$ V。

7.18　测得某放大电路中 BJT 的三个电极 A、B、C 的电流分别为 $I_A = 5.05$ mA，$I_B = 0.05$ mA，$I_C = 5$ mA，试分析 A、B、C 中哪个是基极 B，哪个是发射极 E，哪个是集电极 C。

7.19　在两个放大电路中，测得 BJT 各极电流分别如题 7.19 图所示。求剩下一个电极的电流，并在图中标出其实际方向及各电极 E、B、C，分别判断它们是 NPN 管还是 PNP 管，并画出管子的图形符号。

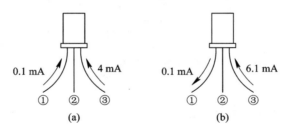

题 7.19 图

7.20 写出题 7.20 图中 FET 符号所代表的管子类型。

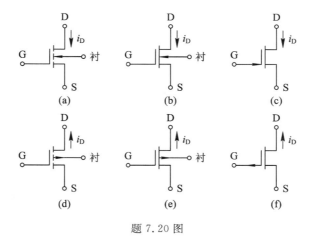

题 7.20 图

习题答案

第8章　基本放大电路

放大电路的功能是将微弱的电信号不失真地放大到需要的数值。例如，从收音机天线接收到的无线电信号或者从传感器得到的电信号非常微弱，其大小仅有微伏或毫伏数量级，故必须经过放大才能驱动扬声器或者显示器、记录仪等。

本章将围绕 BJT 组成的各种基本放大电路，介绍放大电路的工作原理、静态与动态分析方法，放大电路参数的计算方法，并总结出它们的特点。

8.1　共射极放大电路

所谓放大，从表面上看是将信号由小变大，实质上，放大的过程是实现能量转换的过程，即通过 BJT 控制输入小信号，把电源供给的能量转换为较大信号输出。而基本共射极放大电路就是利用基极电流对集电极电流的控制作用构成的放大电路，可以放大微弱电信号，实际上就是利用三极管的特性组成放大电路。三极管有三种基本接法，下面我们以共射极接法为例，说明放大电路的工作原理。

8.1.1　共射极放大电路中各元件的作用

图 8.1.1 所示为一个 NPN 型 BJT 构成的共射极放大电路。其输入端接交流信号源，输入电压为 u_i；输出端接负载，输出电压为 u_o。

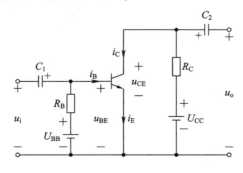

图 8.1.1　共射极放大电路

图 8.1.1 中 BJT 起放大作用,是整个放大电路的核心元件。通过其基极电流的微弱变化控制集电极电流的较大变化,从而实现电流放大作用。

基极电源 U_{BB} 保证 BJT 发射结处于正向偏置。无输入信号时,发射结电压为 U_{BE},当输入信号 u_i 作用时,只引起发射结电压 u_{BE} 大小的变化(即在直流电压 U_{BE} 基础上叠加一个小的交流电压信号),而无方向变化(即发射结始终处于正偏)。

基极电阻 R_B 和基极电源 U_{BB} 配合提供合适的静态基极电流 I_B。输入信号 u_i 只引起基极电流 i_B 大小的变化(在直流电流 I_B 基础上叠加一个小的交流电流信号),而无方向变化。基极电阻 R_B 的另一个作用是防止输入信号短路。

集电极电源 U_{CC} 保证 BJT 集电结处于反向偏置状态,同时它又为整个放大电路提供能量,是电路的能源。

集电极电阻 R_C 把集电极电流的变化转换为电压的变化,从而实现电压放大。

在放大电路的输入端和输出端分别接入电容 C_1、C_2,起到隔直作用,使交流信号源、放大电路、负载三者之间无直流联系。

8.1.2 共射极放大电路的工作原理

共射极放大电路的工作原理是:输入信号 u_i 经电容 C_1 加在 BJT 的基极和发射极之间,从而引起管子基极和发射极间电压 u_{BE} 的变化,导致基极电流 i_B 随 u_i 的增减而产生相应的变化,而集电极电流 i_C 受 i_B 控制变化更大,当 i_C 流经电阻 R_C 时就产生一个较大的电压变化($R_C i_C$),而后经由 C_2 耦合输出,得到一个放大的输出电压信号 u_o。图 8.1.2 所示为共射极放大电路中各点电压、电流的工作波形。

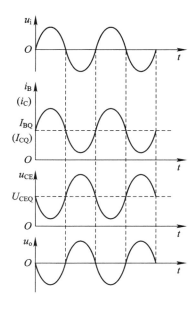

图 8.1.2 共射极放大电路中各点电压、电流的工作波形

8.1.3 共射极放大电路的电源简化

共射极放大电路中同时使用两个直流电源 U_{BB} 和 U_{CC} 实际是很不方便的,故只要合理

地选择 R_B 和 R_C 的大小，就可将直流电源 U_{BB} 省去，而只采用单个电源 U_{CC}，同样也能保证 BJT 的发射结正偏、集电结反偏，管子工作于放大区。

利用电位的概念，取共射极放大电路的公共端发射极作为电位参考点，可省去电源不画，只标出它对参考点的电位值。同样，电路中其他各点的电位也都以发射极作为参考点。于是可规定：电压的正方向以公共端为负端，其他各点为正方向。电流的正方向以 BJT 实际的电流方向作为正方向。简化后的基本共射极放大电路如图 8.1.3 所示。

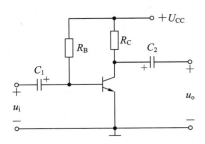

图 8.1.3　基本共射极放大电路

8.2　放大电路的静态分析

在无交流信号输入时(称为静态)，BJT 的极间电压 U_{BE}、U_{CE} 和电流 I_B、I_C 都是直流量，称为静态值。静态直流量的选择十分重要，直接关系到放大电路的性能，而静态直流量可以通过调整 U_{CC}、R_B、R_C 加以改变。常用的静态电路求解方法有图解法和估算法两种，图解法利用 BJT 的特性曲线，通过作图的方法分析放大电路的静态工作情况，估算法则是在一定条件下，进行适当的近似处理，利用公式对放大电路的静态值进行分析计算。

8.2.1　直流通路

直流通路是指传递直流量的路径，可以由它来决定静态值，即 U_{BEQ}、I_{BQ}、I_{CQ}、U_{CEQ}。在画直流通路图时，将电路中所有的交流因素都去掉，由于电容的隔直作用使放大电路与信号源、负载间的直流联系被隔断，相当于开路，从而可绘出无输入信号时的直流通路，基本共射极放大电路的直流通路如图 8.2.1 所示。

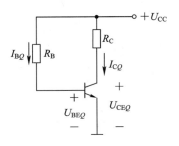

图 8.2.1　基本共射极放大电路的直流通路

8.2.2　估算法确定静态工作点

在 BJT 输入与输出特性曲线上以一个点来表示的 BJT 的一组静态值 U_{BEQ}、I_{BQ}、I_{CQ}、U_{CEQ} 称为静态工作点 Q(quiescent operating point)。

图 8.2.1 所示的直流通路包含两个独立回路：一个是由直流电源 U_{CC}、基极电阻 R_B 和发射极组成的基极回路；另一个是由直流电源 U_{CC}、集电极负载电阻 R_C 和发射极组成的集电极回路。

由图 8.2.1 所示，首先由基极回路求出静态时基极电流 I_{BQ}：

$$I_{BQ} = \frac{U_{CC} - U_{BE}}{R_B} \tag{8.2.1}$$

三极管导通时，U_{BE} 变化很小，可视为常数，一般硅管 $U_{BE}=0.6\sim0.8$ V，取 0.7 V，锗管 $U_{BE}=0.1\sim0.3$ V，取 0.3 V。已知 U_{CC}、R_B，则可由式(8.2.1)求出 I_{BQ}。

一般情况下，当题目没有明确说明三极管的类型或者没有给出 U_{BE} 的大小时，因为 U_{CC} 一般为几伏至几十伏，相对数值较大，故 U_{BE} 可忽略不计。因此式(8.2.1)可简化为

$$I_{BQ} \approx \frac{U_{CC}}{R_B} \tag{8.2.2}$$

根据三极管各极电流关系，可求出静态工作时的集电极电流 I_{CQ}：

$$I_{CQ} = \beta I_{BQ} \tag{8.2.3}$$

再根据集电极输出回路可求出 U_{CEQ}：

$$U_{CEQ} = U_{CC} - I_C R_C \tag{8.2.4}$$

至此，静态工作点的电流、电压都已估算出来。

【例 8.2.1】　估算图 8.1.3 所示放大电路的静态工作点。设 $U_{CC}=12$ V，$R_C=4$ kΩ，$R_B=300$ kΩ，$\beta=37.5$。

解　根据式(8.2.1)、式(8.2.3)、式(8.2.4)得

$$I_{BQ} = \frac{12\ \text{V}}{300\ \text{kΩ}} = 0.04\ \text{mA} = 40\ \mu\text{A}$$

$$I_{CQ} = 37.5 \times 0.04\ \text{mA} = 1.5\ \text{mA}$$

$$U_{CEQ} = 12\ \text{V} - 1.5\ \text{mA} \times 4\ \text{kΩ} = 6\ \text{V}$$

8.2.3　图解法确定静态工作点

图解法是根据 BJT 的输入与输出特性曲线，通过作图的方法确定放大电路的静态值，若已知 BJT 的特性曲线如图 8.2.2 所示，则用图解法确定静态值的步骤如下：

(1) 利用输入特性曲线确定 I_{BQ} 和 U_{BEQ}。

利用图 8.2.1 所示的直流通路，可以列出输入回路的电压方程：

$$U_{CC} = i_B R_B + U_{BE}$$

同时关系式中的 i_B 和 U_{BE} 应符合 BJT 输入特性曲线。输入特性用函数式表示为

$$i_B = f(u_{BE}) \big|_{u_{CE}=常数}$$

将上述两方程联立，其解就是静态工作点，即图 8.2.2(a)中同一坐标系下两线的交点 $Q(I_{BQ}, U_{BEQ})$。

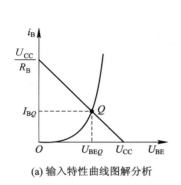 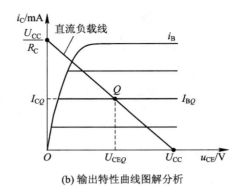

|(a) 输入特性曲线图解分析|(b) 输出特性曲线图解分析|

图 8.2.2　静态工作点的图解分析

（2）在输出特性曲线上作直流负载线。

根据直流通路列出输出回路电压方程为

$$U_{CE} = U_{CC} - R_C I_C$$

或

$$I_C = -\frac{1}{R_C}U_{CE} + \frac{U_{CC}}{R_C}$$

这是一个直线方程，它在横轴上的截距为 U_{CC}（C-E 极间开路工作点，$I_C = 0$ 时取得），在纵轴上的截距为 U_{CC}/R_C（C-E 极间短路工作点，$U_{CE} = 0$ 时取得），直线的斜率为 $\tan\alpha = -\dfrac{1}{R_C}$，因其是由直流通路得出的，且与集电极负载电阻 R_C 有关，故称为直流负载线。

如图 8.2.2(b) 所示，直流负载线与对应 I_B（即输入特性上确定的 I_B 值）的输出特性曲线的交点就是静态工作点 $Q(I_{CQ}, U_{CEQ})$。显然，当电路中元件参数改变时，静态工作点 Q 将在直流负载线上移动。

上述分析说明，静态基极电流 I_B 确定了直流负载线上静态工作点 Q 的位置，因而也就确定了 BJT 的工作状态。当 U_{CC} 和 R_B 确定后，静态基极电流 I_B 就固定了，所以这种偏置电路称为固定式偏置电路。

【例 8.2.2】　电路及参数如图 8.2.3(a) 所示，三极管的输出特性曲线如图 8.2.3(b) 所示，试用图解法确定静态工作点。

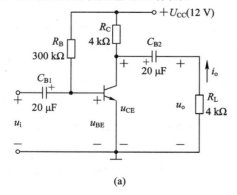 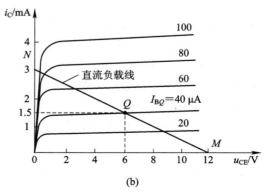

|(a)|(b)|

图 8.2.3　例 8.2.2 图

解　首先写出直流负载线方程，并作出对应负载线：

$$U_{CE} = U_{CC} - I_C R_C$$

$$I_C = 0, U_{CE} = U_{CC} = 12 \text{ V}; U_{CE} = 0, I_C = \frac{U_{CC}}{R_C} = \frac{12}{4} \text{ mA} = 3 \text{ mA}$$

连接这两点，即得直流负载线。然后由基极输入回路计算得

$$I_{BQ} = \frac{U_{CC} - U_{BE}}{R_B} = \frac{12 \text{ V} - 0.7 \text{ V}}{300 \text{ k}\Omega} \approx 0.04 \text{ mA} = 40 \text{ } \mu A$$

直流负载线与 $i_B = I_{BQ} = 40 \text{ } \mu A$ 这一条特性曲线的交点，即为 Q 点，从图上可知 $I_{BQ} = 40 \text{ } \mu A$，$I_{CQ} = 1.5 \text{ mA}$，$U_{CEQ} = 6 \text{ V}$，与例 8.2.1 结果一致。

8.2.4　静态工作点对波形失真的影响

对放大电路的基本要求之一就是输出波形不能失真，否则就失去了放大的意义。导致放大电路输出波形失真的原因很多，其中最基本的原因之一就是因静态工作点不合适而使放大电路的工作范围超出了 BJT 特性曲线的线性区，即进入非线性区域所引起的"非线性失真"。

（1）当选取的放大电路的静态工作点 Q 比较低时，I_{BQ} 较小，致使输入信号的负半周进入截止区而造成 i_B、i_C 趋于 0，输出电压出现正半周削波，此即为截止失真。图 8.2.4 所示为放大电路产生截止失真时对应的电压和电流波形。

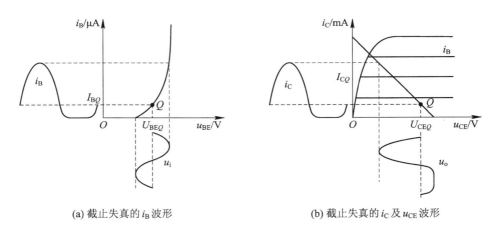

(a) 截止失真的 i_B 波形　　　　　　　(b) 截止失真的 i_C 及 u_{CE} 波形

图 8.2.4　放大电路产生截止失真时的电压和电流波形

要消除截止失真，唯有抬高静态工作点，增大静态基极电流 I_B，使 BJT 发射结的正向偏置电压始终大于死区电压，从而脱离截止区。习惯上一般采取减小基极电阻 R_B 阻值的方法来消除截止失真，改善输出波形。

（2）当放大电路静态工作点 Q 选得太高时。基极电流 i_B 虽不失真，但在输入信号变至正半周时，BJT 进入饱和区工作，致使 u_{CE} 太小，集电结反向偏压极低，收集电子的能力削弱，i_C 不再增加，而趋于饱和，输出电压将维持饱和压降不变，导致负半周被削波，此即为饱和失真。图 8.2.5 所示为放大电路产生饱和失真时对应的电压和电流波形。

要消除饱和失真，就应降低静态工作点，使静态基极电流 I_B 减小，使三极管工作区间脱离饱和区，这可以通过改变电路参数予以实现。习惯上一般采取增大基极电阻 R_B 阻值的方法来消除饱和失真，改善输出波形。

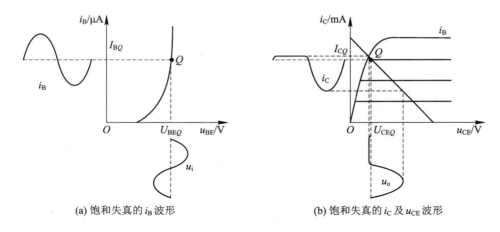

(a) 饱和失真的 i_B 波形　　　　　　(b) 饱和失真的 i_C 及 u_{CE} 波形

图 8.2.5　放大电路产生饱和失真时的电压和电流波形

8.3　放大电路的动态分析

8.3.1　放大电路的动态性能指标

放大电路放大的对象是变化量，研究放大电路时除了要研究如何保证放大电路具有合适的静态工作点，更重要的还要研究它的放大性能。对于放大电路的放大性能有两个方面的要求：一是放大倍数要尽可能大；二是输出信号要尽可能不失真。衡量放大电路性能的重要指标有电压放大倍数、输入电阻和输出电阻。

（1）电压放大倍数 A_u。

放大电路输出电压 $\dot{U}_\text{o}$ 和输入电压 $\dot{U}_\text{i}$ 之比称为放大电路的电压放大倍数，即

$$A_u = \frac{\dot{U}_\text{o}}{\dot{U}_\text{i}} \tag{8.3.1}$$

电压放大倍数反映了放大电路的放大能力。

（2）输入电阻 r_i。

放大电路对信号源或前级放大电路而言是负载，可等效为一个电阻，该电阻是从放大电路输入端看进去的等效动态电阻，称为放大电路的输入电阻。在电子电路中，往往要求放大电路具有尽可能大的输入电阻。

输入电阻 r_i 在数值上应等于输入电压的变化量与输入电流的变化量之比，即 $r_\text{i} = \Delta U_\text{i}/\Delta I_\text{i}$；当输入信号为正弦交流信号时，有

$$r_\text{i} = \frac{\dot{U}_\text{i}}{\dot{I}_\text{i}} \tag{8.3.2}$$

（3）输出电阻 r_o。

放大电路对负载或后级放大电路而言是信号源，可以用一个理想电压源与内阻的串联电路来表示，这个内阻称为放大电路的输出电阻，记为 r_o。一般要求放大电路具有尽可能小的输出电阻，最好能远小于负载电阻 R_L。

输出电阻在数值上等于当电路输入电压保持不变时放大电路输出端开路电压的变化量与短路电流的变化量之比，即

$$r_{\mathrm{o}} = \frac{\dot{U}_{\mathrm{OC}}}{\dot{I}_{\mathrm{SC}}} \qquad (8.3.3)$$

8.3.2　放大电路的微变等效电路

1. BJT 的小信号电路模型

由于 BJT 是非线性元件，对放大电路进行动态分析的最直观的方法就是图解法，这里我们就不详细介绍了，对这部分内容有兴趣的读者可以自行参阅相关书籍和教材。由于图解法的过程相对比较复杂，且常用于电路的定性分析而不用于定量计算，故放大电路动态分析常采用小信号模型分析法，即当信号变化范围很小时，可以认为 BJT 这个非线性器件的电压与电流变化量之间的关系基本上是线性的，这样就可以给 BJT 建立一个小信号的线性模型，用分析线性电路的方法来分析 BJT 放大电路。

BJT 在采用共射极接法时，对应两个端口，如图 8.3.1(a)所示。输入端电压与电流的关系可由 BJT 的输入特性 $i_{\mathrm{B}} = f(u_{\mathrm{BE}})\big|_{U_{\mathrm{CE}}=\text{常数}}$ 来确定，如图 8.3.1(b)所示，当 BJT 工作在输入特性曲线的线性段时，输入端电压与电流的变化量，即 Δu_{BE} 与 Δi_{B} 成正比。因而可以用一个等效的动态电阻 r_{be} 来表示，即 $r_{\mathrm{be}} = \Delta u_{\mathrm{BE}}/\Delta i_{\mathrm{B}}$ 称为 BJT 的输入电阻。常温下低频小功率晶体管的动态输入电阻 r_{be} 可按下式计算：

$$r_{\mathrm{be}} = 200 + (1+\beta)\frac{26\ \mathrm{mV}}{I_{EQ}} \qquad (8.3.4)$$

由于式(8.3.4)中涉及三极管发射极静态电流 I_{EQ} 的值，而在静态计算中我们计算的是集电极静态电流 I_{CQ}，且二者数值上相差不大，故往往采用以下式子进行计算：

$$r_{\mathrm{be}} = 200 + (1+\beta)\frac{26\ \mathrm{mV}}{I_{CQ}} \qquad (8.3.5)$$

输出端电压与电流的关系可由 BJT 的输出特性 $i_{\mathrm{C}} = f(u_{\mathrm{CE}})\big|_{I_{\mathrm{B}}=\text{常数}}$ 来确定，如图 8.3.1(c)所示，由于 BJT 工作在放大区时，$\Delta I_{\mathrm{C}} = \beta \Delta I_{\mathrm{B}}$，与 Δu_{CE} 几乎无关，因此，从 BJT 的输出端看进去，可用一个等效的恒流源来表示，不过这个恒流源的电流 ΔI_{C} 不是孤立的，而是受 ΔI_{B} 控制，故称为电流控制电流源，简称受控电流源。

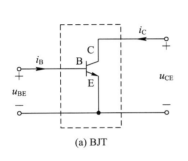

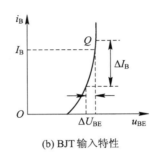

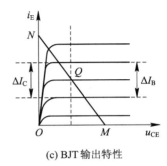

(a) BJT　　　　　(b) BJT 输入特性　　　　　(c) BJT 输出特性

图 8.3.1　BJT 小信号模型的动态分析

由此可见，当输入为交流小信号时，BJT 如图 8.3.2(a)所示，可用如图 8.3.2(b)所示

的电路模型来代替。这样就把 BJT 的非线性分析转化为线性分析。

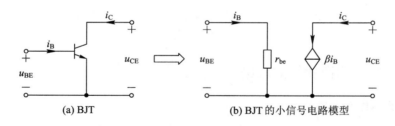

(a) BJT　　　　　　　　(b) BJT 的小信号电路模型

图 8.3.2　BJT 小信号模型的建立

2. 微变等效电路

　　放大电路的微变等效电路只是针对交流分量作用的情况，也就是信号源单独作用时的电路。为得到微变等效电路，首先要画出放大电路的交流通路。其原则是将放大电路中的直流电源和所有电容短路。需注意，这里所说的电源短路，是指将直流电源的作用去掉，而只考虑信号源单独作用的情况。

　　画出交流通路后，再将 BJT 用小信号模型代替，便得到放大电路的微变等效电路。基本共射极放大电路的交流通路及微变等效电路如图 8.3.3 所示。

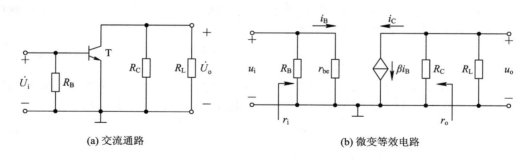

(a) 交流通路　　　　　　　　(b) 微变等效电路

图 8.3.3　基本共射极放大电路的交流通路及微变等效电路

用微变等效电路分析法分析放大电路的求解步骤如下：

（1）用公式估算法计算 Q 值，并求出 Q 点处的参数 r_{be} 值。

（2）由放大电路的交流通路，画出放大电路的微变等效电路。

（3）利用微变等效电路可求出空载（即不接负载 R_L）时：

$$\dot{U}_o = -R_C \dot{I}_C, \quad \dot{U}_i = r_{be} \dot{I}_B$$

$$A_u = \frac{\dot{U}_o}{\dot{U}_i} = -\beta \frac{R_C}{r_{be}} \tag{8.3.6}$$

接有 R_L 时：

$$A_u = \frac{\dot{U}_o}{\dot{U}_i} = -\beta \frac{R_L'}{r_{be}} \quad (R_L' = R_C /\!/ R_L) \tag{8.3.7}$$

负号表示输出电压 u_o 与输入电压 u_i 反相位。

　　该电路的输入电阻为

$$r_i = R_B /\!/ r_{be} \tag{8.3.8}$$

由于一般基极偏置电阻 $R_B \gg r_{be}$，故可以近似为

$$r_i \approx r_{be} \tag{8.3.9}$$

该电路的输出电阻为

$$r_o = R_C \tag{8.3.10}$$

8.4　分压式偏置共射极放大电路

放大电路的 Q 点易受电源波动、偏置电阻的变化、管子的更换、元件的老化等因素的影响，而环境温度的变化是影响 Q 点的最主要因素。因为 BJT 是一个对温度非常敏感的器件，随着温度的变化，BJT 参数(U_{BE}、I_{CBO}、β)会受到影响，导致 Q 点变化。因此在一些要求比较高的放大电路中，必须要考虑静态工作点的稳定问题。

稳定静态工作点 Q 实际就是稳定静态电流 I_C，因为温度变化，使 BJT 参数变化，最终都归结于 I_C 的变化。设法使 I_C 保持恒定，也就稳定了静态工作点。

为此，引入分压式偏置共射极放大电路，如图 8.4.1 所示。该电路稳定静态工作点的原理是利用发射极电流 I_E 在电阻 R_E 上产生的压降 U_E 的变化去影响基极电流 I_B 的变化。

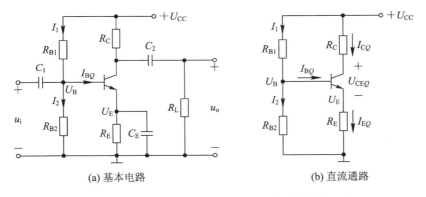

(a) 基本电路　　　　　　　　　　(b) 直流通路

图 8.4.1　分压式偏置共射极放大电路及其直流通路

8.4.1　分压式偏置共射极放大电路的特点

为达到稳定静态工作点的目的，电路需具备如下特点。

(1) 利用基极分压电阻 R_{B1} 和 R_{B2} 固定静态基极电位 V_B。

根据基尔霍夫电流定律(KCL)可知 $I_1 = I_2 + I_B$，当满足 $I_2 \gg I_B$(一般取 $I_2 = (5 \sim 10)I_B$)时，$I_1 \approx I_2$。静态基极电位为

$$V_B = \frac{R_{B2}}{R_{B1} + R_{B2}} U_{CC} \tag{8.4.1}$$

此时，V_B 主要由电路中固定参数确定，几乎与 BJT 参数无关，不受温度影响。

(2) 利用发射极电阻 R_E 将静态集电极电流 I_C 的变化转换为电压的变化，回送到基极(输入)回路。

根据基尔霍夫电压定律(KVL)：

$$U_E = V_B - U_{BE} = R_E I_E \approx R_E I_C \quad (因为 \beta \gg 1，所以 I_E \approx I_C)$$

如果满足 $V_B \gg U_{BE}$，那么静态集电极电流为

$$I_C \approx I_E = \frac{V_B - U_{BE}}{R_E} \approx \frac{V_B}{R_E} \tag{8.4.2}$$

静态集-射极间的电压为

$$U_{CE} = U_{CC} - I_C R_C - I_E R_E \approx U_{CC} - I_C(R_C + R_E) \tag{8.4.3}$$

因此，集电极电流 I_C 和集-射极电压 U_{CE} 主要由电路参数确定，几乎与 BJT 参数无关。

稳定电路静态工作点的过程：当温度升高时，I_C 增大，电阻 R_E 上压降增大，由于基极电位 V_B 固定，因此加到发射结上的电压降低，I_B 减小，从而使 I_C 减小，即 I_C 趋于恒定。

调节过程可以表示为

$$T \uparrow \to I_C \uparrow \to I_E \uparrow \to R_E I_E \uparrow \to U_{BE} \downarrow \to I_B \downarrow \to I_C \downarrow$$

（3）R_E 两端并联一个发射极旁路电容 C_E，以免放大电路的电压放大倍数下降。

8.4.2　分压式偏置共射极放大电路的静态分析

根据前面对电路特点的分析，我们很容易求出静态参数，即

$$V_B = \frac{R_{B2}}{R_{B1} + R_{B2}} U_{CC}$$

$$I_C \approx I_E = \frac{V_B - U_{BE}}{R_E} \approx \frac{V_B}{R_E}, \quad I_B = \frac{I_C}{\beta}$$

$$U_{CE} = U_{CC} - I_C R_C - I_E R_E \approx U_{CC} - I_C(R_C + R_E)$$

从而确定了放大电路的静态工作点。

8.4.3　分压式偏置共射极放大电路的动态分析

（1）电路中接有发射极电容 C_E：因 C_E 一般较大，可达几十至几百微法，故可视为交流短路。其对应的交流通路和微变等效电路如图 8.4.2 所示。

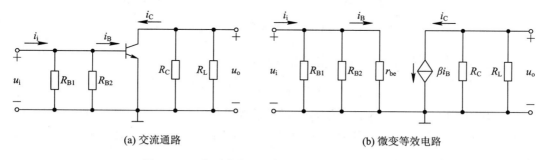

(a) 交流通路　　　　　　　　　(b) 微变等效电路

图 8.4.2　分压式偏置共射极放大电路的交流分析

由微变等效电路可得到输入与输出电压的表达式，进而求得电压放大倍数为

$$\dot{U}_i = r_{be} \dot{I}_B$$

$$\dot{U}_o = -R'_L \dot{I}_C \quad (R'_L = R_L \mathbin{/\mkern-5mu/} R_C)$$

所以

$$A_u = \frac{\dot{U}_o}{\dot{U}_i} = -\beta \frac{R'_L}{r_{be}} \tag{8.4.4}$$

输入电阻为

$$r_i = R_{B1} \mathbin{/\mkern-5mu/} R_{B2} \mathbin{/\mkern-5mu/} r_{be} \approx r_{be} \tag{8.4.5}$$

输出电阻为

$$r_o = R_C \tag{8.4.6}$$

(2) 电路中未接发射极电容 C_E 时，其对应的微变等效电路如图 8.4.3 所示。

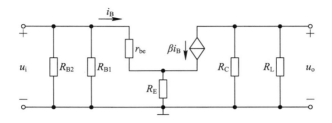

图 8.4.3　未接发射极电容时对应放大电路的微变等效电路

由微变等效电路可得到输入与输出电压的表达式，进而求得电压放大倍数为

$$\dot{U}_i = r_{be}\dot{I}_B + R_E\dot{I}_E = [r_{be} + (1+\beta)R_E]\dot{I}_B$$

$$\dot{U}_o = -R'_L\dot{I}_C \quad (R'_L = R_L \mathbin{/\mkern-5mu/} R_C)$$

所以

$$A_u = \frac{\dot{U}_o}{\dot{U}_i} = -\frac{\beta R'_L}{r_{be} + (1+\beta)R_E} \tag{8.4.7}$$

可以看出，去掉发射极电容后，对电路的电压放大倍数影响很大，使得 A_u 急剧减小。

输入电阻为

$$r_i = R_{B1} \mathbin{/\mkern-5mu/} R_{B2} \mathbin{/\mkern-5mu/} [r_{be} + (1+\beta)R_E] \tag{8.4.8}$$

此时，提高了放大电路的输入电阻。

输出电阻为

$$r_o = R_C \tag{8.4.9}$$

【例 8.4.1】　在图 8.4.1(a)所示的分压式偏置放大电路中，已知 $U_{CC} = 12$ V，$R_C = 3$ kΩ，$R_E = 2$ kΩ，$R_{B1} = 60$ kΩ，$R_{B2} = 20$ kΩ，$R_L = 6$ kΩ，晶体管的 $\beta = 50$。

(1) 试求静态值；

(2) 画出微变等效电路；

(3) 计算该电路的 A_u、r_i 和 r_o。

解　(1)
$$V_B = \frac{R_{B2}}{R_{B1}+R_{B2}}U_{CC} = \frac{20 \ \Omega}{60 \ \Omega + 20 \ \Omega} \times 12 \text{ V} = 3 \text{ V}$$

$$I_C \approx I_E = \frac{V_B}{R_E} = \frac{3 \text{ V}}{2 \text{ k}\Omega} = 1.5 \text{ mA}$$

$$I_B = \frac{I_C}{\beta} = \frac{1.5}{50} \text{ mA} = 0.03 \text{ mA}$$

$$U_{CE} \approx U_{CC} - I_C(R_C + R_E) = 12 \text{ V} - 1.5 \text{ mA} \times (3+2) \ \Omega = 4.5 \text{ V}$$

(2) 微变等效电路同图 8.4.2(b)。

(3)
$$r_{be} = 200 + (1+\beta)\frac{26 \text{ mV}}{I_E} = \left(200 + 51 \times \frac{26}{1.5}\right) \ \Omega = 1.08 \text{ k}\Omega$$

$$A_u = -\beta\frac{R'_L}{r_{be}} = -50 \times \frac{3 \mathbin{/\mkern-5mu/} 6}{1.08} = -50 \times \frac{2}{1.08} = -92.6$$

$$r_{\mathrm{i}} = R_{\mathrm{B1}} /\!/ R_{\mathrm{B2}} /\!/ r_{\mathrm{be}} \approx r_{\mathrm{be}} = 1.08\ \mathrm{k\Omega}$$
$$r_{\mathrm{o}} = R_{\mathrm{C}} = 3\ \mathrm{k\Omega}$$

【例 8.4.2】　在例 8.4.1 中，图 8.4.1(a) 中的 R_{E} 未全部被 C_{E} 旁路，而分为两个电阻 R_{E1} 和 R_{E2}，如图 8.4.4 所示，$R_{\mathrm{E1}} = 1.7\ \mathrm{k\Omega}$，$R_{\mathrm{E2}} = 0.3\ \mathrm{k\Omega}$。

（1）试求静态值；

（2）画出微变等效电路；

（3）计算该电路的 A_u、r_{i} 和 r_{o}，并与例 8.4.1 比较。

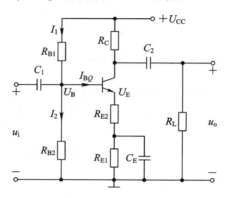

图 8.4.4　例 8.4.2 图

解　（1）静态值和 r_{be} 与例 8.4.1 相同。

（2）微变等效电路如图 8.4.5 所示。

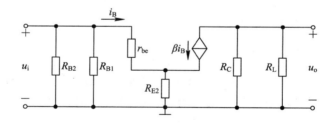

图 8.4.5　例 8.4.2 的微变等效电路

（3）由图 8.4.5 并根据式 (8.4.7)、式 (8.4.8) 和式 (8.4.9) 可得

$$A_u = -\beta \frac{R_{\mathrm{L}}'}{r_{\mathrm{be}} + (1+\beta)R_{\mathrm{E2}}} = -50 \times \frac{2}{1.08 + (1+50) \times 0.3} = -6.11$$

$$r_{\mathrm{i}} = R_{\mathrm{B1}} /\!/ R_{\mathrm{B2}} /\!/ [r_{\mathrm{be}} + (1+\beta)R_{\mathrm{E2}}] = (60 /\!/ 20 /\!/ 16.4)\ \mathrm{k\Omega} = 7.8\ \mathrm{k\Omega}$$

$$r_{\mathrm{o}} = R_{\mathrm{C}} = 3\ \mathrm{k\Omega}$$

可见，留有一段发射极电阻 R_{E2} 而未被 C_{E} 旁路时，虽然减小了电路的电压放大倍数，但提高了电路电压增益的稳定性，也增大了输入电阻，改善了放大电路的工作性能。

8.5　共集电极放大电路

基本放大电路共有三种组态，前面讨论的放大电路均是共射极放大电路，这种电路的优点是电压放大倍数比较大,但缺点是输入电阻较小,输出电阻较大。本节讨论共集电极放大电路。

共集电极放大电路如图 8.5.1 所示。采用固定偏置电路使 BJT 工作在放大状态。交流输入信号 u_S(R_S 为信号源内阻)从基极输入,信号从发射极输出,由此得名为射极输出器。而集电极作为交流地,是输入与输出的公共端,故称为共集电极放大电路。

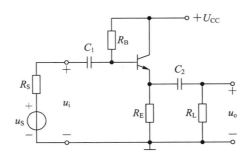

图 8.5.1 共集电极放大电路

8.5.1 共集电极放大电路的静态分析

共集电极放大电路如图 8.5.2 所示。

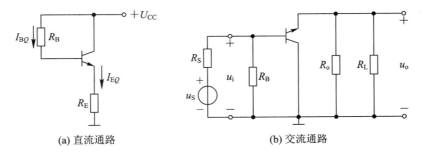

(a) 直流通路   (b) 交流通路

图 8.5.2 共集电极放大电路的交、直流通路

根据图 8.5.2(a)可得

$$U_{CC} = R_B I_B + U_{BE} + R_E I_E$$

于是

$$I_B = \frac{U_{CC} - U_{BE}}{R_B + (1+\beta)R_E} \tag{8.5.1}$$

$$I_E = (1+\beta)I_B \tag{8.5.2}$$

$$U_{CE} = U_{CC} - R_E I_E \tag{8.5.3}$$

从而确定了放大电路的静态工作点。

8.5.2 共集电极放大电路的动态分析

由共集电极电路的交流通路(如图 8.5.2(b)所示)便可得到图 8.5.3 所示的共集电极放大电路的微变等效电路。

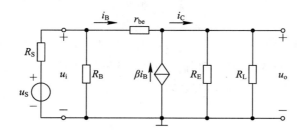

图 8.5.3　共集电极放大电路的微变等效电路

根据 KVL 可列出输入回路电压方程：

$$\dot{U}_i = \dot{I}_B r_{be} + (1+\beta)\dot{I}_B R'_L$$

输出回路电压方程：

$$\dot{U}_o = (1+\beta)\dot{I}_B R'_L$$

式中，$R'_L = R_L \mathbin{/\mkern-5mu/} R_E$。

求得电压放大倍数的表达式为

$$A_u = \frac{(1+\beta)R'_L}{r_{be} + (1+\beta)R'_L} \tag{8.5.4}$$

在实际电路中，因为 $(1+\beta)R'_L \gg r_{be}$，所以 $A_u \approx 1$。

共集电极放大电路的电压放大倍数为正实数，且小于 1 而接近于 1，这说明：

(1) 共集电极放大电路的输出电压和输入电压同相位；

(2) 共集电极放大电路的输出电压大小接近于输入电压。

故共集电极放大电路的输出电压具有跟随输入电压变化的能力，因而又称其为射极跟随器。

电路的输入电阻为

$$r_i = R_B \mathbin{/\mkern-5mu/} r'_i$$

根据图 8.5.3 求得

$$r'_i = r_{be} + (1+\beta)R'_L$$

所以

$$r_i = R_B \mathbin{/\mkern-5mu/} [r_{be} + (1+\beta)R'_L] \tag{8.5.5}$$

可见，与共射极放大电路相比，共集电极放大电路的输入电阻要大得多，它比共射极放大电路的输入电阻大上约几十至几百倍。

电路的输出电阻为

$$r_o = R_E \mathbin{/\mkern-5mu/} r'_o$$

根据图 8.5.3 求得

$$r'_o = \frac{R_S \mathbin{/\mkern-5mu/} R_B + r_{be}}{1+\beta}$$

所以

$$r_o = R_E \mathbin{/\mkern-5mu/} \frac{R_S \mathbin{/\mkern-5mu/} R_B + r_{be}}{1+\beta}$$

在实际电路中，通常有

$$R_E \gg \frac{R_S \mathbin{/\mkern-5mu/} R_B + r_{be}}{1+\beta}$$

所以

$$r_{\text{o}} = \frac{R_{\text{S}} \mathbin{/\mkern-5mu/} R_{\text{B}} + r_{\text{be}}}{1 + \beta} \tag{8.5.6}$$

可见，共集电极放大电路的输出电阻是很小的，约为几十至几百欧，远小于共射极放大电路的输出电阻（$r_{\text{o}} = R_{\text{c}}$）。

8.5.3　共集电极放大电路的应用

共集电极放大电路虽然没有电压放大作用，但有电流放大作用，因而也有功率放大作用，故仍属于放大电路之列。共集电极电路的特点使它在放大电路的很多地方得到了广泛的应用。

（1）作为放大电路、测量仪器的输入级，这是利用其输入电阻大的特点。它可以减小输入电流，减轻信号源的负担；提高输入电压，减少信号损失；当它作为测量仪器的输入级接入被测电路时，由于其分流作用小，对被测电路的影响就小，因此可提高测量精度。

（2）作为放大电路的输出级，这是利用其输出电阻小的特点。它可以提高放大器的带负载能力，增强输出电压的稳定性。

（3）作为多级放大电路的中间级，起阻抗变换作用。共集电极放大电路的输入电阻大，可增加前级的电压放大倍数，减少前级的信号损失；其输出电阻小，可提高后级输入电压，这对输入电阻小的共射极放大电路十分有益。所以，共集电极电路作为中间级有利于提高整个电路的电压放大倍数。

8.6　多级放大电路

前面讲过的基本放大电路，其电压放大倍数一般只能达到几十至几百。然而在实际应用中，放大电路的输入信号通常很微弱（毫伏或微伏级），为了使放大后的信号能够驱动负载，仅仅通过一级放大电路进行信号放大，很难满足实际要求，故需要采用多级放大电路。

8.6.1　多级放大电路的组成

多级放大电路是指两个或两个以上的单级放大电路组成的电路。图 8.6.1 所示为多级放大电路的组成框图。通常称多级放大电路的第一级为输入级。对于输入级，一般采用输入阻抗较高的放大电路，以便从信号源获得较大的电压输入信号并对信号进行放大。中间级主要实现电压信号的放大，一般要用几级放大电路才能完成。而多级放大电路的最后一级称为输出级，也是功率放大级，其与负载直接相连，要求带负载能力强，且具有足够的负载驱动能力。

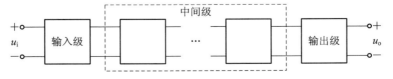

图 8.6.1　多级放大电路的组成框图

8.6.2 多级放大电路的耦合方式

既然是多级放大电路，就必然存在级间连接方式，这种连接方式称为耦合方式。常用的耦合方式有：阻容耦合、直接耦合、变压器耦合。

1. 阻容耦合

我们把级与级之间通过电容连接靠电阻获取信号的方式称为阻容耦合方式。如图 8.6.2 所示为两级阻容耦合放大电路，电容 C_2 将两级放大电路隔离开来。因级间耦合电容的隔直作用，所以各级的直流工作状态独立，静态工作点互不影响。而且电容越大，容抗越小，对交流可视为短路，从而使得交流信号几乎无损失地在级间传递。

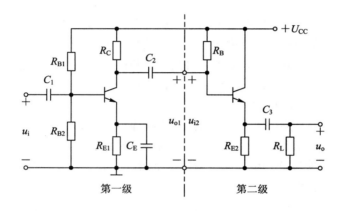

图 8.6.2　两级阻容耦合放大电路

由图 8.6.2 可得阻容耦合放大电路的特点：

（1）优点：因电容具有隔直作用，所以各级电路的静态工作点相互独立，互不影响，避免了温漂信号的逐级传输和放大，并且给放大电路的分析、设计和调试带来了很大的方便。

（2）缺点：因电容对交流信号具有一定的容抗，为了减小信号传输过程中的衰减，需将耦合电容尽可能加大。但加大电容，不利于电路实现集成化，因为集成电路中很难制造大容量的电容。另外，这种耦合方式无法传递缓慢变化的信号。

2. 直接耦合

为了避免电容对在传输过程中缓慢变化的信号带来不良影响，可以把级与级之间直接用导线连接起来，这种连接方式称为直接耦合。图 8.6.3 所示为直接耦合两级放大电路。前级的输出信号 u_{o1}，直接作为后一级的输入信号 u_{i2}。

直接耦合的特点：

（1）优点：频率特性好，既可以放大交流信号，也可以放大直流和变化非常缓慢的信

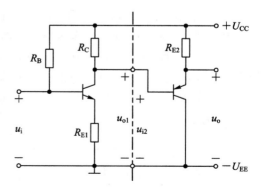

图 8.6.3　直接耦合两级放大电路

号；电路中无大的耦合电容，便于实现集成化，所以集成电路中多采用这种耦合方式。

（2）缺点：由于是直接耦合，各级静态工作点将相互影响，不利于电路的设计、调试和维修；且输出端存在温度漂移。

3. 变压器耦合

各级放大电路之间可通过变压器耦合传递信号。图 8.6.4 所示为两级变压器耦合放大电路。通过变压器 T_1 把前级的输出信号 u_{o1} 耦合传送到后级，作为后一级的输入信号 u_{i2}。变压器 T_2 将第二级的输出信号耦合传送给负载 R_L。

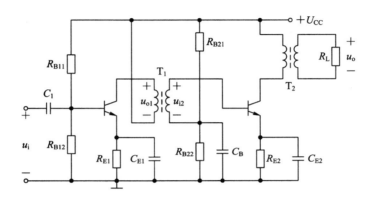

图 8.6.4　两级变压器耦合放大电路

变压器耦合的特点：

（1）优点：各级静态工作点相互独立，可实现阻抗变换，使后级获得最大功率。

（2）缺点：由于采用铁芯线圈，使电路体积加大，生产成本提高，无法实现集成化；另外，变压器对直流或缓慢变化的信号不产生耦合作用，故这种耦合方式只能放大交流信号。

8.6.3　多级放大电路的分析计算

1. 静态工作点的分析计算

阻容耦合放大电路的各级放大电路间是通过电容互相连接的。由于电容的隔直作用，各级静态工作点彼此独立，互不影响，因此可以画出每一级的直流通路，分别计算各级的静态工作点。

由于直接耦合放大电路的各级静态工作点相互影响，因此静态工作点的分析计算要比阻容耦合复杂。我们可以运用电路理论的知识，通过列电压、电流方程组联立求解，从而确定各级的静态工作点。

2. 动态性能指标的分析计算

多级放大电路的动态分析仍可以利用微变等效电路来计算动态性能指标。

在分析多级放大电路的性能指标时，一般采用的方法是通过计算每一级指标来分析多级指标。由于后级电路相当于前级的负载，该负载又是后级放大电路的输入电阻，所以在计算前级输出时，只要将后级的输入电阻作为其负载即可。同样，前级的输出信号又是后级的输入信号。

设多级放大电路的输入信号为 u_i，输出信号为 u_o，其级间为阻容耦合方式，电路示意图如图 8.6.5 所示。

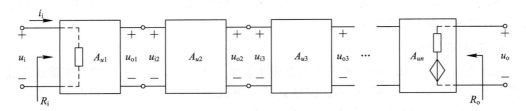

图 8.6.5　多级放大电路示意图

下面分析计算阻容耦合放大电路的动态指标。

（1）电压放大倍数 A_u。

从图 8.6.5 可以看出，前一级的输出信号就是后一级的输入信号。因此，多级放大电路的电压放大倍数就等于各级电路的电压放大倍数的乘积，用公式表示为

$$A_u = \frac{u_{o1}}{u_i} \cdot \frac{u_{o2}}{u_{o1}} \cdot \cdots \cdot \frac{u_o}{u_{o(n-1)}} = A_{u1} \cdot A_{u2} \cdot \cdots \cdot A_{un} = \prod_{i=1}^{n} A_{ui} \qquad (8.6.1)$$

式中，$A_{ui}(i=1 \sim n)$ 指第 i 级电路的放大倍数。

（2）输入电阻。

多级放大电路的输入电阻就是输入级的输入电阻，即等于从第一级放大电路的输入端看进去的等效输入电阻 R_{i1}。计算时要注意：当输入级为共集电极放大电路时，要考虑第二级的输入电阻作为前级负载时对输入电阻的影响。

（3）输出电阻。

多级放大电路的输出电阻就是输出级的输出电阻，即等于从最后一级（末级）放大电路的输出端看进去的等效电阻 $R_{o\text{末}}$。计算时要注意：当输出级为共集电极放大电路时，要考虑其前级对输出电阻的影响。

本 章 小 结

本章重点讲了共射极放大电路的工作原理，放大电路的静态分析和动态分析，分压式偏置共射极放大电路的分析计算，共集电极放大电路，多级放大电路。

1. 共射极放大电路的工作原理

基本共射极放大电路是利用基极电流对集电极电流的控制作用对微弱电信号进行放大的，其中 BJT 是整个放大电路的核心元件。

共射极放大电路的工作原理是输入信号 u_i 的变化导致基极电流 i_B 的相应变化，而集电极电流 i_C 受 i_B 控制变化更大，当 i_C 流经电阻 R_C 时就产生一个较大的电压变化 $R_C i_C$，而后经由隔直电容得到一个放大的输出电压信号 u_o。

2. 放大电路的静态分析和动态分析

1）估算法计算静态工作点

固定偏置共发射极放大电路有

$$I_{BQ} = \frac{U_{CC} - U_{BE}}{R_B}, \quad I_{CQ} = \beta I_{BQ}, \quad U_{CEQ} = U_{CC} - I_C R_C$$

2）图解法确定静态工作点

利用 BJT 的特性曲线，通过作图的方法可分析放大电路的静态工作情况。

3）静态工作点对波形失真的影响（饱和失真和截止失真）

截止失真：选取的放大电路静态工作点 Q 比较低时，I_{BQ} 较小，致使输入信号的负半周进入截止区，输出电压出现正半周削波。要消除截止失真，需要抬高静态工作点，增大静态基极电流 I_B。

饱和失真：选取的放大电路静态工作点 Q 太高时，I_{BQ} 较大，致使输入信号的正半周进入饱和区，输出电压将出现负半周削波。要消除饱和失真，需要降低静态工作点，减小静态基极电流 I_B。

4）放大电路动态指标的求解

放大倍数：
$$A_u = \frac{\dot{U}_o}{\dot{U}_i} = -\beta \frac{R_L'}{r_{be}} \quad (R_L' = R_C /\!/ R_L)$$

输入电阻：
$$r_i = R_B /\!/ r_{be} \approx r_{be}$$

输出电阻：
$$r_o = R_C$$

3. 分压式偏置共射极放大电路的分析计算

1）静态分析

分压式偏置共射极放大电路有

$$V_B = \frac{R_{B2}}{R_{B1} + R_{B2}} U_{CC}$$

$$I_C \approx I_E = \frac{V_B - U_{BE}}{R_E} \approx \frac{V_B}{R_E}$$

$$I_B = \frac{I_C}{\beta}$$

$$U_{CE} = U_{CC} - I_C R_C - I_E R_E \approx U_{CC} - I_C(R_C + R_E)$$

2）动态分析

放大倍数：
$$A_u = \frac{\dot{U}_o}{\dot{U}_i} = -\beta \frac{R_L'}{r_{be}} \quad (R_L' = R_C /\!/ R_L)$$

输入电阻：
$$r_i = R_{B1} /\!/ R_{B2} /\!/ r_{be} \approx r_{be}$$

输出电阻：
$$r_o = R_C$$

4. 共集电极放大电路和共基极放大电路的分析计算

1）共集电极放大电路的静态分析和动态分析

静态分析：
$$I_B = \frac{U_{CC} - U_{BE}}{R_B + (1+\beta)R_E}$$

$$I_E = (1+\beta)I_B$$

$$U_{CE} = U_{CC} - R_E I_E$$

动态分析：
$$A_u = \frac{(1+\beta)R_L'}{r_{be} + (1+\beta)R_L'}$$

$$r_i = R_B /\!/ [r_{be} + (1+\beta)R_L']$$

$$r_o = \frac{R_S /\!/ R_B + r_{be}}{1+\beta}$$

2）共集电极放大电路的特点

共集电极放大电路的输出电压和输入电压同相位；输出电压大小接近于输入电压；输入电阻大，输出电阻小。

5. 多级放大电路

（1）多级放大电路：由输入级（大输入电阻）、中间级（高电压放大倍数）、输出级（小输出电阻，带负载能力强）三级组成。

（2）多级放大电路的耦合方式：阻容耦合、直接耦合、变压器耦合。

习   题

8.1   三极管放大电路正常放大时，应满足什么外部条件？

8.2   （1）在电子电路中，放大的实质是什么？放大的对象是什么？负载上获得的电压或功率来自何处？

（2）为什么要设置 Q 点？

8.3   在题 8.3 图所示电路中，已知晶体管的 $\beta = 80$，$r_{be} = 1\ \text{k}\Omega$，$U_i = 20\ \text{mV}$；静态时 $U_{BEQ} = 0.7\ \text{V}$，$U_{CEQ} = 4\ \text{V}$，$I_{BQ} = 20\ \mu\text{A}$。判断下列结论是否正确，对的在括号内打"√"，否则打"×"。

（1）$A_u = -\dfrac{4}{20 \times 10^{-3}} = -200$（   ）   （2）$A_u = -\dfrac{4}{0.7} \approx -5.71$（   ）

（3）$A_u = -\dfrac{80 \times 5}{1} = -400$（   ）   （4）$A_u = -\dfrac{80 \times 2.5}{1} = -200$（   ）

（5）$r_i = \left(\dfrac{20}{20}\right)\ \text{k}\Omega = 1\ \text{k}\Omega$（   ）   （6）$r_i = \left(\dfrac{0.7}{0.02}\right)\ \text{k}\Omega = 35\ \text{k}\Omega$（   ）

（7）$r_i \approx 3\ \text{k}\Omega$（   ）   （8）$r_i \approx 1\ \text{k}\Omega$（   ）

（9）$r_o \approx 5\ \text{k}\Omega$（   ）   （10）$R_o \approx 2.5\ \text{k}\Omega$（   ）

（11）$\dot{U}_S \approx 20\ \text{mV}$（   ）   （12）$\dot{U}_S \approx 60\ \text{mV}$（   ）

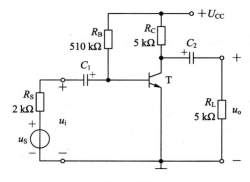

题 8.3 图

8.4　已知题 8.4 图所示电路中 $U_{CC}=12$ V，$R_C=3$ kΩ，静态管压降 $U_{CEQ}=6$ V，在输出端加负载电阻 $R_L=3$ kΩ。选择一个合适的答案填入括号内。

（1）该电路的最大不失真输出电压有效值 $U_{om}\approx$（　　）。

A. 2 V　　　　　　　　B. 3 V　　　　　　　　C. 6 V

（2）当 $U_i=10$ mV 时，若在不失真的条件下，减小 R_W，则输出电压的幅值将（　　）。

A. 减小　　　　　　　　B. 不变　　　　　　　　C. 增大

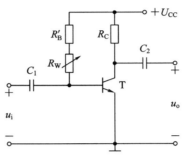

题 8.4 图

8.5　在题 8.4 图所示电路中，由于电路参数不同，在信号源电压为正弦波时，测得输出波形如题 8.5 图（a）、（b）、（c）所示，试说明电路分别产生了什么失真，如何消除。

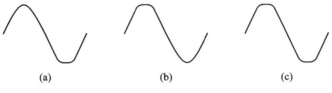

（a）　　　　　　　　（b）　　　　　　　　（c）

题 8.5 图

8.6　电路如题 8.6 图（a）所示，该电路的交、直流负载线如题 8.6 图（b）所示。

（1）求 U_{CC}、I_{BQ}、I_{CQ}、U_{CEQ} 的值；

（2）求电阻 R_B、R_C 的值；

（3）求输出电压的最大不失真幅度；

（4）要使该电路能不失真地放大信号，基极正弦电流的最大幅值是多少？

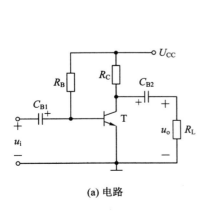

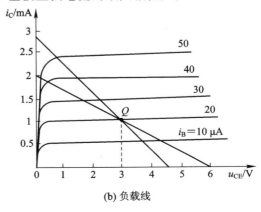

（a）电路　　　　　　　　　　　　　　（b）负载线

题 8.6 图

8.7 单管放大电路如题 8.7 图所示，已知 BJT 的电流放大系数 $\beta=50$。

（1）估算 Q 点；

（2）画出微变等效电路；

（3）估算 BJT 的输入电阻 r_{be} 和放大电路的输入电阻 r_i、输出电阻 r_o；

（4）当输出端接入 4 kΩ 的负载电阻时，计算 $A_u=u_o/u_i$ 和 $A_{uS}=u_o/u_S$。

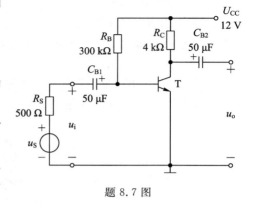

题 8.7 图

8.8 在题 8.8 图所示电路中，当 $R_B=400$ kΩ，$R_C=R_L=5.1$ kΩ，$\beta=40$，$U_{CC}=12$ V，BJT 为 NPN 型硅管。

（1）估算静态工作点 I_{BQ}、I_{CQ} 和 U_{CEQ}；

（2）画出其微变等效电路；

（3）估算电压放大倍数 A_u 以及输入电阻 r_i 和输出电阻 r_o。

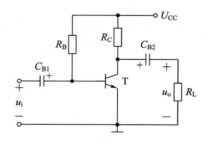

题 8.8 图

8.9 引起放大电路静态工作点不稳定的主要因素是什么？

8.10 分压式共射极放大电路如题 8.10 图所示，U_{BEQ} 忽略不计，$\beta=50$，其他参数如图标注。

（1）估算静态工作点 I_{BQ}、I_{CQ} 和 U_{CEQ}；

（2）画出其微变等效电路；

（3）估算空载电压放大倍数 A_u' 以及输入电阻 r_i 和输出电阻 r_o；

（4）当在输出端接上 $R_L=2$ kΩ 时，求 A_u。

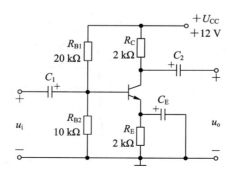

题 8.10 图

8.11　电路如题 8.11 图所示，晶体管的 $\beta=100$，$U_{BE}=0.7$ V。

（1）求电路的 Q 点；

（2）求解 A_u、r_i 和 r_o；

（3）若电容 C_E 开路，则将引起电路的哪些动态参数发生变化？如何变化？

8.12　电路如题 8.12 图所示，晶体管的 $\beta=80$，$r_{be}=1$ kΩ。

（1）求电路的 Q 点；

（2）分别求出 $R_L=\infty$ 和 $R_L=3$ kΩ 时电路的 A_u 和 r_i；

（3）求出 r_o。

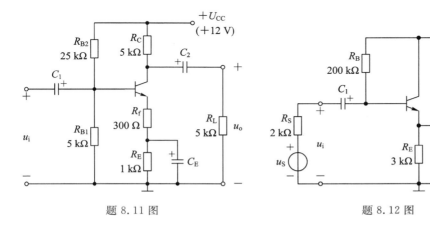

题 8.11 图　　　　　　　　　题 8.12 图

习题答案

第 9 章　集成运算放大器

利用半导体制造工艺，把整个电路中的元器件和连接导线等集合在一小块半导体晶片上，使之成为一个不可分割的、具有特定功能的电子电路，这样的电路称为集成电路。

集成电路具有体积小、重量轻、功耗小、特性好、可靠性强等一系列优点，在电子电路中得到了广泛应用。模拟集成电路种类众多，有集成运算放大器、宽频带放大器、功率放大器、模拟乘法器、稳压电源和音像设备中常用的其他模拟集成电路等，其中集成运算放大器是线性集成电路中发展最早、应用最广、也是最为庞大的一族成员。本章主要介绍集成运算放大器相关知识。

9.1　集成运算放大器的基础知识

集成运算放大器是一种高增益的直接耦合多级放大电路。由于在早期的模拟计算机中广泛使用这种器件(需要外接不同的网络)来完成诸如比例、求和、积分、微分、对数、反对数等运算，因此得名集成运算放大器，通常简称为集成运放或运放。虽然现在集成运放的应用早已超出模拟运算的范围，但还是习惯上称之为运算放大器。

9.1.1　集成运算放大器的组成

集成运放从 20 世纪 60 年代发展至今，其类型和品种相当丰富，但在结构上基本一致，其内部通常包含四个基本组成部分：输入级、中间级、输出级以及偏置电路，如图 9.1.1 所示。

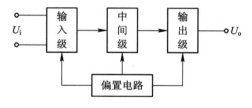

图 9.1.1　集成运算放大器的组成

1. 输入级

输入级又称前置级，是提高运算放大器质量的关键部分，要求其输入电阻大，差模放大倍数大，抑制共模信号能力强，静态电流小。为了能减小零点漂移和抑制共模干扰信号，输入级往往是一个双端输入的具有恒流源的差动放大电路，也称为差动输入级。输入级的性能好坏直接影响着集成运放的大多数性能参数。

2. 中间级

中间级是整个运算放大电路的主放大器，其主要作用是为集成运放提供足够大的电压放大倍数，故而也称为电压放大级。一般要求中间级本身具有较高的电压增益，故经常采用复合晶体管共射极放大电路，以恒流源作为集电极负载来提高放大能力，其电压放大倍数可达千倍以上。

3. 输出级

输出级的主要作用是输出足够大的电流，以满足负载的需要。输出级要有较小的输出电阻和较大的输入电阻，以起到将放大级和负载隔离的作用，同时还要有较大的动态范围，通常采用互补推挽电路。

4. 偏置电路

偏置电路一般由各种恒流源电路组成，其作用是为各级提供合适的工作电流，并使整个运放的静态工作点稳定且功耗较小。

总之，集成运放是一种电压放大倍数高、输入电阻大、输出电阻小、零点漂移小、抗干扰能力强、可靠性高、体积小、耗电少的通用电子器件。

图 9.1.2 所示为集成运算放大器的图形符号。其中图 9.1.2(a)是国标规定的图形符号，图 9.1.2(b)是国内外常用的符号。两种符号中的 ▷ 表示信号从左(输入端)向右(输出端)传输的方向；u_o 端为输出端，输出信号在此端对地输出；u_- 端为反相输入端；u_+ 端为同相输入端。本书采用国标图形符号。

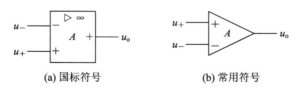

(a) 国标符号　　　　(b) 常用符号

图 9.1.2　集成运算放大器的图形符号

运算放大器最基本的信号输入方式是反相输入、同相输入和差动输入。

当信号由 u_- 端对地输入时，输出信号与输入信号相位相反，这种输入方式称为反相输入。当信号由 u_+ 端对地输入时，输出信号与输入信号相位相同，这种输入方式称为同相输入。如果将两个输入信号分别从 u_- 和 u_+ 两端对地输入，则信号的这种输入方式称为差动输入。此时输出信号与两个输入信号的差值成正比。

常见的集成运算放大器有圆形、扁平型、双列直插式等，对应引脚有 8 脚、14 脚等，如图 9.1.3 所示。

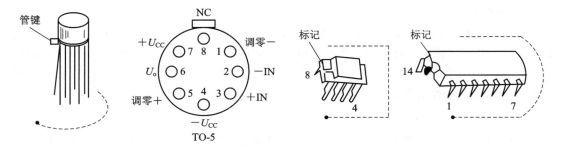

图 9.1.3　常见的集成运算放大器的外形

9.1.2　电压传输特性

集成运放的输出电压 u_o 与输入电压 $u_{id}(u_{id}=u_+-u_-)$ 之间的关系 $u_o=f(u_{id})$ 称为集成运放的电压传输特性。它包括线性区和饱和区两部分，如图 9.1.4 所示。

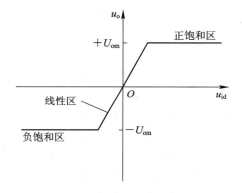

图 9.1.4　集成运算放大器的电压传输特性

在线性区内 u_o 与 u_{id} 成正比，即

$$u_o = A_o u_{id} = A_o(u_+ - u_-) \qquad (9.1.1)$$

线性区的斜率取决于 A_o 的大小。由于受电源电压的限制，u_o 不可能随 u_{id} 的增加而无限增加，因此，当 u_o 增加到一定值后进入了正、负饱和区。正饱和区中，$u_o = +U_{om} \approx +U_{CC}$；负饱和区中，$u_o = -U_{om} \approx -U_{EE}$。

集成运放在应用时，工作于线性区的称为线性应用，工作于饱和区的称为非线性应用。由于集成运放的 A_o 非常大，因此线性区曲线很陡，即使输入电压很小，也很容易使输出达到饱和。另外，由于外部干扰等因素不可避免，因此若不引入深度负反馈，则集成运放很难在线性区稳定工作。

9.2　负反馈放大电路

各种类型的反馈在放大电路中得到了广泛应用，如：负反馈能改善放大电路的工作性能，正反馈能使振荡电路自激。在模拟电子线路中，许多由集成运放为核心器件构成的电路也含有负反馈或者正反馈网络,因此本节重点介绍反馈的基本概念及由集成运放构成的反馈电路的判别方法。

9.2.1　反馈的概念

　　反馈是指放大电路输出量(电压或电流)的一部分或全部通过某些元件或网络(称为反馈网络)反向回到输入端,从而影响原输入量(电压或电流)的过程。带有反馈的放大电路称为反馈放大电路。

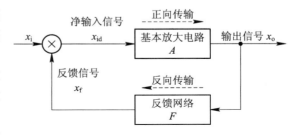

图 9.2.1　反馈放大电路的组成框图

　　任意一个反馈放大电路都可以表示为一个基本放大电路和反馈网络组成的闭环系统,其组成框图如图 9.2.1 所示。

　　图 9.2.1 中,x_i、x_{id}、x_f、x_o 分别表示放大电路的输入信号、净输入信号、反馈信号和输出信号,它们可以是电压量,也可以是电流量。

　　图 9.2.1 中的箭头表示信号的传递方向;比较环节说明反馈放大电路中的输入信号和反馈信号在输入端按一定极性比较后可得净输入信号,即和值或差值信号 $x_{id} = x_i \pm x_f$。本小节我们按负反馈的情况来讨论,先取净输入信号为输入信号和反馈信号的差值信号,即 $x_{id} = x_i - x_f$。

　　反馈系数 F 定义为反馈信号和输出信号之比。反馈网络无放大作用,多为电阻和电容元件构成,其 F 值不大于 1。

　　没有引入反馈时的基本放大电路叫作开环放大电路。其中的 A 表示基本放大电路的放大倍数,也称为开环放大倍数,为输出信号和净输入信号之比。

　　引入负反馈以后的放大电路叫作闭环放大电路。其放大倍数称为闭环放大倍数,记作 A_f,为输出信号和输入信号之比。

　　由图 9.2.1 可得各信号量之间的基本关系式:

$$x_{id} = x_i - x_f \tag{9.2.1}$$

$$A = \frac{x_o}{x_{id}} \tag{9.2.2}$$

$$F = \frac{x_f}{x_o} \tag{9.2.3}$$

$$A_f = \frac{x_o}{x_i} = \frac{x_o}{x_{id} + x_f} = \frac{A}{1 + AF} \tag{9.2.4}$$

　　式(9.2.4)表明,闭环放大倍数 A_f 是开环放大倍数 A 的 $1/(1+AF)$。其中,$1+AF$ 称为反馈深度,它的大小反映了反馈的强弱。

9.2.2　反馈类型的判别方法

　　反馈电路是多种多样的,反馈可以存在于本级内部,亦可以存在于级与级(或多级)之间。

1. 反馈类型的划分

(1) 按照反馈信号极性的不同,反馈可以分为正反馈和负反馈。

若引入的反馈信号 x_f 增强了外加输入信号的作用,使放大电路的净输入信号增强,导致放大电路的输出信号也增强,即为正反馈。正反馈主要用于振荡电路、信号产生电路等。

若引入的反馈信号 x_f 削弱了外加输入信号的作用,使放大电路的净输入信号减弱,导致放大电路的输出信号也减弱,即为负反馈。一般放大电路中经常引入负反馈来改善放大电路的性能指标。

(2) 根据反馈信号性质的不同,反馈可以分为交流反馈和直流反馈。

如果反馈信号是静态直流分量,则这种反馈称为直流反馈;如果反馈信号是动态交流分量,则这种反馈称为交流反馈。

(3) 根据反馈在输出端采样方式的不同,反馈可以分为电压反馈和电流反馈。

从输出端看,若反馈信号取自输出电压信号,且反馈信号正比于输出电压,则为电压反馈;若反馈信号取自输出电流信号,且反馈信号正比于输出电流,则为电流反馈。

(4) 根据反馈在输入端连接方式的不同,反馈可以分为串联反馈和并联反馈。

若反馈信号 x_f 与输入信号 x_i 在输入回路中以电压的形式相加减,即在输入回路中彼此串联,则为串联反馈。

若反馈信号 x_f 与输入信号 x_i 在输入回路中以电流的形式相加减,即在输入回路中彼此并联,则为并联反馈。

由于在一般放大电路中经常引入负反馈来改善放大电路的性能指标,因此我们在此节只讨论负反馈。由以上陈述可知负反馈组态有四种形式:电压串联负反馈、电流串联负反馈、电压并联负反馈、电流并联负反馈。

2. 反馈在放大电路中的判别方法

1) 判别反馈的有无

只要在放大电路的输入和输出回路间存在起联系作用的元件(或电路网络)——反馈元件(或反馈网络),那么该放大电路中必存在反馈。

2) 判别反馈的极性

常用电压瞬时极性法判别反馈的极性。具体方法如下:

(1) 假定在放大电路的输入端加入某一瞬时极性信号。一般用"⊕"号表示加入一瞬时正极性信号。

(2) 按照信号单向传输的方向,同时根据各级放大电路输出电压与输入电压的相位关系,最终确定电路中输出信号和反馈信号的极性。

(3) 根据反送到输入端的反馈电压信号的瞬时极性,确定是增强还是削弱了原来输入信号的作用,如果是增强,则引入的为正反馈,反之,为负反馈。

在实际判别电路反馈的极性时,为了方便初学者学习,一般有如下结论:

在放大电路的输入端对输入信号电压 u_i 和反馈信号电压 u_f 进行比较。当输入信号和反馈信号交于同一端点时,如果引入的反馈信号 u_f 和输入信号 u_i 同极性,则为正反馈;若二者的极性相反,则为负反馈。

当输入信号和反馈信号交于不同端点时,若引入的反馈信号 u_f 和输入信号 u_i 同极性,则为负反馈；若二者的极性相反，则为正反馈。

图 9.2.2 所示为几种较为典型的负反馈电路的极性判别示意图。

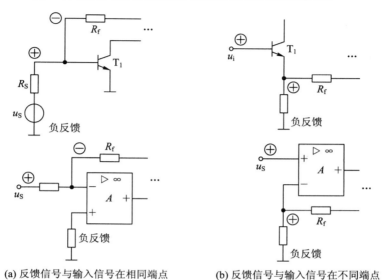

(a) 反馈信号与输入信号在相同端点　　　(b) 反馈信号与输入信号在不同端点

图 9.2.2　负反馈的极性判别

3）判别反馈的交、直流性质

交流反馈和直流反馈的判别可以通过画反馈放大电路的交、直流通路来完成。如果在直流通路中存在反馈回路，则为直流反馈；如果在交流通路中存在反馈回路，则为交流反馈；如果在交、直流通路中都存在反馈回路，则为交、直流反馈。当然，当我们掌握了相关判别方法之后，也可以从电路结构直接分析得出结论。

4）判别反馈的组态

（1）反馈在输出端的采样方式。

如图 9.2.3 所示，在判别电压反馈时，根据电压反馈的定义，反馈信号与输出电压成正比，可以假设将负载 R_L 两端短路（$u_o = 0$，但 $i_o \neq 0$），判别反馈量是否等于 0，如果等于 0，就是电压反馈。

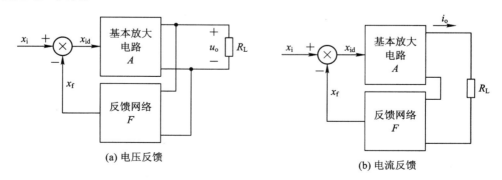

(a) 电压反馈　　　　　　　　　　(b) 电流反馈

图 9.2.3　电压和电流反馈

电压反馈的重要特点是能稳定输出电压。无论反馈信号是以何种方式回到输入端，实际上都是利用输出电压本身的变化，通过反馈网络来对放大电路起自动调整作用，这是电压反馈的实质。

在判别电流反馈时,根据电流反馈的定义,反馈信号与输出电流成正比,可以假设将负载 R_L 两端开路($i_o=0$,但 $u_o≠0$),判别反馈量是否等于 0,如果等于 0,就是电流反馈。

电流反馈的重要特点是能稳定输出电流。无论反馈信号是以何种方式回到输入端,实际都是利用输出电流本身的变化,通过反馈网络来对放大器起自动调整作用,这是电流反馈的实质。

由上述分析可知,判别电压反馈、电流反馈的简便方法是用负载短路法和负载开路法。由于输出信号只有电压和电流两种,输出端的采样信号不是取自输出电压便是输出电流,因此利用其中一种方法就能判别。常用的方法是负载短路法:假设将负载 R_L 短路,即 $u_o=0$,此时若反馈量等于 0,就是电压反馈,否则为电流反馈。

(2)反馈在输入端的连接方式。

判别串联反馈、并联反馈的简便方法是:如果输入信号 x_i 与反馈信号 x_f 分别在输入回路的不同端点,则为串联反馈;如果输入信号 x_i 与反馈信号 x_f 在输入回路的相同端点,则为并联反馈,如图 9.2.4 所示。

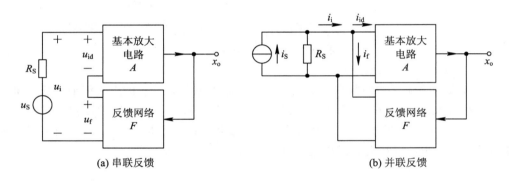

(a) 串联反馈　　　　　　　　(b) 并联反馈

图 9.2.4　串联和并联反馈

9.2.3　负反馈放大电路的四种组态

根据输出端的采样方式和输入端的连接方式,可以组成四种不同类型的负反馈放大电路:电压串联负反馈放大电路、电压并联负反馈放大电路、电流串联负反馈放大电路、电流并联负反馈放大电路。

1. 电压串联负反馈放大电路

在如图 9.2.5 所示的负反馈放大电路中,反馈极性的判别采用瞬时极性法,各相关点的电压极性如图所示。由图可知反馈信号 u_f 削弱了净输入信号,即为负反馈;采样点和输出电压在同一端点,将负载短路,即输出电压 $u_o=0$ 时,反馈信号不存在,为电压反馈;反馈信号与输入信号不在同一端点,为串联反馈。因此电路引入的反馈为电压串联负反馈。

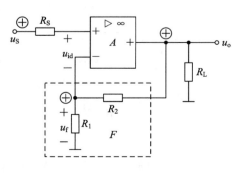

图 9.2.5　电压串联负反馈放大电路

电压串联负反馈放大电路的特点是输出电压稳定，输出电阻减小，输入电阻增大。

2. 电压并联负反馈放大电路

如图 9.2.6 所示为运放构成的负反馈放大电路，反馈极性的判别采用瞬时极性法，各相关点的电压、电流极性如图所示。由图可知反馈信号 i_f 削弱了净输入信号，即为负反馈；采样点和输出电压在同一端点，将负载短路，即输出电压 $u_o = 0$ 时，反馈信号不存在，为电压反馈；反馈信号与输入信号在同一端点，为并联反馈。因此电路引入的反馈为电压并联负反馈。

电压并联负反馈放大电路的特点是输出电压稳定，输出电阻减小，输入电阻减小。

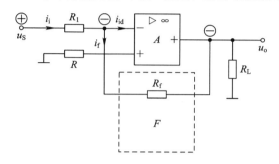

图 9.2.6　电压并联负反馈放大电路

3. 电流串联负反馈放大电路

如图 9.2.7 所示为运放构成的负反馈放大电路，反馈极性的判别采用瞬时极性法，各相关点的电压、电流极性如图所示。由图可知反馈信号 u_f 削弱了净输入信号，即为负反馈；采样点和输出电压不在同一端点，将负载短路，即输出电压 $u_o = 0$ 时，反馈信号依然存在，为电流反馈；反馈信号与输入信号不在同一端点，为串联反馈。因此电路引入的反馈为电流串联负反馈。

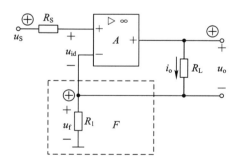

图 9.2.7　电流串联负反馈放大电路

电流串联负反馈放大电路的特点是输出电流稳定，输出电阻增大，输入电阻增大。

4. 电流并联负反馈放大电路

如图 9.2.8 所示为运放构成的负反馈放大电路，反馈极性的判别采用瞬时极性法，各相关点的电压、电流极性如图所示。由图可知反馈信号 i_f 削弱了净输入信号，即为负反馈；将负载短路，即输出电压 $u_o = 0$ 时，反馈信号依然存在，为电流反馈；反馈信号与输入信号在同一端点，为并联反馈。因此电路引入的反馈为电流并联负反馈。

电流并联负反馈放大电路的特点是输出电流稳定，输出电阻增大，输入电阻减小。

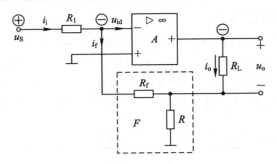

图 9.2.8　电流并联负反馈放大电路

【例 9.2.1】　判别图 9.2.9 中电路的反馈类型，即是正反馈还是负反馈，是电压反馈还是电流反馈，是串联反馈还是并联反馈。

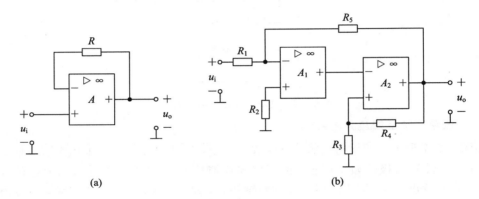

图 9.2.9　例 9.2.1 图

解　由图 9.2.9(a)可知电阻 R 为反馈回路，该电路存在反馈。

用瞬时极性法判别正负反馈：在输入端加瞬时正信号，由于输入端为运放同相输入端，因此输出端信号极性为正，经过反馈回路 R 后在反相输入端得到反馈信号的极性也为正，可知输入信号与反馈信号接在不同端子、极性相同，故该反馈为负反馈。

用负载短路法判别是电压反馈还是电流反馈：将输出负载 R_L 短路，该电路没有标出负载 R_L，即负载 R_L 为无穷大，故此时可直接将输出电压 u_o 短路接地，短路后会发现反馈信号不存在，即该电路为电压反馈。

根据电路结构判别是串联反馈还是并联反馈：由电路结构可知，反馈信号与输入信号接在运放的不同端子，故该电路为串联反馈。

同理，可得图 9.2.9(b)所示级间反馈的类型为电压并联正反馈。

9.3　基本运算电路

9.3.1　理想运算放大器

可以将理想运放理解为实际运放的理想化模型，就是将集成运放的各项技术指标理想化，得到一个理想的运算放大器。理想运算放大器的主要条件有：

（1）开环电压放大倍数 $A_{od} \to \infty$；

（2）输入电阻 $r_{id} \to \infty$；

（3）输出电阻 $r_{od} \to 0$。

集成运算放大器外接深度负反馈电路后，便可构成信号的比例、加减、微分、积分等基本运算电路。它是运算放大器线性应用的一部分，而放大器线性应用的必要条件是引入深度负反馈。

当集成运放工作在线性区时，输出电压在有限值之间变化，而集成运放的 $A_{od} \to \infty$，则 $u_{id} = u_{od}/A_{od} \approx 0$，由 $u_{id} = u_+ - u_-$ 得 $u_+ \approx u_-$。这说明同相端和反相端电压几乎相等，所以称为虚假短路，简称"虚短"。

由集成运放的输入电阻 $r_{id} \to \infty$ 得 $i_+ = i_- \approx 0$。这说明流入集成运放的同相端和反相端电流几乎为 0，所以称为虚假断路，简称"虚断"。

"虚短"和"虚断"的概念是分析理想运算放大器在线性区工作的基本依据。运用这两个概念会使电路的分析计算大为简化。

9.3.2　比例运算电路

1. 反相比例运算电路

如图 9.3.1 所示为反相比例运算电路。图中，输入信号 u_i 经外接电阻 R_1 接到运放的反相输入端，反馈电阻 R_f 接在输出端与反相输入端之间，引入电压并联负反馈。同相输入端经平衡电阻 R' 接地，R' 的作用是保证运放输入级电路的对称性，从而消除偏置电流及其温漂的影响。为此，静态时运放同相端与反相端的对地等效电阻应该相等，即 $R' = R_1 // R_f$。由于 R' 中电流 $i_d = 0$，故 $u_- = u_+ = 0$。反相输入端虽然未直接接地，但其电位却为 0，这种情况称为"虚地"。"虚地"是反相输入电路的共同特征。

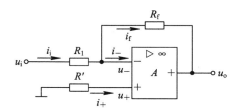

图 9.3.1　反相比例运算电路

根据"虚断"的概念，有 $i_i \approx i_f$，又因为

$$i_1 = \frac{u_i}{R_1}, \quad i_f = \frac{0 - u_o}{R_f} = -\frac{u_o}{R_f}$$

所以 $\dfrac{u_i}{R_1} = -\dfrac{u_o}{R_f}$，即

$$A_{uf} = \frac{u_o}{u_i} = -\frac{R_f}{R_1} \tag{9.3.1}$$

或

$$u_o = -\frac{R_f}{R_1} u_i \tag{9.3.2}$$

可见，输出电压与输入电压成正比，比值与运放本身的参数无关，只取决于外接电阻 R_1 和 R_f 的大小。且输出电压与输入电压相位相反。

当 $R_1 = R_f = R$ 时，$u_o = -\dfrac{R_f}{R_1} u_i = -u_i$，输入电压与输出电压大小相等、相位相反，此电路称为反相器。

2. 同相比例运算电路

在图 9.3.2 中，输入信号 u_i 经过外接电阻 R' 接到集成运放的同相端，反相输入端经电阻 R_1 接地，反馈电阻 R_f 接在输出端与反相输入端之间，引入电压串联负反馈。

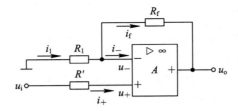

图 9.3.2　同相比例运算电路

由图 9.3.2 可得

$$u_+ = u_i, \qquad u_i \approx u_- = u_o \frac{R_1}{R_1 + R_f}$$

所以

$$A_{uf} = \frac{u_o}{u_i} = 1 + \frac{R_f}{R_1} \tag{9.3.3}$$

或

$$u_o = \left(1 + \frac{R_f}{R_1}\right) u_i \tag{9.3.4}$$

可见，u_o 与 u_i 成正比且同相位。

当 $R_f = 0$ 或 $R_f = 0$ 且 $R_1 \to \infty$ 时，则有

$$u_o = \left(1 + \frac{R_f}{R_1}\right) u_i = u_i \tag{9.3.5}$$

即输出电压与输入电压大小相等、相位相同，如图 9.3.3 所示，该电路称为电压跟随器。

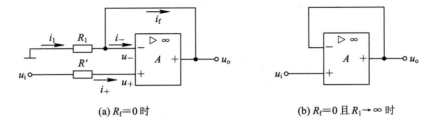

(a) $R_f = 0$ 时　　　　　　　　　　(b) $R_f = 0$ 且 $R_1 \to \infty$ 时

图 9.3.3　电压跟随器电路

9.3.3　反相加法运算电路

图 9.3.4 中有两个输入信号 u_{i1}、u_{i2}（实际应用中可以根据需要增减输入信号的数量），

分别经电阻 R_1、R_2 加在反相输入端；反馈电阻 R_f 引入电压并联负反馈；R' 为平衡电阻，由电路结构可知 $R' = R_f /\!/ R_1 /\!/ R_2$。

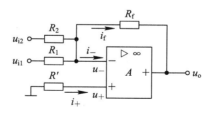

图 9.3.4　反相加法运算电路

根据"虚断"的概念可得 $i_i \approx i_f$，其中 $i_i = i_1 + i_2$，根据"虚地"的概念可得 $i_1 = \dfrac{u_{i1}}{R_1}$，$i_2 = \dfrac{u_{i2}}{R_2}$，则有

$$u_o = -R_f i_f = -R_f \left(\frac{u_{i1}}{R_1} + \frac{u_{i2}}{R_2} \right) \tag{9.3.6}$$

因此实现了各信号按比例进行加法运算。若取 $R_1 = R_2 = R_f$，则有

$$u_o = -(u_{i1} + u_{i2}) \tag{9.3.7}$$

即实现了真正意义上的加法运算，但输入信号与输出信号反相。如果要实现同相加法，可以再在该电路后级联一级反相比例运算电路，或者采用专门的同相加法电路。

推导式(9.3.6)时我们主要利用的是集成运放满足的"虚短"和"虚断"的条件，但通过仔细观察反相加法运算电路结构和最后得到的结论式，我们也可以看出利用在直流电路分析中学过的叠加定理同样可以简单地推出上述结论，即可以将图 9.3.4 所示反相加法运算电路看成两个反相比例运算电路的叠加。

9.3.4　减法运算电路

能实现减法运算的电路如图 9.3.5 所示。

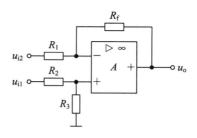

图 9.3.5　减法运算电路

与反相加法运算电路相似，可以将图 9.3.5 所示减法运算电路看成一个反相比例运算电路和一个同相比例运算电路的叠加。灵活运用叠加定理可以简化多输入信号的运算电路的求解过程。推导过程如下：

根据叠加定理，首先令 $u_{i1} = 0$，u_{i2} 单独作用，电路成为反相比例运算电路，其输出电压为

$$u_{o2} = -\frac{R_f}{R_1} u_{i2} \tag{9.3.8}$$

再令 $u_{i2}=0$，u_{i1} 单独作用，电路成为同相比例运算电路，同相端电压为

$$u_+ = \frac{R_3}{R_2+R_3}u_{i1}$$

其输出电压为

$$u_{o1} = \left(1+\frac{R_f}{R_1}\right)\left(\frac{R_3}{R_2+R_3}\right)u_{i1} \qquad (9.3.9)$$

因此

$$u_o = u_{o1}+u_{o2} = \left(1+\frac{R_f}{R_1}\right)\left(\frac{R_3}{R_2+R_3}\right)u_{i1}-\frac{R_f}{R_1}u_{i2} \qquad (9.3.10)$$

当 $R_1=R_2=R_3=R_f=R$ 时，$u_o=u_{i1}-u_{i2}$。

【例 9.3.1】 电路如图 9.3.6 所示。

(1) 两个运算放大器分别构成什么电路？

(2) 求电路的输出电压 u_o。

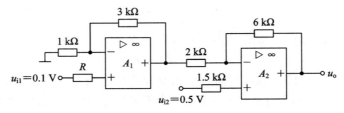

图 9.3.6　例 9.3.1 图

解 (1) 第一级为同相比例运算电路，第二级为减法运算电路。

(2) 第一级运放的输出为

$$u_{o1} = \left(1+\frac{R_f}{R_1}\right)u_i = \left(1+\frac{3\text{ k}\Omega}{1\text{ k}\Omega}\right)\times 0.1 \text{ V} = 0.4 \text{ V}$$

第二级运放的输出为

$$u_o = -\frac{6}{2}u_{o1}+\left(1+\frac{6}{2}\right)u_{i2} = (-3\times 0.4+4\times 0.5) \text{ V} = 0.8 \text{ V}$$

9.3.5　积分和微分运算电路

1. 积分运算电路

通过积分运算电路可以完成对输入信号的积分运算，即输出电压与输入电压的积分成正比。这里介绍的是常用基本的反相积分运算电路，如图 9.3.7 所示。电容 C 作为反馈元

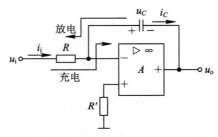

图 9.3.7　反相积分运算电路

件引入电压并联负反馈，使运放工作在线性区。

根据"虚地"的概念，有 $u_- \approx 0$，再根据"虚断"的概念，有 $i_- \approx 0$，则 $i_i = i_C$，即电容 C 以 $i_C = u_i/R$ 进行充电。设电容 C 的初始电压为 0，则有

$$u_o = -u_C = -\frac{1}{C}\int i_C \mathrm{d}t = -\frac{1}{C}\int i_i \mathrm{d}t$$

即

$$u_o = -\frac{1}{RC}\int u_i \mathrm{d}t \tag{9.3.11}$$

式(9.3.11)表明，输出电压为输入电压对时间的积分，且相位相反。

积分电路的输入与输出波形图如图 9.3.8 所示，矩形波可转换成三角波输出。

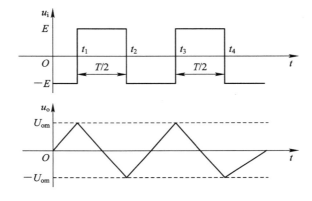

图 9.3.8　积分电路的输入与输出波形图

2. 微分运算电路

将积分运算电路中的 R 和 C 互换，就可得到微分运算电路，如图 9.3.9 所示。微分是积分的逆运算，微分运算电路中，输出电压与输入电压的微分成正比。图 9.3.9 中电阻 R 引入电压并联负反馈，使运放工作在线性区。

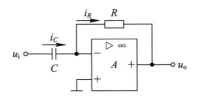

图 9.3.9　微分运算电路

根据理想运放特性可知

$$u_C = u_i, \quad i_C = C\frac{\mathrm{d}u_C}{\mathrm{d}t} = C\frac{\mathrm{d}u_i}{\mathrm{d}t}, \quad i_C = i_R = -\frac{u_o}{R}$$

故得输出电压 u_o 与输入电压 u_i 的关系为

$$u_o = -RC\frac{\mathrm{d}u_i}{\mathrm{d}t} \tag{9.3.12}$$

式(9.3.12)表明，输出电压为输入电压对时间的微分，且相位相反。

微分电路的输入与输出波形图如图 9.3.10 所示，矩形波可转换成尖脉冲输出。

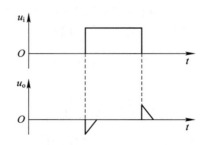

图 9.3.10　微分电路的输入与输出波形图

9.4　*RC* 正弦波振荡电路

信号产生电路通常也称为振荡电路，用于产生一定频率和幅度的信号。按输出信号波形的不同，振荡电路可分为两大类，即正弦波振荡电路和非正弦波振荡电路。正弦波振荡电路根据选频网络组成元件的不同分为 *RC* 振荡电路、*LC* 振荡电路和石英晶体振荡电路。本节将重点介绍自激振荡的形成条件、起振和稳幅过程、振荡电路的组成，*RC* 正弦波振荡电路的工作原理和相关计算等。

9.4.1　自激振荡

1. 自激振荡的形成条件

扩音系统在使用中有时会发出刺耳的啸叫声，其自激振荡形成示意图如图 9.4.1 所示。扬声器发出的声音传入话筒，话筒将声音转换为电信号传送给扩音机进行放大，然后扬声器将放大了的电信号转换为声音，声音又返送回话筒，形成正反馈，如此反复循环，就产生了自激振荡啸叫。显然，自激振荡是扩音系统应该避免的，而信号发生器正是利用自激振荡的原理来产生正弦波的。

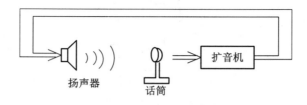

扬声器　　　话筒

图 9.4.1　扩音系统自激振荡形成示意图

由此可见，自激振荡电路是一个没有输入信号的正反馈放大电路。

正反馈放大电路的方框图如图 9.4.2(a) 所示，净输入信号为 $\dot{X}_{id} = \dot{X}_i + \dot{X}_f$；自激振荡时，有 $\dot{X}_i = 0$，反馈量 $\dot{X}_f$ 等于净输入量 $\dot{X}_{id}$，如图 9.4.2(b) 所示。所以自激振荡形成的基本条件是反馈信号与输入信号大小相等、相位相同，即 $\dot{U}_f = \dot{U}_i$，而 $\dot{U}_f = \dot{A}\dot{F}\dot{U}_i$，可得

$$\dot{A}\dot{F} = 1 \tag{9.4.1}$$

这包含两层含义：

（1）反馈信号与输入信号大小相等，表示 $|\dot{U}_{\mathrm{f}}| = |\dot{U}_{\mathrm{i}}|$，即

$$|\dot{A}\dot{F}| = 1 \qquad (9.4.2)$$

式（9.4.2）称为幅值平衡条件。

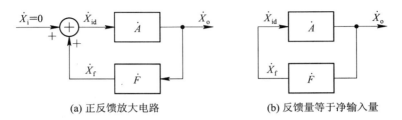

(a) 正反馈放大电路　　　　　　　(b) 反馈量等于净输入量

图 9.4.2　自激振荡电路的方框图

（2）反馈信号与输入信号相位相同，表示输入信号经过放大电路产生的相移 φ_{A} 和反馈网络的相移 φ_{F} 之和为 $0, 2\pi, 4\pi, \cdots, 2n\pi$，即

$$\varphi_{A} + \varphi_{F} = 2n\pi \qquad (n = 0, 1, 2, 3, \cdots) \qquad (9.4.3)$$

式（9.4.3）称为相位平衡条件。

2. 起振和稳幅过程

放大电路在接通电源的瞬间，随着电源电压由 0 开始然后突然增大，电路受到扰动，在放大电路的输入端产生一个微弱的扰动电压 u_{i}，这个扰动电压包括从低频到甚高频的各种频率的谐波成分。u_{i} 经放大器放大、正反馈，再放大、再反馈……，如此反复循环，使输出信号的幅度很快增大。为了能得到我们所需频率的正弦波信号，必须增加选频网络（只有在选频网络中心频率上的信号才能通过，其他频率的信号被抑制）。这样，在输出端就会得到如图 9.4.3 中 ab 段所示的起振波形。

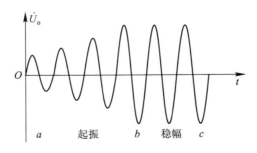

图 9.4.3　自激振荡的输出波形图

那么，振荡电路在起振以后，振荡幅度会不会无休止地增长下去呢？这就需要增加稳幅环节，当振荡电路的输出达到一定幅度后，稳幅环节就会使输出减小，维持一个相对稳定的稳幅振荡，如图 9.4.3 中 bc 段所示。也就是说，在振荡建立的初期，必须使反馈信号幅值大于原输入信号，反馈信号幅值一次比一次大，才能使振荡幅度逐渐增大；当振荡建立后，还必须使反馈信号等于原输入信号，才能使建立的振荡得以维持下去。

由上述分析可知，起振时的幅值平衡条件为

$$|\dot{A}\dot{F}| > 1 \qquad (9.4.4)$$

稳幅后的幅值平衡条件为

$$|\dot{A}\dot{F}| = 1$$

3. 振荡电路的组成

要形成振荡，电路中必须包含以下组成部分：

（1）放大电路：保证电路能够在从起振到动态平衡的过程中有一定幅值的输出量。

（2）正反馈网络：和放大电路共同保证满足振荡的幅值与相位条件。

（3）选频网络：实现单一频率振荡。选频网络往往由 R、C 或 L、C 等电抗性元件组成。

（4）稳幅环节：可使输出信号幅值稳定，一般采用非线性环节限幅。

其中，选频网络可以是独立的，也可以包含在放大电路或正反馈网络中。

根据组成选频网络元件的不同，正弦波振荡电路通常分为 RC 振荡电路（产生数百千赫兹以下的低频信号）、LC 振荡电路（产生数百千赫兹以上的高频信号）和石英晶体振荡电路。

9.4.2 RC 正弦波振荡电路的工作原理

RC 正弦波振荡电路结构简单，性能可靠，用来产生数百千赫兹以下的低频信号。常用的 RC 振荡电路有 RC 桥式振荡电路和移相式振荡电路。这里我们只介绍由 RC 串并联网络构成的桥式振荡电路。

1. RC 串并联网络的选频特性

RC 串并联网络由 R_2 和 C_2 并联后与 R_1 和 C_1 串联组成，如图 9.4.4 所示。

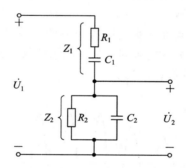

图 9.4.4　RC 串并联网络

设 R_1、C_1 的串联阻抗用 Z_1 表示，R_2 和 C_2 的并联阻抗用 Z_2 表示，则有

$$Z_1 = R_1 + \frac{1}{j\omega C_1}, \quad Z_2 = \frac{R_2}{1 + j\omega C_2 R_2}$$

输入电压 $\dot{U}_1$ 加在 Z_1 与 Z_2 串联网络的两端，输出电压 $\dot{U}_2$ 从 Z_2 两端输出。将输出电压 $\dot{U}_2$ 与输入电压 $\dot{U}_1$ 之比作为 RC 串并联网络的传输系数，记为 $\dot{F}$，那么

$$\dot{F} = \frac{\dot{U}_2}{\dot{U}_1} = \frac{Z_2}{Z_1 + Z_2} \tag{9.4.5}$$

在实际电路中，取 $C_1 = C_2 = C$，$R_1 = R_2 = R$，由数学推导得

$$\dot{F} = \frac{1}{3 + j\left(\omega RC - \frac{1}{\omega RC}\right)} = \frac{1}{3 + j\left(\frac{\omega}{\omega_0} - \frac{\omega_0}{\omega}\right)} \tag{9.4.6}$$

其中 $\omega_0 = \frac{1}{RC}$ 为产生的正弦波的角频率。

设输入电压 $\dot{U}_1$ 为振幅恒定、频率可调的正弦信号。式(9.4.6)的幅频特性曲线如图 9.4.5(a)所示，可以看出：在输入信号角频率 ω 增大的过程中，F 值先从 0 逐渐增大，然后又逐渐减小到 0。图 9.4.5(b)为式(9.4.6)的相频特性曲线，由图可看出其相角 φ_f 也从 $+90°$ 逐渐减小经过 $0°$ 直至 $-90°$。

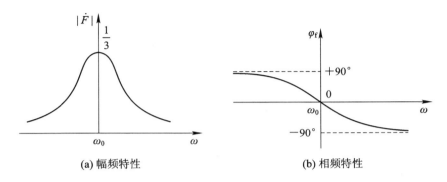

| (a) 幅频特性 | (b) 相频特性 |

图 9.4.5　RC 串并联网络的选频特性

可见，RC 串并联网络只在

$$\omega = \omega_0 = \frac{1}{RC} \tag{9.4.7}$$

即

$$f = f_0 = \frac{\omega_0}{2\pi} = \frac{1}{2\pi RC} \tag{9.4.8}$$

时，输出幅度最大，而且输出电压与输入电压同相，即相位移为 $0°$，所以 RC 串并联网络具有选频特性。

2. RC 桥式振荡电路

1）电路结构

将 RC 串并联选频网络和放大器结合起来即可构成 RC 振荡电路，放大器件可采用集成运算放大器，也可采用分立元件构成。图 9.4.6 所示为由集成运算放大器构成的 RC 桥式振荡电路，图中 RC 串并联选频网络接在运算放大器的输出端和同相输入端之间，构成正反馈电路；R_f 接在运算放大器的输出端和反相输入端之间，和 R_1 共同构成负反馈电路。正反馈电路与负反馈电路构成一个文氏电桥，运算放大器的输入端和输出端分别跨接在电桥的对角线上，形成四臂电桥。所以，这种振荡电路称为 RC 桥式振荡电路。

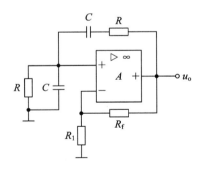

图 9.4.6　RC 桥式振荡电路

2）工作原理

在图 9.4.6 中，集成运放组成一个同相放大器，它的输出电压 u_o 作为 RC 串并联网络的输入电压，RC 串并联网络的输出电压作为放大器的输入电压。当 $f = f_0$ 时，RC 串并联网络的相位移为 0，放大器是同相放大器，电路的总相位移是 0，满足相位平衡条件。而对于其他频率的信号，RC 串并联网络的相位移不为 0，不满足相位平衡条件。由于 RC 串并联网络在 $f=f_0$ 时的传输系数 $F=1/3$，因此要求放大器的总电压增益 $A_u>3$，这对于集成运放组成的同相放大器来说是很容易满足的。

综上可知，同相输入比例运算放大电路的电压增益为

$$A_u = \frac{u_o}{u_i} = 1 + \frac{R_f}{R_1} \tag{9.4.9}$$

只要选择合适的 R_f 和 R_1 的比值，就能实现 $A_u>3$ 的要求。

由集成运算放大器构成的 RC 桥式振荡电路具有性能稳定、电路简单等优点。其振荡频率由 RC 串并联正反馈选频网络的参数决定，即

$$f_0 = \frac{1}{2\pi RC} \tag{9.4.10}$$

【例 9.4.1】　在图 9.4.6 所示的 RC 桥式振荡电路中，$R=1\ \text{k}\Omega$，$C=0.1\ \mu\text{F}$，$R_1=10\ \text{k}\Omega$。R_f 为多大时能起振？振荡频率 f_0 是多少？

解　根据起振条件可知 $R_f>2R_1$，即

$$R_f > 2R_1 = 2 \times 10\ \text{k}\Omega = 20\ \text{k}\Omega$$

振荡频率为

$$f_0 = \frac{1}{2\pi RC} = \frac{1}{2\pi \times 1 \times 10^3 \times 0.1 \times 10^{-6}}\ \text{Hz} = 1591.55\ \text{Hz}$$

9.5　电压比较器

电压比较器是一种常见的模拟信号处理电路，它将一个模拟输入电压与一个参考电压进行比较，并由输出端的高电平或低电平来表示比较结果。这个高、低电平即为数字量，所以电压比较器可作为模拟电路和数字电路的"接口"，实现模/数转换。

电压比较器是运算放大器工作在非线性区的典型应用。根据传输特性的不同，电压比较器可分为单门限电压比较器、滞回电压比较器等。

9.5.1　单门限电压比较器

单门限电压比较器是指只有一个门限电压的比较器。其基本电路如图 9.5.1(a)所示。U_R 是参考电压，加在运放的反相输入端，输入信号 u_i 加在同相输入端。运放工作在开环状态时，由于开环电压放大倍数很高，即使输入端只有一个很小的差值信号，也会使输出电压饱和。因此，构成电压比较器的运放工作在饱和区，即非线性区。当 $u_i<U_R$ 时，$u_o=U_{oL}$（负饱和电压）；当 $u_i>U_R$ 时，$u_o=U_{oH}$（正饱和电压）。图 9.5.1(b)是单门限电压比较器的传输特性。

电压比较器的输出电压发生跳变时对应的输入电压通常称为阈值电压或门限电压，用 U_{TH} 表示。可见，图 9.5.1(a)所示电路是一种单门限电压比较器，其阈值 $U_{TH}=U_R$。

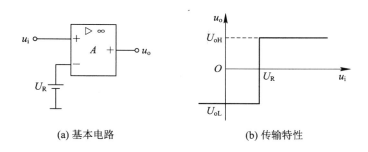

(a) 基本电路 (b) 传输特性

图 9.5.1 单门限电压比较器电路及其传输特性

9.5.2 滞回电压比较器

单门限电压比较器电路简单,灵敏度高,但抗干扰能力差。如果输入电压受到干扰或噪声的影响,门限电平上下波动,则输出电压将在高、低两个电平之间反复跳变,输入与输出波形如图9.5.2所示。若用此输出电压控制电机等设备,将出现误操作。为解决这一问题,常采用滞回电压比较器。

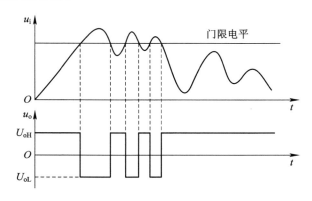

图 9.5.2 存在干扰时单门限电压比较器的输入与输出波形

滞回电压比较器通过引入上、下两个门限电压来获得正确、稳定的输出电压。其在电路构成上以单门限电压比较器为基础,增加了正反馈电阻 R_2 和 R_f(如图 9.5.3(a)所示),使它的电压传输特性呈现滞回性(如图 9.5.3(b)所示)。图中电路的两个稳压管将比较器的输出电压稳定在 $+U_Z$ 和 $-U_Z$ 上。

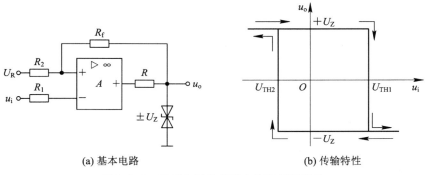

(a) 基本电路 (b) 传输特性

图 9.5.3 滞回电压比较器电路及传输特性

当输出电压为 $+U_\mathrm{z}$ 时，对应运放的同相端电压称为上门限电压，用 U_TH1 表示，则有

$$U_\mathrm{TH1} = u_+ = U_\mathrm{R} \frac{R_\mathrm{f}}{R_\mathrm{f} + R_2} + U_\mathrm{z} \frac{R_2}{R_\mathrm{f} + R_2} \tag{9.5.1}$$

当输出电压为 $-U_\mathrm{z}$ 时，对应运放的同相端电压称为下门限电压，用 U_TH2 表示，则有

$$U_\mathrm{TH2} = u_+ = U_\mathrm{R} \frac{R_\mathrm{f}}{R_\mathrm{f} + R_2} - U_\mathrm{z} \frac{R_2}{R_\mathrm{f} + R_2} \tag{9.5.2}$$

通过式(9.5.1)和式(9.5.2)可以看出，上门限电压 U_TH1 的值比下门限电压 U_TH2 的值大。

滞回电压比较器的传输特性如图9.5.4(b)所示。当输入信号 u_i 从0开始增大时，电路输出为 $+U_\mathrm{z}$，此时运放同相端对地电压为 U_TH1。当 u_i 增至刚超过 U_TH1 时，电路翻转，输出跳变为 $-U_\mathrm{z}$，此时运放同相端对地电压变为 U_TH2。当 u_i 继续增加时，输出保持 $-U_\mathrm{z}$ 不变。

若 u_i 从最大值开始减小，则当 u_i 减小到上门限电压 U_TH1 时，输出并不翻转，只有减小到略小于下门限电压 U_TH2 时，电路才发生翻转，输出变为 $+U_\mathrm{z}$。

由以上分析可以看出，该比较器具有滞回特性。

滞回电压比较器用于控制系统时，其主要优点是抗干扰能力强。当输入信号受干扰或噪声的影响而上下波动时，只要根据干扰或噪声电平适当调整滞回电压比较器两个门限电压 U_TH1 和 U_TH2 的值，就可以避免比较器的输出电压在高、低电平之间反复跳变。

本 章 小 结

本章重点介绍了集成运放的基础知识、负反馈放大电路、基本运算电路，正弦波振荡电路和电压比较器。

1. 集成运放的基础知识

1）集成运放的结构组成和图形符号

集成运放内部通常包含四个基本组成部分：输入级（差动放大电路）、中间级（复合晶体管共射极放大电路）、输出级（互补推挽电路）以及偏置电路（恒流源电路）。

2）集成运放的电压传输特性

集成运放的电压传输特性包括线性区和饱和区两部分。集成运放工作于线性区时主要用于信号运算和处理电路，工作于饱和区时主要用于电压比较器和模/数转换器。

2. 负反馈放大电路

1）反馈的概念

将放大电路输出量的一部分或全部通过某些元件或网络反向送回输入端，从而影响原输入量的过程称为反馈。

2）反馈类型的判别方法

正反馈和负反馈：瞬时极性法。

直流反馈和交流反馈：根据具体电路结构判别。

串联反馈和并联反馈：根据输入信号与反馈信号是否接在输入回路的相同端点判别。

电压反馈和电流反馈：负载短路法和负载开路法。

3）负反馈放大电路的四种组态

负反馈放大电路的四种组态：电压串联负反馈放大电路、电压并联负反馈放大电路、电流串联负反馈放大电路、电流并联负反馈放大电路。

4）负反馈对放大电路性能的影响

对于负反馈放大电路，负反馈的引入会造成增益下降，但放大电路的其他性能会得到改善，如提高放大倍数的稳定性、减少非线性失真、抑制噪声干扰、扩展通频带等。

3. 基本运算电路

1）理想运放的特点以及"虚短"和"虚断"的概念

当集成运放工作在线性区时，同相端和反相端电压几乎相等，称为"虚短"，即 $u_+ \approx u_-$。而无论集成运放工作在线性区还是非线性区，流入集成运放同相端和反相端的电流几乎为零，这称为"虚断"，即 $i_+ = i_- \approx 0$。

2）比例运算电路

反相比例运算：$u_\text{o} = -\dfrac{R_\text{f}}{R_1} u_\text{i}$；

同相比例运算：$u_\text{o} = \left(1 + \dfrac{R_\text{f}}{R_1}\right) u_\text{i}$；

电压跟随器：$u_\text{o} = u_\text{i}$。

3）反相加法运算和减法运算电路

反相加法运算：$u_\text{o} = -R_\text{f}\left(\dfrac{u_{\text{i}1}}{R_1} + \dfrac{u_{\text{i}2}}{R_2}\right)$；

减法运算：$u_\text{o} = \left(1 + \dfrac{R_\text{f}}{R_1}\right)\left(\dfrac{R_3}{R_2 + R_3}\right) u_{\text{i}1} - \dfrac{R_\text{f}}{R_1} u_{\text{i}2}$。

4. 正弦波振荡电路

1）自激振荡维持和起振的条件

自激振荡幅值平衡条件：
$$|\dot{A}\dot{F}| = 1, \quad \varphi_A + \varphi_F = 2n\pi \quad (n = 0, 1, 2, \cdots)$$
自激振荡起振时应满足的幅值平衡条件：$|\dot{A}\dot{F}| > 1$。

2）RC 正弦波振荡电路的相关计算

开环电压增益：
$$A_u = \frac{u_\text{o}}{u_\text{i}} = 1 + \frac{R_\text{f}}{R_1}$$

振荡频率：
$$f_0 = \frac{1}{2\pi RC}$$

5. 电压比较器

电压比较器将一个模拟输入电压与一个参考电压进行比较，并用输出端的高电平或低电平来表示比较结果。根据传输特性的不同，电压比较器可分为单门限电压比较器、滞回电压比较器等。单门限电压比较器是指只有一个门限电压的比较器，而滞回电压比较器有上、下两个门限电压。

习　题

9.1　集成运放的内部结构主要由哪几部分组成？各部分的功能是什么？

9.2　集成运放的电压传输特性分为哪两个区间？当集成运放用于运算电路时，其工作在什么区？当集成运放用于电压比较器时，其工作在什么区？

9.3　理想集成运放的参数性能有什么特点？

9.4　选择合适的答案填入括号内：

(1)集成运放电路采用直接耦合方式是因为(　　)。

A.可获得很大的放大倍数

B.可使温漂小

C.集成工艺难以制造大容量电容

(2)在模拟集成运放中，电流源的主要作用是(　　)和(　　)。

A.有源负载　　　　　　　　B.偏置电路

C.信号源　　　　　　　　　D.补偿电路

(3)集成运放制造工艺使得同类半导体管的(　　)。

A.指标参数准确　　　B.参数不受温度影响　　　C.参数一致性好

(4)集成运放的输入级采用差分放大电路是因为可以(　　)。

A.减小温漂　　　　　B.增大放大倍数　　　　　C.增大输入电阻

(5)为增大电压放大倍数，集成运放的中间级多采用(　　)。

A.共射极放大电路　　　B.共集电极放大电路

C.共基极放大电路

9.5　判断下列说法是否正确(在括号中打×或√)。

(1)若接入负反馈，则反馈放大电路的 A 一定是负值；接入正反馈后，A 一定是正值。

(　　)

(2)在负反馈放大电路中，放大器的放大倍数越大，闭环放大倍数就越稳定。(　　)

(3)在深度负反馈的条件下，闭环放大倍数 $A_{uf} \approx 1/F$，它与反馈网络有关，而与放大器开环放大倍数 A 无关，故可省去放大通路，仅留下反馈网络，以获得稳定的放大倍数。

(　　)

(4)反馈信号使得净输入信号减小的反馈是负反馈，反馈信号使得输出信号减小的反馈也是负反馈。(　　)

9.6　填空：

(1)负反馈虽然使放大电路的增益_____，但可_____增益的稳定性。

(2)_____称为负反馈深度，其中 F 称为_____。

(3)为了增大放大电路的输入电阻，采用_____负反馈；为了稳定输出电流，采用_____负反馈。

(4)为了稳定放大电路的静态工作点，采用_____负反馈；为了减小输出电阻，采用_____负反馈。

9.7 判断题 9.7 图中各电路的反馈极性及交、直流反馈。

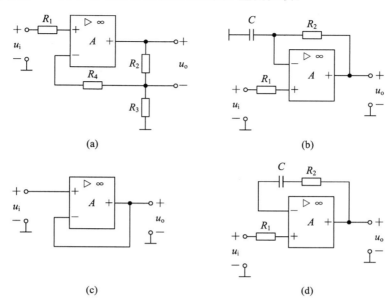

题 9.7 图

9.8 判断题 9.8 图中各电路级间的反馈类型。

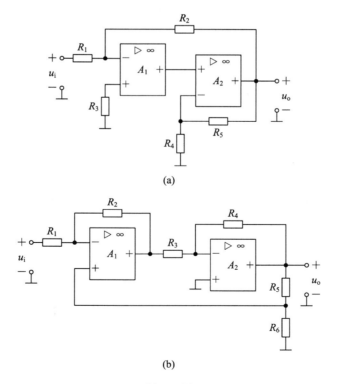

题 9.8 图

9.9 试分别判断题 9.9 图中各电路的反馈类型。

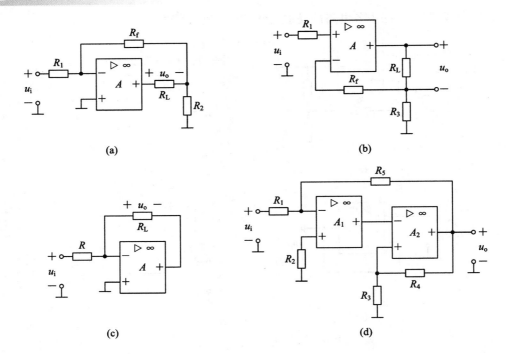

(a)　　　　　　　　　　(b)

(c)　　　　　　　　　　(d)

题 9.9 图

9.10　有一负反馈放大器，其开环增益 $A=100$，反馈系数 $F=1/10$。试问它的反馈深度和闭环增益各为多少？

9.11　由理想运放构成的电路如题 9.11 图所示，试计算输出电压 u_{o} 的值。

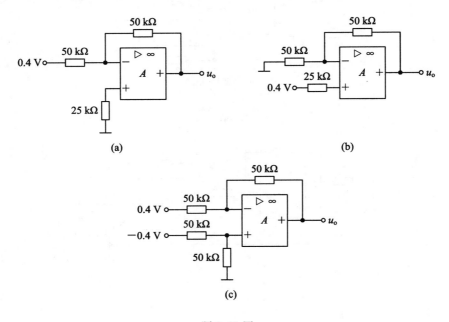

(a)　　　　　　　　　　(b)

(c)

题 9.11 图

9.12　电路如题 9.12 图所示，已知 $R_{\text{f}}=5R_1$，$u_{\text{i}}=10\ \text{mV}$，求 u_{o} 的值。

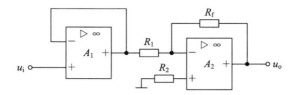

题 9.12 图

9.13 电路如题 9.13 图所示，已知 $u_i=10\text{ mV}$，求 u_o 的值。

9.14 电路如题 9.14 图所示，试写出 u_o 和 u_{i1}、u_{i2} 的关系，并求出当 $u_{i1}=+1.5\text{ V}$、$u_{i2}=-0.5\text{ V}$ 时 u_o 的值。

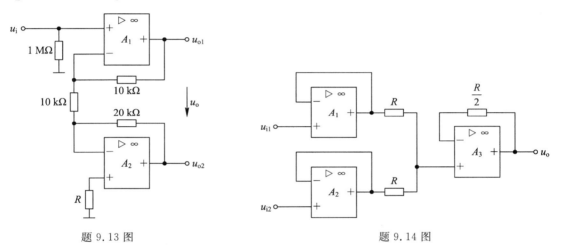

题 9.13 图   题 9.14 图

9.15 运放电路如题 9.15 图所示，试分别求出输出电压 u_o 的值。

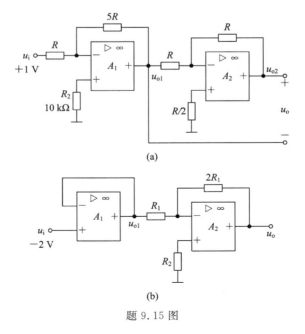

(a)

(b)

题 9.15 图

9.16   电路如题 9.16 图所示，已知 $u_{i1}=0.5$ V，$u_{i2}=-2$ V，$u_{i3}=1$ V，$R_1=20$ kΩ，$R_2=50$ kΩ，$R_4=30$ kΩ，$R_5=R_6=39$ kΩ，$R_{f1}=100$ kΩ，$R_{f2}=60$ kΩ。

（1）两个运算放大器分别构成什么电路？

（2）求出电路的输出电压 u_o。

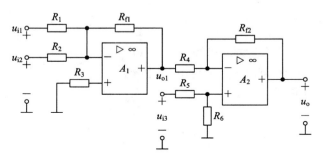

题 9.16 图

9.17   电路如题 9.17 图所示，试分别求出输出电压 u_o 的值。

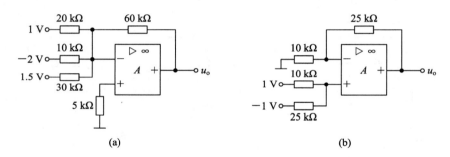

(a)   (b)

题 9.17 图

9.18   电路如题 9.18 图所示，试分别画出各电压比较器的传输特性曲线。

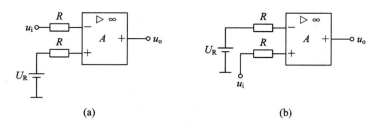

(a)   (b)

题 9.18 图

习题答案

第三部分 数字电子技术基础

第 10 章　逻辑代数与逻辑函数

　　随着计算机科学与技术的飞速发展，用数字电路进行信号处理的优势也更加突出。为了充分发挥和利用数字电路在信号处理上的强大功能，我们可以先将模拟信号按比例转换成数字信号，然后送到数字电路进行处理，最后再将处理结果根据需要转换为相应的模拟信号输出。自 20 世纪 70 年代开始，这种用数字电路处理模拟信号的所谓"数字化"浪潮已经席卷了电子技术几乎所有的应用领域。

　　数字电路具有以下特点：

　　（1）电路结构简单，稳定可靠。数字电路只要能区分高电平和低电平即可，对元件的精度要求不高，因此有利于实现数字电路集成化。

　　（2）数字信号在传递时采用高、低电平两个值，因此数字电路抗干扰能力强，不易受外界干扰。

　　（3）数字电路不仅能完成数值运算，还可以进行逻辑运算和判断，因此数字电路又称为数字逻辑电路与逻辑设计。

　　（4）数字电路中元器件处于开关状态，功耗较小。

　　数字电路由于具有上述的特点，因此发展十分迅速，在计算机、数字通信、自动控制、数字仪器及家用电器等技术领域中得到广泛的应用。

10.1　逻辑代数基础

　　所谓逻辑，是指事物间的因果关系，也可以说是"条件"与"结果"的关系。在数字电路中，利用输入信号反映"条件"，用输出信号反映"结果"，从而输入和输出之间就存在一定的因果关系，我们称之为逻辑关系。当两个二进制数码表示不同的逻辑状态时，它们之间可以按照指定的某种因果关系进行推理运算，我们将这种运算称为逻辑运算。

　　数字电路是一种开关电路。开关的两种状态——"开通"与"关断"，可用二元常量 0 和 1 表示。而数字电路的输入/输出量，一般用高、低电平来体现，高、低电平又可用二元常量来表示。如用 1 表示高电平，用 0 表示低电平，那么这种表示方式称为正逻辑，反之，若用 1 表示低电平，用 0 表示高电平，则称为负逻辑。

如果一个事物的发生与否具有完全对立的两种状态，则可将其定义为一个逻辑变量。逻辑变量的取值只有两种，即逻辑 0 和逻辑 1，0 和 1 称为逻辑常量，并不表示数量的大小，而是表示事物两种相互对立的逻辑状态。

10.1.1　逻辑代数中的三种基本运算

在逻辑代数中有与、或、非三种基本逻辑运算，可以用语句描述，也可以用逻辑表达式描述，还可以用表格或图形来描述，描述输入与输出逻辑关系的表格称为真值表。下面分别讨论三种基本的逻辑运算。

1. 与运算

若只有决定一件事情(灯亮)的所有条件(开关 A、B)都具备(都闭合)，这件事情才能实现，则这种逻辑关系称为与逻辑，记为

$$Y = A \cdot B \qquad\qquad (10.1.1)$$

式中"·"表示与运算，式(10.1.1)读作 Y 等于 A 与 B。与运算的逻辑符号如图 10.1.1 所示。

(a) 特定外形符号(国际流行)　　　(b) 矩形轮廓符号(国标)

图 10.1.1　与逻辑符号

与逻辑关系真值表如表 10.1.1 所示。

表 10.1.1　与逻辑关系真值表

A	B	Y
0	0	0
0	1	0
1	0	0
1	1	1

2. 或运算

若决定一件事情(灯亮)的所有条件(开关 A、B)中只要有一条具备(开关 A 闭合或开关 B 闭合)，这件事情就能实现，则这种逻辑关系称为或逻辑，记为

$$Y = A + B \qquad\qquad (10.1.2)$$

式中"+"表示或运算也称为逻辑加，式(10.1.2)读作 Y 等于 A 或 B，或者 Y 等于 A 加 B。

或运算的逻辑符号如图 10.1.2 所示。

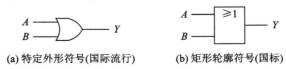

(a) 特定外形符号(国际流行)　　　(b) 矩形轮廓符号(国标)

图 10.1.2　或逻辑符号

或逻辑关系真值表如表 10.1.2 所示。

表 10.1.2 或逻辑关系真值表

A	B	Y
0	0	0
0	1	1
1	0	1
1	1	1

3. 非运算

若决定一件事情(灯亮)的条件(开关 A)与事情的实现(灯亮)正好相反,则这种逻辑关系称为非逻辑,记为

$$Y = \overline{A} = A'$$ (10.1.3)

式中"—"或"'"表示非运算或称为逻辑反,读作 Y 等于 A 非。非运算的逻辑符号如图 10.1.3 所示。

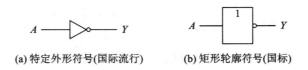

(a) 特定外形符号(国际流行)   (b) 矩形轮廓符号(国标)

图 10.1.3 非逻辑符号

非运算的逻辑关系真值表如表 10.1.3 所示。

表 10.1.3 非运算逻辑关系真值表

A	Y
0	1
1	0

10.1.2 逻辑代数的基本公式和常用公式

表 10.1.4 给出了逻辑代数的基本公式。

表 10.1.4 逻辑代数的基本公式

定　律	公　式
0-1律	$A+0=A$，$A+1=1$，$A \cdot 0=0$，$A \cdot 1=A$
互补律	$A \cdot \overline{A}=0$，$A+\overline{A}=1$
交换律	$A+B=B+A$，$A \cdot B=B \cdot A$
结合律	$(A+B)+C=A+(B+C)$，$(A \cdot B) \cdot C=A \cdot (B \cdot C)$
分配律	$A \cdot (B+C)=A \cdot B+A \cdot C$，$A+B \cdot C=(A+B)(A+C)$
自等律	$A \cdot A=A$，$A+A=A$
反演律(德·摩根定律)	$\overline{(AB)}=\overline{A}+\overline{B}$，$\overline{(A+B)}=\overline{A} \cdot \overline{B}$
还原律	$\overline{(\overline{A})}=A$

表 10.1.5 给出了逻辑代数的常用公式。

表 10.1.5 逻辑代数的常用公式

公式 a	公式 b
$AB + A\bar{B} = A$	$(A+B)(A+\bar{B}) = A$
$A + AB = A$	$A(A+B) = A$
$A + \bar{A}B = A + B$	$A(\bar{A}+B) = AB$
$AB + \bar{A}C + BC = AB + \bar{A}C$	$(A+B)(\bar{A}+C)(B+C) = (A+B)(\bar{A}+C)$
$A \cdot \overline{AB} = A\bar{B}$	$A + \overline{\bar{A}+B} = A + \bar{B}$
$\bar{A} \cdot \overline{AB} = \bar{A}$	$\overline{A + \overline{\bar{A}+B}} = \bar{A}$

表 10.1.5 中，公式 a 中的"与"和"或"互换，原变量和反变量不变，即可得出公式 b，读者可自行证明。

10.2 逻辑函数及其表示方法

10.2.1 逻辑函数

在数字电路中，把条件作为输入，称为输入逻辑变量，把结果作为输出，称为输出逻辑变量，输入一旦确定，输出也随之确定，将输入变量和输出变量的关系式称为逻辑函数，写作

$$Y = F(A, B, C, \cdots)$$

例如，图 10.2.1 所示是一个举重裁判电路，可以用一个逻辑函数描述它的逻辑功能。比赛规定，在一名主裁判和两名副裁判中，必须有两人以上（而且必须包括主裁判）认定运动员的动作合格，试举才算成功。比赛时主裁判掌握开关 A，两名副裁判分别掌握开关 B 和 C。当运动员举起杠铃时，裁判认为动作合格了就闭合开关，否则不闭合。显然，指示灯 Y 的状态（亮与暗）是开关 A、B、C 状态（合上与断开）的函数。

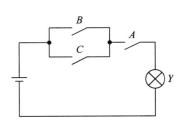

图 10.2.1 举重裁判电路

10.2.2 逻辑函数的表示方法

常用的逻辑函数表示方法有逻辑真值表、逻辑函数式（简称逻辑式）、逻辑图等。

1. 真值表

真值表：将输入变量各种可能的取值组合及其对应的函数值列成表格，即可得到真值表。

仍以图 10.2.1 所示的举重裁判电路为例，根据电路的工作原理不难看出，只有 $A = 1$，

同时 B、C 至少有一个为 1 时，Y 才等于 1，真值表如表 10.2.1 所示。

表 10.2.1　图 10.2.1 所示电路的真值表

输　　　入			输　　　出
A	B	C	Y
0	0	0	0
0	0	1	0
0	1	0	0
0	1	1	0
1	0	0	0
1	0	1	1
1	1	0	1
1	1	1	1

真值表的优点：直观明了，便于将实际逻辑问题抽象成数学表达式。

缺点：难以用公式和定理进行运算和变换；变量较多时，列函数真值表较烦琐。

2. 逻辑函数表达式

将输出变量与输入变量之间的逻辑关系写成与、或、非等运算的组合式，就得到了所需的逻辑函数表达式。

根据图 10.2.1 所示电路可得到输出的逻辑函数式为

$$Y = A(B + C) \tag{10.2.1}$$

3. 逻辑图

将逻辑函数表达式中各变量之间的与、或、非等逻辑关系用图形符号表示出来，就可以画出描述函数关系的逻辑图。

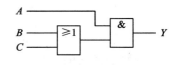

图 10.2.2　式(10.2.1)表示电路
逻辑功能的逻辑图

为了画出描述式(10.2.1)表示的电路功能的逻辑图，只要用逻辑运算的图形符号代替式(10.2.1)中的运算符号便可得到图 10.2.2 所示的逻辑图。

10.2.3　逻辑函数各种表示方法间的相互转换

既然同一个逻辑函数可以用多种不同的方法来表示，那么这几种方法之间必能相互转换。

1. 真值表与逻辑函数式的相互转换

由真值表写出逻辑函数式的方法：

(1) 找出真值表中使逻辑函数 $Y=1$ 的那些输入变量的取值组合。

(2) 每组输入变量的取值组合对应一个乘积项，其中取值为 1 的写原变量，取值为 0 的写反变量。

(3) 将这些乘积项相加，即得 Y 的逻辑函数式。

由逻辑函数式列出真值表，只需把输入变量的所有取值组合状态逐个代入逻辑式，求出函数值并列成表，即可得到真值表。

2. 逻辑函数式与逻辑图的相互转换

从逻辑函数式转换为相应的逻辑图时，只要用图形符号代替逻辑函数式中逻辑运算符号并按运算优先顺序将它们连接起来，即可得到逻辑图。

从逻辑图转换为相应的逻辑函数式时，只要从逻辑图的输入端到输出端逐级写出每个图形符号的输出逻辑式，就可以在输出端得到所求的逻辑函数式了。

10.3　逻辑函数的化简

相同逻辑功能的逻辑函数表达式并不唯一，可以有繁有简。一般来说，逻辑函数表达式越简单，设计出来的逻辑电路也越简单。然而，从逻辑问题概括出来的逻辑函数通常都不是最简的，因此，必须对逻辑函数进行化简。

例如，有两个逻辑函数：

$$Y_1 = AB + \overline{A}C + BC$$

$$Y_2 = AB + \overline{A}C$$

由表 10.1.5 逻辑代数的常用公式可知，Y_1 和 Y_2 表示的是同一个逻辑函数。显然，Y_2 比 Y_1 简单。逻辑函数的化简没有固定的方法和步骤，主要取决于对逻辑代数中公式、定律和定理的熟练掌握及灵活运用的程度。下面介绍几种常用的化简方法。

1. 并项法

利用公式 $AB + A\overline{B} = A$ 将两项合并为一项，并消去 B 和 $\overline{B}$ 这一对因子。

【例 10.3.1】 试用并项法化简下列逻辑函数。

(1) $Y = ABC + \overline{A}B + AB\overline{C}$；

(2) $Y = AB + CD + A\overline{B} + \overline{C}D$；

(3) $Y = A\overline{B}C + A\overline{B}\overline{C}$。

解 (1) $Y = AB(C + \overline{C}) + \overline{A}B = AB + \overline{A}B = B$；

　　(2) $Y = A(B + \overline{B}) + D(C + \overline{C}) = A + D$；

　　(3) $Y = A\overline{B}(C + \overline{C}) = A\overline{B}$。

2. 吸收法

利用公式 $A + AB = A$ 将 AB 项消去。

【例 10.3.2】 试用吸收法化简下列逻辑函数。

(1) $Y = \overline{AB} + \overline{A}D + \overline{B}E$；

(2) $Y = \overline{AB} + \overline{A}CD + \overline{B}CD$。

解 (1) $Y = \overline{A} + \overline{B} + \overline{A}D + \overline{B}E = \overline{A}(1 + D) + \overline{B}(1 + E) = \overline{A} + \overline{B}$；

　　(2) $Y = (\overline{A} + \overline{B}) + (\overline{A} + \overline{B})CD = (\overline{A} + \overline{B})(1 + CD) = \overline{A} + \overline{B}$。

3. 消项法

利用公式 $AB + \overline{A}C + BC = AB + \overline{A}C$ 将多余的 BC 项消去。

例 10.3.3 试用消项法化简逻辑函数 $Y=\overline{A}B+AC+\overline{B}\overline{C}+A\overline{B}+\overline{A}\overline{C}+BC$。

解
$$Y=(\overline{A}B+AC+BC)+(AC+\overline{B}\overline{C}+A\overline{B})+(\overline{A}B+\overline{B}\overline{C}+\overline{A}\overline{C})$$
$$=\overline{A}B+AC+\overline{B}\overline{C}$$

4. 消因子法

利用公式 $A+\overline{A}B=A+B$ 可将 $\overline{A}B$ 中的 $\overline{A}$ 消去。

例 10.3.4 试用消因子法化简下列逻辑函数。

(1) $Y=\overline{AB}+AC+BD$；

(2) $Y=\overline{A}B+A\overline{B}+\overline{A}\overline{B}C+ABC$；

(3) $Y=\overline{B}+AB+A\overline{B}CD$；

(4) $Y=AC+\overline{A}D+\overline{C}D$。

解 (1) $Y=\overline{A}+\overline{B}+AC+BD=\overline{A}+C+\overline{B}+D$；

(2) $Y=\overline{A}(B+\overline{B}C)+A(\overline{B}+BC)=\overline{A}(B+C)+A(\overline{B}+C)$
$$\qquad=\overline{A}B+A\overline{B}+\overline{A}C+AC=\overline{A}B+A\overline{B}+C;$$

(3) $Y=\overline{B}+A+A\overline{B}CD=\overline{B}+A$；

(4) $Y=AC+(\overline{A}+\overline{C})D=AC+\overline{(AC)}D=AC+D$。

本 章 小 结

本章主要介绍了逻辑代数的三种基本运算和基本公式、逻辑函数及其表示方式、逻辑函数的化简方法。

1. 三种基本逻辑运算

(1) 与运算。若只有决定一件事情的所有条件都具备，这件事情才能实现，则这种逻辑关系称为与逻辑，记为 $Y=A\cdot B$。其运算过程称为与运算。

(2) 或运算。若决定一件事情的所有条件中只要有一条具备，这件事情就能实现，则这种逻辑关系称为或逻辑，记为 $Y=A+B$。其运算过程称为或运算。

(3) 非运算。若决定一件事情的条件与事情的实现正好相反，则这种逻辑关系称为非逻辑，记为 $Y=\overline{A}=A'$。其运算过程称为非运算。

2. 逻辑代数的基本公式和常用公式

表 10.1.4 和表 10.1.5 列出了逻辑代数的基本公式和常用公式，这些公式有些与普通代数相同，有些则完全不一样，要特别注意记住这些特殊公式，常用的有分配率、反演律、互补率等，还有一些较复杂的公式，读者可自行推导。

3. 逻辑函数的表示方法及相互转换

(1) 真值表：将输入变量各种可能的取值组合及其对应的函数值列成表格。

(2) 逻辑函数表达式：将输出变量与输入变量之间的逻辑关系写成与、或、非等运算的组合式。

(3) 逻辑图：将逻辑函数表达式中各变量之间的逻辑关系用图形符号表示出来。

（4）真值表、逻辑函数表达式与逻辑图之间的相互转换方法：这三种方法各有特点，但本质相通，可以互相转换，尤其是由真值表到逻辑图和由逻辑图到真值表的转换，直接涉及数字电路的分析与综合问题，更加重要，一定要学会。使用时可根据具体情况，选择最适当的一种方法表示即可。

4. 逻辑函数的化简

逻辑函数的化简是本章的重点，本章总结了常用的四种化简方法：并项法、吸收法、消项法、消因子法。

习　题

10.1　数字信号和模拟信号各有什么特点？

10.2　二进制数的 1 和 0 代表什么意思？

10.3　用公式法化简下列逻辑函数。

（1）$Y = AB' + B + A'B$；

（2）$Y = ABD + AB'CD' + AC'DE + A$；

（3）$Y = AB'CD + ABD + AC'D$；

（4）$Y = AC' + ABC + ACD' + CD$；

（5）$Y = AC + BC' + A'B$；

（6）$Y = AB'C + A' + B + C'$。

习题答案

第 11 章　组合逻辑电路

数字电路可以分为组合逻辑电路和时序逻辑电路两大类。组合逻辑电路种类很多，应用广泛，本章主要介绍组合逻辑电路的分析和设计，以及几种常用的组合逻辑电路。

11.1　组合逻辑电路概述

在任意时刻，输出信号只决定于该时刻的输入信号，而与该时刻以前的电路状态无关的电路称为组合逻辑电路。

组合逻辑电路可以用图 11.1.1 所示的方框图表示。图中 X_1，X_2，$\cdots$，X_n 表示输入逻辑变量，Y_1，Y_2，$\cdots$，Y_m 表示输出逻辑变量。它可用如下的逻辑函数来描述：

$$Y_i = f_i(X_1, X_2, \cdots, X_m) \quad (i = 1, 2, \cdots, m) \tag{11.1.1}$$

图 11.1.1　组合逻辑电路方框图

从输出量来看，若组合逻辑电路只有一个输出量，则称为单输出组合逻辑电路；若组合逻辑电路有多个输出量，则称为多输出组合逻辑电路。

11.2　组合逻辑电路的分析

1. 分析方法

组合逻辑电路的分析就是根据已知的逻辑电路图来分析电路的逻辑功能。其分析步骤如下：

（1）写出逻辑函数表达式。

由输入级向后递推，写出每个门的输出逻辑表达式，最后得出输出信号逻辑关系式，并进行相应的化简。

（2）根据逻辑函数表达式列出真值表。

（3）根据真值表或逻辑函数表达式确定逻辑功能。

上述分析步骤可用图 11.2.1 所示的流程图表示。

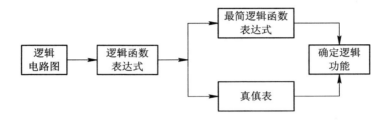

图 11.2.1　组合逻辑电路分析步骤流程图

2．分析举例

【**例 11.2.1**】　分析图 11.2.2 所示电路的逻辑功能。要求：

（1）写出该电路输出（L_1，L_2，L_3）的逻辑函数表达式；

（2）列出真值表；

（3）描述该电路的功能。

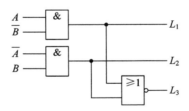

图 11.2.2　例 11.2.1 的逻辑电路图

解　（1）逻辑函数表达式：

$$L_1 = A\overline{B}$$
$$L_2 = \overline{A}B$$
$$L_3 = \overline{A\overline{B} + \overline{A}B} = \overline{A}\,\overline{B} + AB$$

（2）真值表如表 11.2.1 所示。

表 11.2.1　例 11.2.1 的真值表

输　　入		输　　出		
A	B	L_1	L_2	L_3
0	0	0	0	1
0	1	0	1	0
1	0	1	0	0
1	1	0	0	1

（3）电路的功能：此电路可作为一位二进制数字比较器，输入为 A、B（要比较的两个数字大小），输出比较结果为 L_1、L_2、L_3。其中 L_1 代表 $A>B$，L_2 代表 $A<B$，L_3 代表 $A=B$。

【**例 11.2.2**】 分析图 11.2.3 所示电路的逻辑功能。要求：

（1）写出该电路输出 F 的逻辑函数表达式；

（2）列出真值表；

（3）描述该电路的功能。

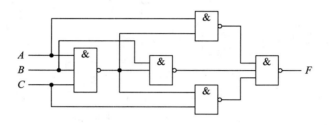

图 11.2.3 例 11.2.2 的逻辑电路图

解 （1）逻辑函数表达式：

$$F = (A + B + C)\overline{ABC}$$

（2）真值表如表 11.2.2 所示。

表 11.2.2 例 11.2.2 的真值表

输　　入			输　　出
A	B	C	F
0	0	0	0
0	0	1	1
0	1	0	1
0	1	1	1
1	0	0	1
1	0	1	1
1	1	0	1
1	1	1	0

（3）电路的功能：判断 3 个输入 A、B、C 是否相同。

11.3　组合逻辑电路的设计

1. 设计方法

根据实际逻辑问题，设计出满足要求的逻辑电路称为组合逻辑电路的设计。它是组合逻辑电路分析的逆过程，其设计步骤如下：

（1）逻辑抽象。根据实际逻辑问题的因果关系确定输入、输出变量，并定义逻辑变量的含义。

（2）根据逻辑描述列出真值表。列真值表时，不会出现或不允许出现的输入信号状态组合和输入变量取值组合可以不列出，如果列出，则可在相应输出处记上"×"号，以示区别。

（3）由真值表写出逻辑函数表达式并化简。

（4）根据逻辑函数表达式画出逻辑电路图。

2．设计举例

【例 11.3.1】　设计一个 A、B、C 3 人表决电路。当表决某个提案时，若多数人同意，则提案通过，同时 A 具有否决权。

解　（1）分析设计要求，列出真值表。

设 A、B、C 3 个人表决同意提案时用 1 表示，不同意时用 0 表示；F 为表决结果，提案通过用 1 表示，未通过用 0 表示，同时还应考虑 A 具有否决权。由此可列出如表 11.3.1 所示的真值表。

表 11.3.1　例 11.3.1 的真值表

输　　入			输　　出
A	B	C	F
0	0	0	0
0	0	1	0
0	1	0	0
0	1	1	0
1	0	0	0
1	0	1	1
1	1	0	1
1	1	1	1

（2）由真值表写出逻辑函数表达式并化简：

$$F = AC + AB$$

（3）根据逻辑函数表达式画出逻辑图，如图 11.3.1(a)所示。

（2）中的式子也可转换成与非表达式，即

$$F = \overline{\overline{AC} \cdot \overline{AB}}$$

其逻辑电路图如图 11.3.1(b)所示。可见，逻辑函数表达式和逻辑图都是不唯一的，但真值表是唯一的。

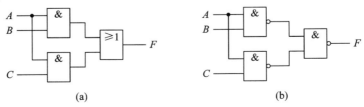

图 11.3.1　例 11.3.1 的逻辑电路图

11.4　常用的组合逻辑电路

11.4.1　编码器

　　为了区分一系列不同的事物,将其中的每个事物用一个二值代码表示,这就是编码的含义。在二值逻辑电路中,信号都是以高、低电平的形式给出的。因此,编码器的逻辑功能就是把输入的每一个高、低电平信号用一个对应的二进制代码表示。常用的编码器有普通编码器和优先编码器两类。

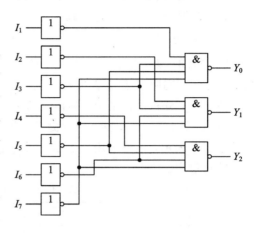

图 11.4.1　3 位二进制编码器逻辑电路图

　　这里以二进制编码器为例来分析普通编码器的工作原理。图 11.4.1 所示为由非门和与非门组成的 3 位二进制编码器逻辑电路图。$I_0 \sim I_7$ 为 8 个需要编码的输入信号,输出 Y_2、Y_1 和 Y_0 为 3 位二进制代码。由图 11.4.1 可写出编码器的输出逻辑函数表达式:

$$\begin{cases} Y_0 = \overline{\overline{I_1} \cdot \overline{I_3} \cdot \overline{I_5} \cdot \overline{I_7}} \\ Y_1 = \overline{\overline{I_2} \cdot \overline{I_3} \cdot \overline{I_6} \cdot \overline{I_7}} \\ Y_2 = \overline{\overline{I_4} \cdot \overline{I_5} \cdot \overline{I_6} \cdot \overline{I_7}} \end{cases} \tag{11.4.1}$$

　　根据式(11.4.1)可列出表 11.4.1 所示的真值表。由该表可知,图 11.4.1 所示编码器在任何时刻只能对一个输入信号进行编码,不允许有两个或两个以上的输入信号同时请求编码,否则输出编码会混乱,也就是说 $I_0 \sim I_7$ 这 8 个编码信号是相互排斥的。在 $I_1 \sim I_7$ 为 0 时,输出就是 I_0 的编码,故 I_0 未画。由于该编码器有 8 个输入端、3 个输出端,因此称其为 8 线-3 线编码器。

表 11.4.1　3 位二进制编码器的真值表

输　　　　　　入								输　　出		
I_0	I_1	I_2	I_3	I_4	I_5	I_6	I_7	Y_2	Y_1	Y_0
1	0	0	0	0	0	0	0	0	0	0
0	1	0	0	0	0	0	0	0	0	1
0	0	1	0	0	0	0	0	0	1	0
0	0	0	1	0	0	0	0	0	1	1
0	0	0	0	1	0	0	0	1	0	0
0	0	0	0	0	1	0	0	1	0	1
0	0	0	0	0	0	1	0	1	1	0
0	0	0	0	0	0	0	1	1	1	1

11.4.2 译码器

译码是编码的逆过程。译码器是将输入的二进制代码翻译成控制信号。译码器的输入为二进制代码，输出是一组与输入代码相对应的高、低电平信号。

1. 二进制译码器

将输入二进制代码译成相应输出信号的电路称为二进制译码器。图 11.4.2 所示为译码器 CT74138 的逻辑电路图及逻辑示意图。由于它有 3 个输入端、8 个输出端，因此，又称其为 3 线-8 线译码器。图中 A_2、A_1、A_0 为二进制代码输入端；$\overline{Y}_7 \sim \overline{Y}_0$ 为输出端，低电平有效；ST_A、$\overline{ST}_B$ 和 $\overline{ST}_C$ 为使能端，且 $EN = ST_A \cdot \overline{\overline{ST}_B} \cdot \overline{\overline{ST}_C} = ST_A(\overline{\overline{ST}_B + \overline{ST}_C})$。

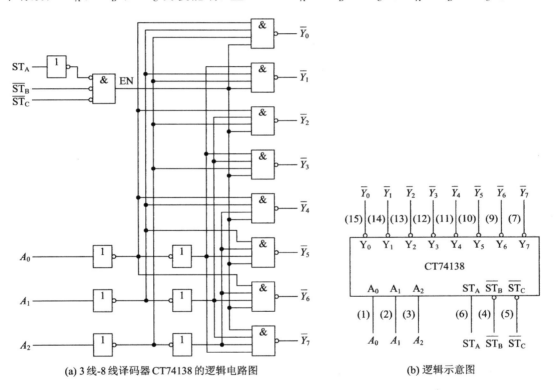

(a) 3 线-8 线译码器 CT74138 的逻辑电路图　　　(b) 逻辑示意图

图 11.4.2　3 线-8 线译码器 CT74138 的逻辑电路图及逻辑示意图

由以上分析可得 3 线-8 线译码器 CT74138 的功能表，如表 11.4.2 所示。

表 11.4.2　3 线-8 线译码器 CT74138 的功能表

输　　入					输　　出							
ST_A	$\overline{ST}_B + \overline{ST}_C$	A_2	A_1	A_0	$\overline{Y}_0$	$\overline{Y}_1$	$\overline{Y}_2$	$\overline{Y}_3$	$\overline{Y}_4$	$\overline{Y}_5$	$\overline{Y}_6$	$\overline{Y}_7$
$\times$	1	$\times$	$\times$	$\times$	1	1	1	1	1	1	1	1
0	$\times$	$\times$	$\times$	$\times$	1	1	1	1	1	1	1	1
1	0	0	0	0	0	1	1	1	1	1	1	1
1	0	0	0	1	1	0	1	1	1	1	1	1

续表

输 入					输 出							
ST_A	$\overline{ST_B}+\overline{ST_C}$	A_2	A_1	A_0	$\overline{Y}_0$	$\overline{Y}_1$	$\overline{Y}_2$	$\overline{Y}_3$	$\overline{Y}_4$	$\overline{Y}_5$	$\overline{Y}_6$	$\overline{Y}_7$
1	0	0	1	0	1	1	0	1	1	1	1	1
1	0	0	1	1	1	1	1	0	1	1	1	1
1	0	1	0	0	1	1	1	1	0	1	1	1
1	0	1	0	1	1	1	1	1	1	0	1	1
1	0	1	1	0	1	1	1	1	1	1	0	1
1	0	1	1	1	1	1	1	1	1	1	1	0

根据表 11.4.2 和图 11.4.2(a)可知 3 线 - 8 线译码器 CT74138 有如下逻辑功能：

(1) 当 $ST_A=0$ 或 $\overline{ST_B}+\overline{ST_C}=1$ 时，$EN=0$，所有输出与非门被封锁，译码器不工作，输出 $\overline{Y}_7\sim\overline{Y}_0$ 都为高电平 1。

(2) 当 $ST_A=1$ 且 $\overline{ST_B}+\overline{ST_C}=0$ 时，$EN=1$，所有输出与非门解除封锁，译码器工作，输出低电平有效。这时，译码器输出 $\overline{Y}_7\sim\overline{Y}_0$ 由输入二进制代码决定。根据图 11.4.2(a)可写出 CT74138 的输出逻辑函数表达式：

$$
\begin{cases}
\overline{Y}_0 = \overline{\overline{A_2}\,\overline{A_1}\,\overline{A_0}} = \overline{m}_0 \\
\overline{Y}_1 = \overline{\overline{A_2}\,\overline{A_1}\,A_0} = \overline{m}_1 \\
\overline{Y}_2 = \overline{\overline{A_2}\,A_1\,\overline{A_0}} = \overline{m}_2 \\
\overline{Y}_3 = \overline{\overline{A_2}\,A_1\,A_0} = \overline{m}_3 \\
\overline{Y}_4 = \overline{A_2\,\overline{A_1}\,\overline{A_0}} = \overline{m}_4 \\
\overline{Y}_5 = \overline{A_2\,\overline{A_1}\,A_0} = \overline{m}_5 \\
\overline{Y}_6 = \overline{A_2\,A_1\,\overline{A_0}} = \overline{m}_6 \\
\overline{Y}_7 = \overline{A_2\,A_1\,A_0} = \overline{m}_7
\end{cases}
\tag{11.4.2}
$$

由式(11.4.2)可看出，二进制译码器的输出将输入二进制代码的各种状态都呈现出来了。因此，二进制译码器又称全译码器。由于输出低电平有效，因此，它的输出提供了输入变量全部最小项的反。

2. 显示译码器

数字系统中使用的是二进制数，但在数字测量仪表和各种显示系统中，为了便于表示测量和运算的结果以及对系统的运行状况进行检测，常需要将数字量用人们习惯的十进制字符直观地显示出来。因此，数字显示电路是许多数字电路不可或缺的部分。数字显示电路通常由译码器、驱动器和数码显示器组成，如图 11.4.3 所示。

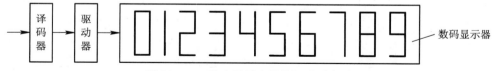

图 11.4.3 数字显示电路的组成示意图

为了能以十进制数码直观地显示数字系统的运行数据,目前广泛使用七段字符显示器,或称为七段数码管。这种字符显示器由七段可发光的线段拼合而成。常见的七段字符显示器有 LED 数码管、荧光显示器和液晶显示器 3 种。

LED 数码管是由条形发光二极管 $a \sim g$ 共七段组成的数码显示器,若数码管右下角处增设小数点 D.P,就形成了八段数码显示器,其外引脚排列图如图 11.4.4(a)所示。LED 数码管的内部接法有共阳和共阴两种,如图 11.4.4(b)、(c)所示。

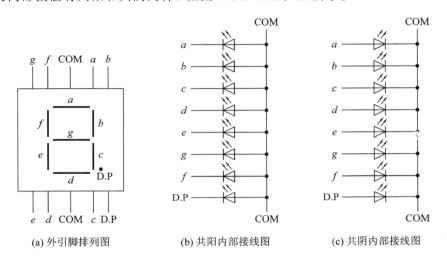

(a) 外引脚排列图　　　(b) 共阳内部接线图　　　(c) 共阴内部接线图

图 11.4.4　半导体数码显示器的外引脚排列和接法

译码器输出高电平时,需选用共阴接法的数码显示器;译码器输出低电平时,需选用共阳接法的数码显示器。

LED 数码管工作电压较低,一般为 1.5~3 V。每个字段的工作电流在 10 mA 左右。LED 数码管不仅工作电压低、体积小、可靠性高,还具有响应速度快、寿命长等优点。它的主要缺点是工作电流大。为了提高数码显示器的寿命,常在各个字段电路中接入限流电阻。

数码管可以用 TTL 或者 CMOS 集成电路直接驱动。因此需要使用显示译码器将 BCD 代码译成数码管所需的驱动信号,以便让数码管用十进制数字显示出 BCD 代码表示的数值。显示译码器主要由译码器和驱动器两部分组成,通常这两者都集成在一块芯片中。图 11.4.5 所示为 4 线-7 段译码器/驱动器 CC14547 的逻辑示意图,其中 D、C、B、A 为输入端,输入为 8421BCD 码,$\overline{BI}$ 为消隐控制端,$Y_a \sim Y_g$ 为输出端,高电平 1 有效。其功能表如表 11.4.3 所示。

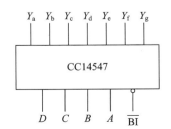

图 11.4.5　CC14547 的逻辑示意图

表 11.4.3　4 线-7 段译码器/驱动器 CCl4547 的功能表

输　入					输　出							数字显示
$\overline{BI}$	D	C	B	A	Y_a	Y_b	Y_c	Y_d	Y_e	Y_f	Y_g	
0	×	×	×	×	0	0	0	0	0	0	0	消隐
1	0	0	0	0	1	1	1	1	1	1	0	0
1	0	0	0	1	0	1	1	0	0	0	0	1
1	0	0	1	0	1	1	0	1	1	0	1	2
1	0	0	1	1	1	1	1	1	0	0	1	3
1	0	1	0	0	0	1	1	0	0	1	1	4
1	0	1	0	1	1	0	1	1	0	1	1	5
1	0	1	1	0	0	0	1	1	1	1	1	6
1	0	1	1	1	1	1	1	0	0	0	0	7
1	1	0	0	0	1	1	1	1	1	1	1	8
1	1	0	0	1	1	1	1	0	0	1	1	9
1	1	0	1	0	0	0	0	0	0	0	0	消隐
1	1	0	1	1	0	0	0	0	0	0	0	消隐
1	1	1	0	0	0	0	0	0	0	0	0	消隐
1	1	1	0	1	0	0	0	0	0	0	0	消隐
1	1	1	1	0	0	0	0	0	0	0	0	消隐
1	1	1	1	1	0	0	0	0	0	0	0	消隐

由表 11.4.3 可知 CC14547 的功能如下：

(1) 消隐功能。当 $\overline{BI}=0$ 时，输出 $Y_a \sim Y_g$ 都为低电平 0，各字段都无显示，显示器不显示数字。

(2) 数码显示功能。当 $\overline{BI}=1$ 时，译码器工作。在 D、C、B、A 端输入 8421BCD 码时，译码器有关输出端输出高电平 1，数码显示器显示与输入代码相对应的数字。如 $DCBA=0110$ 时，输出 $Y_c=Y_d=Y_e=Y_f=Y_g=1$，显示数字 6；其余类推。

CC14547 具有较大的输出电流驱动能力，可直接驱动半导体数码显示器或其他显示器件。

11.4.3　加法器

两个二进制数之间的算术运算有加、减、乘、除，目前在数字计算机中都是将其转化为若干步加法运算进行的。因此，加法器是构成算术运算器的基本单元。

1. 半加器

两个 1 位二进制数 A 和 B 相加，不考虑低位进位的加法器称为半加器。设 A_i 和 B_i 是两个 1 位二进制数，半加后得到的和为 S_i，向高位的进位为 C_i。根据半加器的含义，可得如表 11.4.4 所示的半加器真值表。

表 11.4.4　半加器的真值表

输　　入		输　　出	
A_i	B_i	S_i	C_i
0	0	0	0
0	1	1	0
1	0	1	0
1	1	0	1

由真值表可知逻辑函数表达式为

$$\begin{cases} S_i = \overline{A}_i B_i + A_i \overline{B}_i \\ C_i = A_i B_i \end{cases} \tag{11.4.3}$$

可见，半加器由一个异或门和一个与门组成，逻辑电路如图 11.4.6(a)所示，图 11.4.6(b)为其逻辑图形符号。

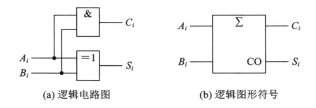

(a) 逻辑电路图　　　　　　(b) 逻辑图形符号

图 11.4.6　半加器逻辑电路图及其逻辑图形符号

2. 全加器

在将两个多位二进制数相加时，除最低位外，每一位都应该考虑来自低位的进位。实现这种运算的加法器称为全加器。设 A_i 和 B_i 是两个 1 位二进制数，考虑来自低位的进位（C_{i-1}），这三者相加可得到如表 11.4.5 所示的真值表。

表 11.4.5　全加器的真值表

输　　入			输　　出	
A_i	B_i	C_{i-1}	S_i	C_i
0	0	0	0	0
0	0	1	1	0
0	1	0	1	0
0	1	1	0	1
1	0	0	1	0
1	0	1	0	1
1	1	0	0	1
1	1	1	1	1

由真值表可直接写出 S_i 和 C_i 的逻辑表达式：

$$S_i = \overline{A}_i\overline{B}_iC_{i-1} + \overline{A}_iB_i\overline{C}_{i-1} + A_i\overline{B}_i\overline{C}_{i-1} + A_iB_iC_{i-1} \tag{11.4.4}$$

$$C_i = \overline{A}_iB_iC_{i-1} + A_i\overline{B}_iC_{i-1} + A_iB_i\overline{C}_{i-1} + A_iB_iC_i = A_iB_i + A_iC_{i-1} + B_iC_{i-1} \tag{11.4.5}$$

将式(11.4.4)、式(11.4.5)变换成为

$$S_i = A_i \oplus B_{i-1} \oplus C_{i-1} \tag{11.4.6}$$

$$C_i = A_i(B_i \oplus C_{i-1}) + B_iC_{i-1} \tag{11.4.7}$$

由上述逻辑表达式画出相应全加器的逻辑电路如图 11.4.7(a)所示，全加器逻辑符号如图 11.4.7(b)所示。

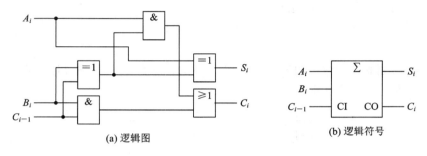

图 11.4.7　全加器逻辑电路及其逻辑符号

本 章 小 结

组合逻辑电路在逻辑功能上的特点是任意时刻的输出仅仅取决于该时刻的输入，而与电路过去的状态无关；在电路结构上的特点是只包含门电路，而没有存储(记忆)单元。

学习本章内容时应将重点放在分析方法和设计方法上，而不必去记忆各种具体的逻辑电路。

1. 组合逻辑电路的分析

组合逻辑电路的分析就是根据已知的逻辑电路图来分析电路的逻辑功能。各种组合逻辑电路在功能上千差万别，但是它们的分析方法是相同的，掌握了分析方法，就可以识别任何一个给定电路的逻辑功能。

2. 组合逻辑电路的设计

组合逻辑电路的设计是根据实际逻辑问题，设计出满足要求的逻辑电路。显然，分析和设计互为逆过程。掌握了设计方法，就可以根据给定的要求设计出相应的逻辑电路。

考虑到对有些种类的组合逻辑电路的使用特别频繁，为便于使用，把它们制成了标准化的中规模集成器件，供用户直接选用。

本章主要介绍了编码器、译码器和加法器。还有一些常用的中规模集成器件，如奇偶校验器、数据选择器等，分析设计方法都一样，读者可自行学习。

习　题

11.1　分析题 11.1 图中电路的逻辑功能。

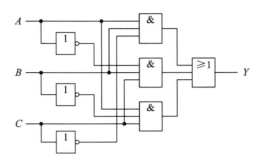

题 11.1 图

11.2　试分析题 11.2 图(a)、(b)所示两电路是否具有相同的逻辑功能。如果相同，它们实现的是何种逻辑功能？

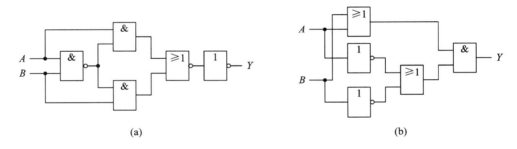

(a)　　　　　　　　　　　　　　(b)

题 11.2 图

11.3　分析题 11.3 图中电路的逻辑功能。各输出为 1 时，分别表示什么含义？

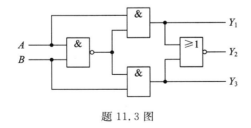

题 11.3 图

习题答案

第 12 章 时序逻辑电路

在数字电路中，经常需要保存运算结果，这就需要具有记忆功能的元件，而触发器就具有这样的功能。触发器是存储 1 位二进制信息的基本单元电路。这种包含记忆元件的逻辑电路称为时序逻辑电路。在时序逻辑电路中，任意时刻的输出不仅取决于该时刻的输入，还与电路原来的状态有关，相当于在组合逻辑电路的输入端加上了反馈输入。时序逻辑电路框图如图 12.0.1 所示。

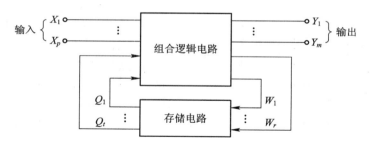

图 12.0.1 时序逻辑电路框图

由图 12.0.1 可以看出，时序逻辑电路有两个特点：第一，时序逻辑电路包括组合逻辑电路和存储电路两部分，存储电路具有记忆功能，通常由触发器组成；第二，存储电路的状态反馈到组合逻辑电路的输入端，与外部输入信号共同决定组合逻辑电路的输出。组合逻辑电路的输出除包含外部输出外，还包含连接到存储电路的内部输出。

12.1 双稳态触发器

触发器是一个具有记忆功能的存储器件，它是构成多种时序逻辑电路的最基本的逻辑单元，它能根据输入信号的不同而改变其输出状态，并将这种改变的状态保存下来，即具有记忆功能。

触发器按其稳定工作状态不同，可分为双稳态触发器、单稳态触发器，无稳态触发器（多谐振荡器）。双稳态触发器按其逻辑功能不同，可分为 RS 触发器、JK 触发器、D 触发器和 T 触发器等；按其结构不同，可分为主从型触发器和维持阻塞型触发器等；按其触发方式不同，可分为电平触发的触发器、脉冲触发的触发器和边沿触发的触发器。

本节所讲的触发器只有两个稳定状态，"0"状态和"1"状态，所以常称为"双稳态触发器"。在一定的外界信号作用下，它可以从一个稳定状态翻转到另一个稳定状态。单稳态触发器和无稳态触发器将在 12.4 节中讲述。

12.1.1　基本 RS 触发器

基本 RS 触发器是触发器中结构最简单的一种。同时，它也是其他较复杂触发器的一个组成部分。

1. 电路结构与工作原理

基本 RS 触发器由两个与非门 G_1 和 G_2 交叉连接构成，如图 12.1.1(a)所示。Q 和 $\overline{Q}$ 是它的两个输出端，两者的逻辑状态应相反。这种触发器有两个稳定状态：一个是 $Q=0$，$\overline{Q}=1$ 时，称为 0 态(也可称复位状态)；另一个是 $Q=1$，$\overline{Q}=0$ 时，称为 1 态(也可称置位状态)。$\overline{R}_D$ 和 $\overline{S}_D$ 为它的两个输入端，$\overline{R}_D$ 称为直接复位端或直接置 0 端，$\overline{S}_D$ 称为直接置位端或直接置 1 端。

基本 RS 触发器的逻辑图形符号如图 12.1.1(b)所示，输入端的小圆圈表示低电平有效，即输入为 0 时起作用，输入为 1 时不起作用。$\overline{R}_D$ 和 $\overline{S}_D$ 都是低电平有效。

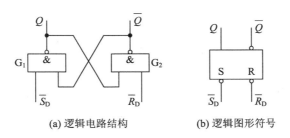

(a) 逻辑电路结构　　　　(b) 逻辑图形符号

图 12.1.1　用与非门组成的基本 RS 触发器

根据图 12.1.1(a)可写出基本 RS 触发器的逻辑式：

$$Q = \overline{\overline{S}_D \cdot \overline{Q}}, \qquad \overline{Q} = \overline{\overline{R}_D \cdot Q} \tag{12.1.1}$$

由式(12.1.1)可分四种情况来分析基本 RS 触发器的状态转换和逻辑功能。

(1) $\overline{R}_D = 0$，$\overline{S}_D = 1$。

将此输入条件代入式(12.1.1)，得 $Q = \overline{\overline{S}_D \cdot \overline{Q}} = 0$，$\overline{Q} = \overline{\overline{R}_D \cdot Q} = 1$。不论触发器的初始状态是 1 态还是 0 态，当直接置 0 端 $\overline{R}_D$ 加负脉冲后(即 $\overline{R}_D = 0$)，即将触发器置 0 或保持 0 态。当除去负脉冲后，由式(12.1.1)可知，触发器的状态保持不变，从而实现存储或记忆功能。

(2) $\overline{R}_D = 1$，$\overline{S}_D = 0$。

将此输入条件代入式(12.1.1)，得 $Q = \overline{\overline{S}_D \cdot \overline{Q}} = 1$，$\overline{Q} = \overline{\overline{R}_D \cdot Q} = 0$。不论触发器的初始状态是 1 态还是 0 态，当直接置 1 端 $\overline{S}_D$ 加负脉冲后(即 $\overline{S}_D = 0$)，即将触发器置 1 或保持 1 态。当除去负脉冲后，由式(12.1.1)可知，触发器的状态也保持不变，从而实现存储或记忆功能。

（3）$\overline{R}_D=1,\overline{S}_D=1$。

将此输入条件代入式（12.1.1），得 $Q=\overline{\overline{S}_D \cdot \overline{Q}}=Q$，$\overline{Q}=\overline{\overline{R}_D \cdot Q}=\overline{Q}$，即 RS 触发器保持原来状态不变。

（4）$\overline{R}_D=0,\overline{S}_D=0$。

此输入条件为 $\overline{R}_D$ 和 $\overline{S}_D$ 两端同时加负脉冲，将其代入式（12.1.1），得 $Q=\overline{\overline{S}_D \cdot \overline{Q}}=1$，$\overline{Q}=\overline{\overline{R}_D \cdot Q}=1$。两个输出端都为 1，这不符合 Q 和 $\overline{Q}$ 状态应该相反的逻辑要求。当除去负脉冲后，触发器将由各种偶然因素决定其最终状态。在使用中应禁止出现这种情况。所以在 RS 触发器正常工作时应该遵守 $S_D R_D=0$ 的约束条件，即不应加 $\overline{S}_D=\overline{R}_D=0$ 的输入信号。

基本 RS 触发器的逻辑状态如表 12.1.1 所示。

表 12.1.1　基本 RS 触发器的逻辑状态表

$\overline{R}_D$	$\overline{S}_D$	Q
0	1	0
1	0	1
1	1	保持
0	0	不定（禁止）

2. 动作特点

在基本 RS 触发器中，因为输入信号直接加在输入端，所以输入信号在全部作用时间里（即 $\overline{S}_D$ 或 $\overline{R}_D$ 为 1 的全部时间）都能直接改变输出端 Q 和 $\overline{Q}$ 的状态，这就是基本 RS 触发器的动作特点。

【例 12.1.1】　在图 12.1.2(a)所示的基本 RS 触发器逻辑电路中，已知 $\overline{S}_D$ 和 $\overline{R}_D$ 的电压波形如图 12.1.2(b)所示，试画出 Q 和 $\overline{Q}$ 端对应的电压波形。

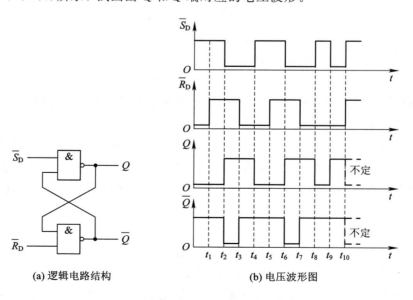

(a) 逻辑电路结构　　　　　(b) 电压波形图

图 12.1.2　例 12.1.1 的电路结构和电压波形图

解　实质上这是一个用已知的 $\overline{R}_D$ 和 $\overline{S}_D$ 端的状态确定 Q 和 $\overline{Q}$ 端的状态的问题。只要根据每个时间区间里 $\overline{R}_D$ 和 $\overline{S}_D$ 端的状态去查 RS 触发器的逻辑状态表，即可找出 Q 和 $\overline{Q}$ 端的相应状态，并画出它们的波形图。

对于这样简单的电路，从电路图上也能直接画出 Q 和 $\overline{Q}$ 端的电压波形图，而不必去查状态表。

从图 12.1.2(b) 的波形图上可以看到，虽然在 $t_3 \sim t_4$ 和 $t_7 \sim t_8$ 期间，输入端出现了 $\overline{S}_D = \overline{R}_D = 0$ 的状态，但由于 $\overline{S}_D$ 首先回到了高电平，所以触发器在下一时刻的状态仍是可以确定的。

12.1.2　电平触发的触发器

在实际应用中，触发器的工作状态不仅要由输入信号来决定，而且还要求触发器按一定的节拍翻转。为此，给触发器加一个时钟控制端 CP，只有在 CP 端上出现时钟脉冲时，触发器的状态才能变化。这种控制方式称为电平触发，具有时钟脉冲控制的触发器状态的改变与时钟脉冲同步，所以也称为同步触发器。

1. 同步 RS 触发器

1）电路结构

实现时钟控制的最简单方式是采用图 12.1.3 所示的同步 RS 触发器逻辑电路结构。该电路由两部分组成：由与非门 G_1、G_2 组成的基本 RS 触发器和由与非门 G_3、G_4 组成的输入控制电路，R、S 分别为置 0 和置 1 信号输入端。

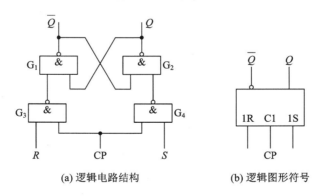

(a) 逻辑电路结构　　　　(b) 逻辑图形符号

图 12.1.3　同步 RS 触发器

2）逻辑功能

当 CP = 0 时，控制门 G_3、G_4 关闭，输出都是 1。这时，不管 R 端和 S 端的信号如何变化，同步 RS 触发器的状态保持不变。

当 CP = 1 时，控制门 G_3、G_4 打开，R、S 端的输入信号才能通过这两个门，此时可按逻辑式 $Q = \overline{\overline{S \cdot CP} \cdot \overline{Q}}$，$\overline{Q} = \overline{\overline{R \cdot CP} \cdot Q}$，分四种情况来分析同步 RS 触发器的状态转换和逻辑功能，分析过程同基本 RS 触发器，逻辑状态见表 12.1.2。Q^n 表示时钟脉冲 CP 到来之前触发器的输出状态，也称初态，Q^{n+1} 表示时钟脉冲 CP 来到之后触发器的输出状态，也称次态。显然，这里 R 和 S 都是高电平有效。

表 12.1.2　同步 RS 触发器的逻辑状态表

CP	R	S	Q^n	Q^{n+1}	功能说明
0	×	×	0	0	保持原状态不变（$Q^{n+1}=Q^n$）
	×	×	1	1	
1	0	0	0	0	保持原状态不变（$Q^{n+1}=Q^n$）
			1	1	
	0	1	0	1	S 高电平有效，置 1
			1	1	
	1	0	0	0	R 高电平有效，置 0
			1	0	
	1	1	0	×	状态不定，应避免出现
			1	×	

由此可以看出，同步 RS 触发器的状态转换分别由 R、S 和 CP 端的信号控制，只有 CP＝1 时，触发器输出端的状态才受输入信号的控制，而且在 CP＝1 时的逻辑状态表和基本 RS 触发器的逻辑状态表相同。所以输入信号同样遵守 $SR＝0$ 的约束条件，即不加 $S＝R＝1$ 的输入信号。

3）动作特点

由于在 CP＝1 的全部时间里，S 和 R 端的信号都能通过与非门 G_3 和 G_4 加到基本 RS 触发器上，所以在 CP＝1 的全部时间里，S 和 R 端信号的变化都将引起触发器输出端状态的变化。这就是同步 RS 触发器的动作特点。

根据这一动作特点可以看出，如果在 CP＝1 期间输入信号多次发生变化，则触发器的状态也会发生多次翻转，这就降低了电路的抗干扰能力。

2. 同步 D 触发器

为了适用于单端输入信号的场合，在有些集成电路中把同步 RS 触发器设计成单端输入，如图 12.1.4(a)所示，通常把这种电路叫作 D 触发器。图中的 D 端为数据输入端，将输入信号 D 变成互补的两个信号 D 和 $\overline{D}$，分别发送到 S 和 R 端，即 $\overline{D}＝R$，$D＝S$。就是说 D 端为同步 RS 触发器的 S 端，$\overline{D}$ 端为同步 RS 触发器的 R 端。当 $D＝1$ 时，即 $S＝1$，$R＝0$，若 CP＝1，则触发器翻转为 1 或保持 1 态；当 $D＝0$ 时，即 $S＝0$，$R＝1$，若 CP＝1，则触发器翻转为 0 或保持 0 态。D 触发器的逻辑图形符号见图 12.1.4(b)。

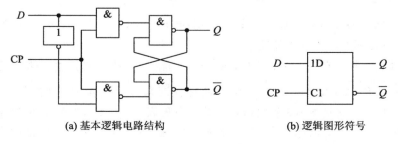

(a) 基本逻辑电路结构　　　　　　　(b) 逻辑图形符号

图 12.1.4　D 触发器

由分析可知，在某个时钟脉冲来到之后，D 触发器输出端信号 Q 的状态和该脉冲来到之前输入端信号 D 的状态一致，即

$$Q^{n+1} = D$$

D 触发器的逻辑状态表见表 12.1.3。

表 12.1.3　D 触发器的逻辑状态表

D	Q^{n+1}
0	0
1	1

12.1.3　脉冲触发的触发器

本小节主要介绍脉冲触发的 RS 触发器和 JK 触发器。

1. 脉冲触发的 RS 触发器

1）电路结构

脉冲触发的 RS 触发器是由两个同样的同步 RS 触发器组成的，其中一个直接接收输入信号，称为主触发器，另一个接收主触发器的输出信号，称为从触发器。它们的时钟信号相位相反，所以常称为主从 RS 触发器，其逻辑电路结构和图形符号如图 12.1.5 所示。

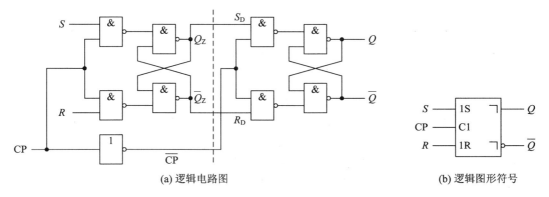

(a) 逻辑电路图　　　　　　　　　　　　　　　　(b) 逻辑图形符号

图 12.1.5　主从 RS 触发器

2）工作原理

主从触发器的触发翻转分为以下两个节拍：

(1) 当 CP＝1 时，$\overline{\text{CP}}$＝0。从触发器被封锁，保持原状态不变；主触发器工作，接收 R 和 S 端的输入信号。

(2) 当 CP 由 1 跃变到 0 时，即 CP＝0，$\overline{\text{CP}}$＝1。主触发器被封锁，R、S 端的输入信号不再影响主触发器的状态。而这时，由于 $\overline{\text{CP}}$＝1，因此从触发器接收主触发器输出端的信号。

由以上分析可知，主从触发器的翻转是在 CP 由 1 变 0 时刻（CP 下降沿）发生的，CP 一旦变为 0 后，主触发器被封锁，其状态不再受 R、S 端信号的影响。与此同时从触发器按照与主触发器相同的状态翻转，即触发器只在 CP 由 1 变 0 的时刻触发翻转，在 CP 的一个变化周期中，触发器输出端的状态只可能改变一次。

图 12.1.5 中(b)的逻辑符号"¬"表示延迟输出，即 CP 返回 0 以后输出状态才改变。因此输出状态的变化发生在 CP 信号的下降沿。

将上述逻辑关系写成逻辑状态表，即得到表 12.1.4。

表 12.1.4　主从 RS 触发器的逻辑状态表

CP	R	S	Q^n	Q^{n+1}	说　明
×	×	×	0	0	保持原状态不变 Q^n
	×	×	1	1	
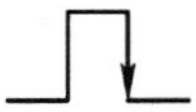 ⨅↓	0	0	0	0	保持原状态不变
			1	1	
	0	1	0	1	S 高电平有效，置 1
			1	1	
	1	0	0	0	R 高电平有效，置 0
			1	0	
	1	1	0	×	状态不定，所以在正常工作时遵守 $S_D R_D = 0$，即不加 $\overline{S_D} = \overline{R_D} = 0$ 的输入信号，发生在 CP 回到低电平以后
			1	×	

2. 脉冲触发的 JK 触发器(也称为主从 JK 触发器)

1) 电路结构

RS 触发器的特性方程中有约束条件 $SR = 0$，即 RS 触发器工作时，不允许输入信号 $R = S = 1$。这一约束条件不利于 RS 触发器的使用，有时感觉不方便。为了解决这一问题，我们注意到 RS 触发器的两个输出端 Q、$\overline{Q}$ 信号在正常工作时是互补的，即一个为 1，另一个一定为 0。如果把这两个信号通过两根反馈线分别接到输入端，就一定有一个门被封锁，这时就避免了输入信号同时为 1 的情况，这就是主从 JK 触发器的构成思路。主从 JK 触发器的逻辑电路图和逻辑图形符号如图 12.1.6 所示。

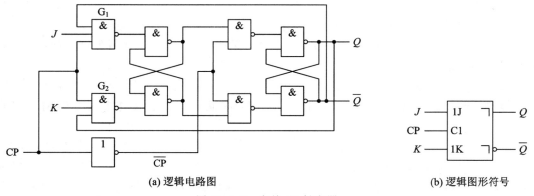

(a) 逻辑电路图　　　　　　　　　　(b) 逻辑图形符号

图 12.1.6　主从 JK 触发器

如图 12.1.6(a)所示,主从 JK 触发器是在主从 RS 触发器的基础上增加两根反馈线,一根从 Q 端接到与非门 G_2 的输入端,一根从 $\bar{Q}$ 端接到与非门 G_1 的输入端,并把原来的 S 端改为 J 端,把原来的 R 端改为 K 端。

2)逻辑功能

主从 JK 触发器的逻辑功能与主从 RS 触发器的逻辑功能基本相同,不同之处是主从 JK 触发器没有约束条件,在 $J=K=1$ 时,每输入一个时钟脉冲后,触发器向相反的状态翻转一次。

若 $J=1$,$K=0$,则 CP$=1$ 时,主触发器置 1(原来是 0 则置成 1,原来是 1 则保持 1),待 CP$=0$ 以后,从触发器亦随之置 1,即 $Q^{n+1}=1$。

若 $J=0$,$K=1$,则 CP$=1$ 时,主触发器置 0,待 CP$=0$ 以后,从触发器也随之置 0,即 $Q^{n+1}=0$。

若 $J=K=0$,则由于与非门 G_2、G_1 被封锁,触发器保持原状态不变,即 $Q^{n+1}=Q^n$。

若 $J=K=1$ 时,则需要分别考虑两种情况。第一种情况是 $Q^n=0$,这时门 G_1 被 Q 端的低电平封锁,CP$=1$ 时,仅门 G_2 输出低电平信号,主触发器置 1,待 CP$=0$ 以后,从触发器也跟着置 1,即 $Q^{n+1}=1$。第二种情况是 $Q^n=1$,这时门 G_2 被 $\bar{Q}$ 端低电平封锁,因而在 CP$=1$ 时,仅门 G_1 能给出低电平信号,故主触发器置 0,待 CP$=0$ 以后,从触发器跟着置 0,故 $Q^{n+1}=0$。

综合以上两种情况可知,无论 $Q^n=1$ 还是 $Q^n=0$,主从 JK 触发器的次态可统一表示为 $Q^{n+1}=\bar{Q}^n$。就是说,当 $J=K=1$ 时,CP 下降沿到达后,主从 JK 触发器将翻转为与初态相反的状态。

将上述的逻辑关系写成真值表,即得到表 12.1.5 所示的主从 JK 触发器的逻辑状态表。

表 12.1.5 主从 JK 触发器的逻辑状态表

CP	J	K	Q^n	Q^{n+1}	说 明
$\times$	$\times$	$\times$	0	0	保持原状态不变
	$\times$	$\times$	1	1	
	0	0	0	0	保持原状态不变
			1	1	
	0	1	0	0	K 高电平有效,置 0
			1	0	
	1	0	0	1	J 高电平有效,置 1
			1	1	
	1	1	0	1	每输入一个脉冲,输出状态改变一次
			1	0	

12.1.4 边沿触发的触发器

边沿触发的触发器不仅将触发器的触发翻转控制在 CP 触发沿到来的一瞬间,而且将接收输入信号的时间也控制在 CP 触发沿到来的前一瞬间。因此,该触发器既没有空翻现象，也没有一次变化问题，从而大大提高了触发器工作的可靠性和抗干扰能力。

下面以维持-阻塞边沿 D 触发器为例来分析该类型触发器的特点。

如图 12.1.7(a) 所示，在同步 RS 触发器的基础上，加上两个与非门 G_5、G_6，将输入信号 D 变成互补的两个信号分别发送到 R、S 端，即 $R = \bar{D}$，$S = D$，就构成了同步 D 触发器。很容易验证，该电路满足 D 触发器的逻辑功能，但有同步触发器的空翻现象。

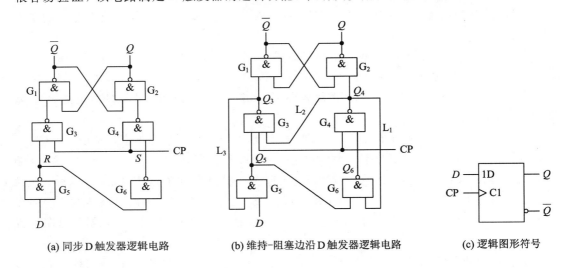

(a) 同步 D 触发器逻辑电路　　(b) 维持-阻塞边沿 D 触发器逻辑电路　　(c) 逻辑图形符号

图 12.1.7　D 触发器

为了避免出现空翻现象，并使触发器具有边沿触发器的特性，在图 12.1.7(a) 所示电路的基础上接入 3 根反馈线 L_1、L_2、L_3，如图 12.1.7(b) 所示，其工作原理从以下两种情况分析。

(1) 输入 $D=1$。

在 CP$=0$ 时，与非门 G_3、G_4 被封锁，$Q_3 = 1$，$Q_4 = 1$，与非门 G_1、G_2 组成的基本 RS 触发器保持原状态不变。因 $D=1$，与非门 G_5 输入全 1，输出 $Q_5 = 0$，它使 $Q_3 = 1$，$Q_6 = 1$。当 CP 由 0 变 1 时，与非门 G_4 输入全 1，输出 Q_4 变为 0。继而 Q 翻转为 1，$\bar{Q}$ 翻转为 0，完成了使触发器翻转为 1 状态的全过程。同时，一旦 Q_4 变为 0，通过反馈线 L_1 封锁了与非门 G_6，这时如果 D 端信号由 1 变 0，只会影响与非门 G_5 的输出，不会影响与非门 G_6 的输出，维持了触发器的 1 状态。因此，称 L_1 线为置 1 维持线。同理，Q_4 变为 0 后，通过反馈线 L_2 也封锁了与非门 G_3，从而阻塞了置 0 的通路，故称 L_2 线为置 0 阻塞线。

(2) 输入 $D=0$。

在 CP$=0$ 时，与非门 G_3、G_4 被封锁，$Q_3 = 1$，$Q_4 = 1$，与非门 G_1、G_2 组成的基本 RS 触发器保持原状态不变。因 $D=0$，$Q_5 = 1$，与非门 G_6 输入全为 1，输出 $Q_6 = 0$。当 CP 由 0 变 1 时，与非门 G_3 输入全 1，输出 Q_3 变为 0。继而 $\bar{Q}$ 翻转为 1，Q 翻转为 0，完成了使触发器翻转为 0 状态的全过程。同时，一旦 Q_3 变为 0，通过反馈线 L_3 封锁了与非门 G_5，这时无论 D 端信号怎么变化，也不会影响与非门 G_5 的输出，从而维持了触发器的 0 状态。因此，称 L_3 为置 0 维持线。

可见，维持-阻塞触发器是利用了维持线和阻塞线，将触发器的触发翻转控制在 CP 信号上升沿到来的一瞬间，并接收 CP 信号上升沿到来前一瞬间的 D 端信号。维持-阻塞触发器因此而得名。

12.2　触发器的逻辑功能和描述

12.2.1　RS 触发器

RS 触发器在时钟信号作用下具有表 12.2.1 所示的逻辑功能。

表 12.2.1　RS 触发器的逻辑状态表

S	R	Q^n	Q^{n+1}	功 能 说 明
0	0	0	0	保持
0	0	1	1	
0	1	0	0	置 0
0	1	1	0	
1	0	0	1	置 1
1	0	1	1	
1	1	0	不定	状态不定
1	1	1	不定	

触发器次态 Q^{n+1} 与输入状态 R、S 及现态 Q^n 之间关系的逻辑表达式称为触发器的特性方程：

$$\begin{cases} Q^{n+1} = S + \bar{R}Q^n \\ RS = 0 \quad （约束条件） \end{cases} \tag{12.2.1}$$

此外，还可以用图 12.2.1 所示的状态转换图形象地表示 RS 触发器的逻辑功能。

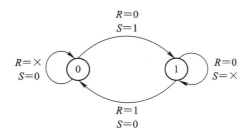

图 12.2.1　同步 RS 触发器的状态转换图

图 12.2.1 中以圆圈代表触发器的两个状态，用箭头表示状态转换的方向，同时在箭头的旁边注明了转换的条件。状态转换图表示触发器从一个状态转换到另一个状态或保持原状态不变时，对输入信号的要求。

12.2.2　JK 触发器

JK 触发器在时钟信号作用下具有表 12.2.2 所示的逻辑功能。

表 12.2.2   JK 触发器的逻辑状态表

J	K	Q^n	Q^{n+1}	功 能 说 明
0	0	0	0	保持
0	0	1	1	
0	1	0	0	置 0
0	1	1	0	
1	0	0	1	置 1
1	0	1	1	
1	1	0	1	翻转
1	1	1	0	

JK 触发器的特性方程为

$$Q^{n+1} = J\,\overline{Q}^n + \overline{K}Q^n \qquad\qquad (12.2.2)$$

JK 触发器的状态转换图如图 12.2.2 所示。

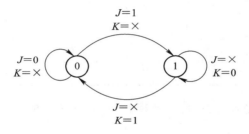

图 12.2.2   JK 触发器的状态转换图

12.2.3   T 触发器

在某些应用场合下,需要这样一种逻辑功能的触发器,当控制信号 $T=1$ 时,每来一个 CP 信号,它的状态就翻转一次,而当 $T=0$ 时,每来一个 CP 信号,它的状态保持不变。如果将 JK 触发器的 J 和 K 端相连作为 T 输入端就构成了 T 触发器,如图 12.2.3 所示。正因为如此,在触发器的定型产品中,通常没有专门的 T 触发器。T 触发器的逻辑状态表如表 12.2.3 所示。

表 12.2.3   T 触发器的逻辑状态表

T	Q^n	Q^{n+1}	功能说明
0	0	0	保持原状态
0	1	1	
1	0	1	每输入一个脉冲,输出状态改变一次
1	1	0	

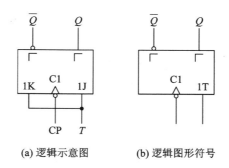

(a) 逻辑示意图　　　(b) 逻辑图形符号

图 12.2.3　用 JK 触发器构成 T 触发器

T 触发器的特性方程为

$$Q^{n+1} = T\overline{Q}^n + \overline{T}Q^n \tag{12.2.3}$$

当 T 触发器的输入控制端为 $T=1$ 时，每输入一个时钟脉冲 CP，触发器状态便翻转一次，这种状态的触发器称为 $\overline{T}$ 触发器。$\overline{T}$ 触发器的特性方程为

$$Q^{n+1} = \overline{Q}^n \tag{12.2.4}$$

T 触发器的状态转换图如图 12.2.4 所示。

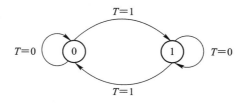

图 12.2.4　T 触发器的状态转换图

12.2.4　D 触发器

D 触发器只有一个触发输入端 D，因此，逻辑关系非常简单，凡在时钟信号作用下逻辑功能符合表 12.2.4 所规定的逻辑功能者，叫作 D 触发器。

表 12.2.4　D 触发器的逻辑状态表

D	Q^n	Q^{n+1}	功　能　说　明
0	0	0	输出状态与 D 状态相同
	1	0	
1	0	1	
	1	1	

由逻辑状态表可得 D 触发器的特性方程为

$$Q^{n+1} = D \tag{12.2.5}$$

D 触发器的状态转换图如图 12.2.5 所示。

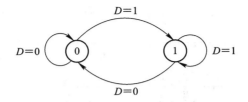

图 12.2.5　D 触发器的状态转换图

12.3　计　数　器

能够对输入脉冲个数进行计数的电路称为计数器。一般将待计数的脉冲作为计数器的 CP 脉冲。计数器在数字系统中应用非常广泛，除了计数的基本功能，它还可以实现脉冲信号的分频、定时、脉冲序列的产生等。

计数器一般是由触发器级联构成的。在同步计数器中，各个触发器使用相同的时钟脉冲，而在异步计数器中，所有触发器的时钟脉冲并不是同一个，所有触发器的状态不会同时翻转。计数器、按计数进制不同，可分为二进制计数器、十进制计数器等；按计数数值的增减方式不同，可分为加法计数器、减法计数器等；按计数脉冲的输入方式不同，可分为同步计数器、异步计数器。

12.3.1　二进制计数器

二进制加法运算的规则是"逢二进一"，当低位全为 1 时，若再加 1，则低位全翻转为 0，同时向高位产生进位；当低位全为 0 时，若再减 1，则低位全翻转为 1，同时向高位产生借位。

由于双稳态触发器有 0 和 1 两个状态，所以一个触发器可以表示 1 位二进制数。如果要表示 n 位二进制数，就得用 n 个触发器。同步二进制计数器一般用 T 触发器构成，通过计数器电路的不同状态来记录输入的 CP 脉冲数目，从而实现计数功能。下面介绍两种同步二进制计数器。

1. 同步二进制加法计数器

图 12.3.1 给出了由 4 个边沿型 JK 触发器构成的同步 4 位二进制加法计数器逻辑电路，图中 4 个 JK 触发器在功能上都转换成了 T 触发器。第 1 个触发器 FF_0 的输入信号 T_0 连接高电平 1，第 2 个触发器 FF_1 的输入信号 T_1 连接到第 1 个触发器 FF_0 的 Q_0 输出端，第 3 个触发器 FF_2 的输入信号 T_2 由 FF_0 及 FF_1 的输出相与后得到，第 4 个触发器 FF_3 的输入信号 T_3 由 FF_0、FF_1 及 FF_2 的输出相与后得到。

电路的工作过程：对于 FF_0，每来一个 CP 信号，Q_0 翻转一次；对于 FF_1，其输出 Q_1 在每当 Q_0 为 1 时，再来一个 CP 信号就翻转一次，否则状态保持不变；对于 FF_2，其输出 Q_2 当 Q_0、Q_1 都为高电平 1 时，再来一个 CP 信号就翻转一次，否则状态保持不变；对于 FF_3，当 Q_0、Q_1、Q_2 都为高电平 1 时，再来一个 CP 信号就翻转一次，否则状态保持不变。由此可画出该同步 4 位二进制加法计数器的电路时序波形如图 12.3.2 所示。电路状态转换表见表 12.3.1。

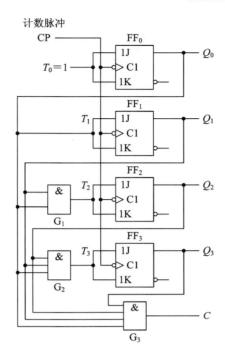

图 12.3.1　同步 4 位二进制加法计数器逻辑电路

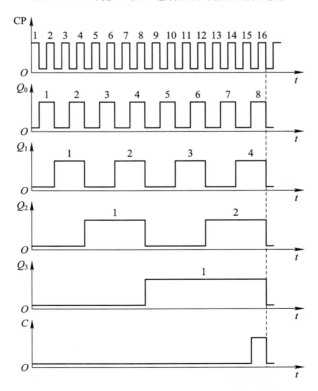

图 12.3.2　图 12.3.1 所示电路的时序波形图

表 12.3.1 图 12.3.1 所示电路的状态转换表

时序脉冲	Q_3	Q_2	Q_1	Q_0	十进制数	进位输出	时序脉冲	Q_3	Q_2	Q_1	Q_0	十进制数	进位输出
0	0	0	0	0	0	0	10	1	0	1	0	10	0
1	0	0	0	1	1	0	11	1	0	1	1	11	0
2	0	0	1	0	2	0	12	1	1	0	0	12	0
3	0	0	1	1	3	0	13	1	1	0	1	13	0
4	0	1	0	0	4	0	14	1	1	1	0	14	0
5	0	1	0	1	5	0	15	1	1	1	1	15	1
6	0	1	1	0	6	0	16	0	0	0	0	0	0
7	0	1	1	1	7	0	—		—			—	—
8	1	0	0	0	8	0							
9	1	0	0	1	9	0	—		—			—	—

由电路的状态转换表画出电路的状态转换图，如图 12.3.3 所示。

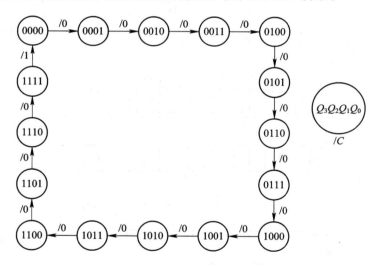

图 12.3.3 图 12.3.1 所示电路的状态转换图

由电路的状态转换图或时序波形图可知，该电路一共有 16 个状态 0000～1111，它们在时钟脉冲作用下，按照加 1 规律循环变化，同时在输出端产生一个进位输出脉冲 C，故该电路是一个同步 4 位二进制加法计数器，即同步十六进制加法计数器。

2. 同步二进制减法计数器

如果将图 12.3.1 中触发器 FF_1、FF_2 的输入信号分别改为 $T_1 = \overline{Q_0}$，$T_2 = \overline{Q_0}\,\overline{Q_1}$，$T_3 = \overline{Q_0}\,\overline{Q_1}\,\overline{Q_2}$，输出信号 C 改为 B，且 $B = \overline{Q_0}\,\overline{Q_1}\,\overline{Q_2}\,\overline{Q_3}$，如图 12.3.4 所示，则电路构成同步 4 位二进制减法计数器，B 为借位输出信号，其工作过程读者可对照前面的分析自行完成。

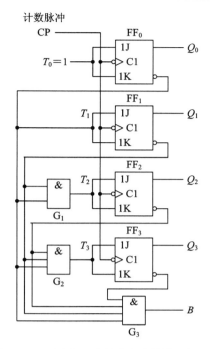

图 12.3.4　同步二进制减法计数器逻辑电路

12.3.2　十进制计数器

1. 同步十进制加法计数器

同步十进制加法计数器是在同步 4 位二进制加法计数器的基础上修改而成的。采用 4 个在功能上转换为 T 触发器的 JK 触发器构成，其状态转换表如表 12.3.2 所示。

表 12.3.2　同步十进制加法计数器状态转换表

计数脉冲	Q_3	Q_2	Q_1	Q_0
0	0	0	0	0
1	0	0	0	1
2	0	0	1	0
3	0	0	1	1
4	0	1	0	0
5	0	1	0	1
6	0	1	1	0
7	0	1	1	1
8	1	0	0	0
9	1	0	0	1
10	0	0	0	0

从表 12.3.2 中看出，如果从 0000 开始计数，到第 9 个计数脉冲为止，电路的工作过程与同步 4 位二进制加法计数器相同。第 9 个计数脉冲后电路进入 1001 状态，第 10 个计数脉冲到来时，要求电路状态回到 0000。为实现电路状态的跳变，需要在同步 4 位二进制加法计数器的基础上修改计数器的驱动方程和输出方程。

通过观察，表 12.3.2 可知，其中 Q_0 每来一个 CP 信号就翻转一次，因此可确定 $\mathrm{FF_0}$ 的输入信号为 $T_0=1$；接下来，可以看到 Q_1 每次在 $Q_0=1$、$Q_3=0$ 的下一个 CP 信号到来时发生翻转，因此可确定 $\mathrm{FF_1}$ 的输入信号为 $T_1=Q_0\overline{Q_3}$；而 Q_2 每次在 $Q_0=1$、$Q_1=1$ 的下一个 CP 信号到来时发生翻转，因此可确定 $\mathrm{FF_2}$ 的输入信号为 $T_2=Q_0Q_1$；最后，Q_3 每次在 $Q_0=1$、$Q_1=1$ 和 $Q_2=1$ 的下一个 CP 信号到来时发生翻转，或者在 $Q_0=1$、$Q_3=1$ 时（状态9）的下一个 CP 信号到来时发生翻转，故 $\mathrm{FF_3}$ 的输入信号为 $T_3=Q_0Q_1Q_2+Q_0Q_3$，由此可画出同步十进制加法计数器的逻辑电路如图 12.3.5 所示。

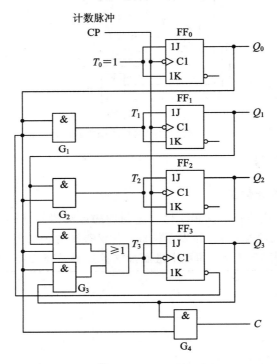

图 12.3.5　同步十进制加法计数器逻辑电路

在第 9 个脉冲作用后，电路状态进入 1001，此时 $T_0=1$、$T_1=0$、$T_2=0$、$T_3=1$；在第 10 个脉冲下降沿到来时，Q_0 由 1 变为 0，Q_1、Q_2 保持 0 状态，Q_3 由 1 变为 0，故电路状态返回 0000。电路在 0000~1001 共 10 个状态间循环，故称为十进制计数器。

2. 同步十进制减法计数器

同步十进制减法计数器是在同步 4 位二进制减法计数器的基础上修改而成的，其逻辑电路如图 12.3.6 所示。如果从 1001 开始计数，到输入第 9 个计数脉冲为止，电路的工作过程与同步 4 位二进制减法计数器相同。第 9 个计数脉冲后，电路进入 0000 状态，第 10 个计数脉冲到来时电路状态回到 1001。

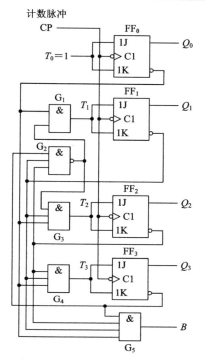

图 12.3.6　同步十进制减法计数器逻辑电路

12.3.3　集成计数器

在实际数字系统中，集成计数器与由集成触发器构成的计数器相比，有着更广泛的应用。它们具有体积小、功能灵活、可靠性高等优点。集成计数器种类很多，按时钟脉冲的接入方式分，有同步计数器和异步计数器；按计数进制分，主要有二进制计数器和十进制计数器。本节将详细介绍几种典型的集成计数器。

1. 集成同步计数器

下面以集成同步计数器的典型产品 74LS161 为例进行讨论。

74LS161 是同步 4 位二进制即十六进制加法计数器，它的引脚图及逻辑图形符号如图 12.3.7 所示。

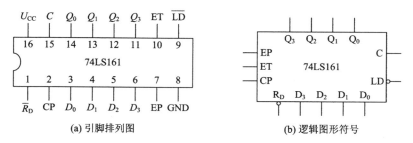

(a) 引脚排列图　　　　　　　　　　(b) 逻辑图形符号

图 12.3.7　集成计数器 74LS161

图中，$\overline{R_D}$ 为异步清零端，$\overline{LD}$ 为预置数控制端，EP 和 ET 为工作状态控制端，CP 为时钟脉冲输入端，$D_0 \sim D_3$ 为预置数输入端，$Q_0 \sim Q_3$ 为状态输出端，C 为进位输出端。表 12.

3.3 是 74LS161 的功能表。

表 12.3.3　74LS161 的功能表

清零	置数	使能		时钟	预置数输入				输出				工作模式
$\overline{R_D}$	$\overline{LD}$	ET	EP	CP	D_3	D_2	D_1	D_0	Q_3	Q_2	Q_1	Q_0	
0	×	×	×	×	×	×	×	×	0	0	0	0	异步清零
1	0	×	×	↑	d_3	d_2	d_1	d_0	d_3	d_2	d_1	d_0	同步置数
1	1	0	×	×	×	×	×	×	保持				数据保持(包括 C)
1	1	×	0	×	×	×	×	×	保持				数据保持($C=0$)
1	1	1	1	↑	×	×	×	×	计数				加法计数

由功能表可知,74LS161 具有以下功能:

(1) 异步清零。当 $\overline{R_D}=0$ 时,不管其他输入信号的状态如何,计数器输出将立即被清零。

(2) 同步置数。当 $\overline{R_D}=1$(清零无效)、$\overline{LD}=0$ 且有 CP 信号的上升沿到来时,则计数器输出端数据 $Q_0 \sim Q_3$ 等于计数器的预置端数据 $D_0 \sim D_3$。

(3) 加法计数。当 $\overline{R_D}=1$、$\overline{LD}=1$(置数无效)且 ET= EP=1 时,每来一个 CP 信号的上升沿,计数器按照 4 位二进制码进行加法计数,计数变化范围为 0000~1111,该功能为 74LS161 的最主要功能。

(4) 数据保持。当 $\overline{R_D}=1$、$\overline{LD}=1$,且 EP·ET=0 时,无论有没有 CP 信号,计数器状态都将保持不变。

74LS160 也是一款典型的集成电路产品,它是同步十进制加法计数器,该芯片的各输入端、输出端的功能及用法与 74LS161 完全类同,故使用时两芯片没有区别,在此不再赘述。

2. 集成异步计数器

集成异步计数器是在基本异步计数器的基础上增加了一些辅助电路扩展而成的。其典型产品是 74LS90(或 74LS290,两者的逻辑功能相同,但引脚图不同),它的逻辑电路及逻辑图形符号如图 12.3.8 所示。

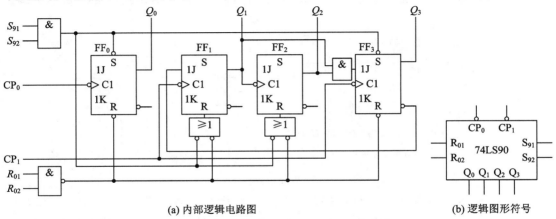

(a) 内部逻辑电路图　　　　　　　　(b) 逻辑图形符号

图 12.3.8　集成计数器 74LS90

从图 12.3.8 中可看出：

(1) 触发器 FF_0 为独立的 1 位二进制计数器。

(2) 触发器 $FF_1 \sim FF_3$ 为独立的 3 位五进制计数器，其计数状态范围为 $000 \sim 100$，因此 74LS90 的内部逻辑电路可用图 12.3.9 表示。

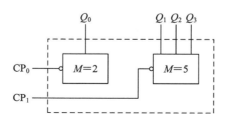

图 12.3.9　集成计数器 74LS90 的内部逻辑电路等效图

若以 CP_0 为计数脉冲输入端、Q_0 为输出端，即得到二进制计数器（或二分频器）；若以 CP_1 为计数脉冲输入端、Q_3 为输出端，则得到五进制计数器（或五分频器）；若将 CP_1 与 Q_0 相连，同时以 CP_0 为计数脉冲输入端、Q_3 为输出端，则得到十进制计数器（或十分频器）。因此，将 74LS90 称为二-五-十进制异步计数器。

12.4　脉冲波形的产生和整形

在数字系统中，经常需要各种宽度、幅度的脉冲信号，例如时钟信号、定时信号。因此必须考虑脉冲信号的产生与变换问题。

在数字时序电路中，矩形脉冲作为时钟信号控制和协调着整个数字系统的工作。因此时钟脉冲信号直接影响到整个系统能否正常工作。如图 12.4.1 所示的矩形脉冲的特征可以由下述几个主要参数来表征。

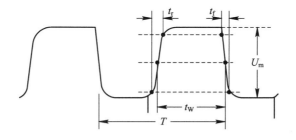

图 12.4.1　矩形脉冲

(1) 脉冲幅度 U_m：脉冲电压最大幅值。

(2) 脉冲宽度 t_w：从脉冲前沿上升到 $0.5U_m$ 起，到脉冲后沿下降到 $0.5U_m$ 所需的时间。

(3) 上升时间 t_r：脉冲上升沿从 $0.1U_m$ 上升到 $0.9U_m$ 所需的时间。

(4) 下降时间 t_f：脉冲下降沿从 $0.9U_m$ 下降到 $0.1U_m$ 所需的时间。

(5) 脉冲周期 T：在周期性重复的脉冲序列中，两个相邻脉冲的时间间隔。

(6) 脉冲频率 f：单位时间内脉冲重复的次数，$f = 1/T$。

（7）占空比 q：脉冲宽度与脉冲周期的比值 $q = t_w/T$。

脉冲波形的产生和整形电路种类很多，这一节主要介绍最基本、最典型的几种电路，即用于脉冲变换与整形的施密特触发器，用于定时、延时、调整信号脉宽的单稳态触发器和能直接产生脉冲波形的多谐振荡器。这几种电路可以用门电路组成，也可以用 555 定时器构成，本节重点介绍用 555 定时器构成的施密特触发器、单稳态触发器和多谐振荡器。

12.4.1　集成 555 定时器

555 定时器是一种数字电路与模拟电路相结合的中规模集成电路，它是一种多用途的单片集成电路。如在其外部配上少许阻容元件，便能构成多谐振荡器、单稳态触发器和施密特触发器。由于 555 定时器的性能优良，使用灵活方便，因而在波形的产生与变换、测量与控制、家用电器和电子玩具等许多领域都得到了广泛应用。

图 12.4.2(a)是 555 定时器的内部电路框图。

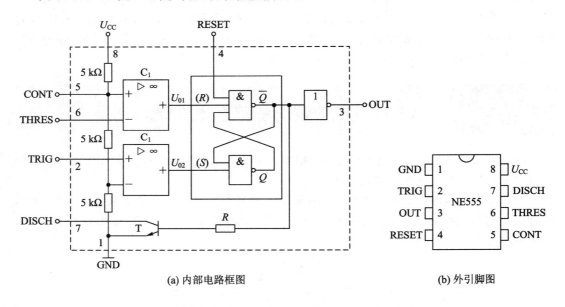

(a) 内部电路框图　　　　(b) 外引脚图

图 12.4.2　NE555 内部电路框图和外引脚图

1. NE555 定时器的引脚功能

本节以 TTL 型 NE555 定时器为例进行分析。从图 12.4.2(b)所示的外引脚排列可知，NE555 定时器具有 8 个引脚。

引脚 1（GND/地线或共同接地）：通常连接到电路共同接地。

引脚 2（TRIG/触发）：通过这个引脚能触发 555 定时器，启动它的时间周期，该引脚是比较器 C_2 的输入端。

引脚 3（OUT/输出）：555 定时器的输出引脚。在高电位时的最大输出电流约为 200 mA。

引脚 4（RESET/重置）：外部复位输入端，一个低逻辑电位送至这个引脚时会重置定时器，同时使该引脚输出信号回到一个低电位，该引脚通常接到正电源或忽略不用。

引脚 5（CONT/控制）：通过这个引脚可由外部电压改变触发和闸限电压。当 555 定时器工作在稳定或振荡的工作方式下，通过这个输入端能改变或调整输出频率。

引脚 6(THRES/重置锁定)：当这个引脚的电压从 $\frac{1}{3}U_{CC}$ 电压以下移至 $\frac{2}{3}U_{CC}$ 电压以上时，启动重置锁定并使输出呈低态。

引脚 7(DISCH/放电)：和主要的输出引脚 3 有相同的电流输出能力，当引脚 3 输出为低电平时，此引脚输出为低电平，对地为低阻抗，当引脚 3 输出为高电平时，此引脚输出为高电平，对地为高阻抗。

引脚 8 (U_{CC}/电源)：555 定时器的正电源输入端，供应电压的范围是 +5 V(最小值)至 +16 V(最大值)。

2. NE555 定时器的基本功能

利用图 12.4.2(b)图中的引脚标识，可以将 NE555 定时器的功能总结为表 12.4.1 所示。从定时器的功能表可见：

(1) 外部复位输入端 RESET 接低电平或接地时，不管其他输入端的状态如何，输出端 OUT 均为低电平，并且放电端 DISCH 通过导通的三极管接地。因此定时器正常工作时，应将外部复位输入端接高电平。

(2) 外部复位输入端 RESET 接高电平，控制端 CONT 悬空或通过电容接地时：

当 CONT 端(引脚 5)悬空时，比较器 C_1 和 C_2 的比较电压分别为 $\frac{2}{3}U_{CC}$ 和 $\frac{1}{3}U_{CC}$。

当 THRES 端(引脚 6)电压大于 $\frac{2}{3}U_{CC}$，TRIG 端(引脚 2)电压大于 $\frac{1}{3}U_{CC}$ 时，比较器 C_1 输出低电平，C_2 输出高电平，基本 RS 触发器置 0，放电三极管 T 导通，OUT 输出端为低电平。

当 THRES 端电压小于 $\frac{2}{3}U_{CC}$，TRIG 端电压大于 $\frac{1}{3}U_{CC}$ 时，比较器 C_1 输出高电平，C_2 输出高电平，基本 RS 触发器状态保持不变，放电三极管 T 和 OUT 输出端状态保持不变。

当 THRES 端电压小于 $\frac{2}{3}U_{CC}$，TRIG 端电压小于 $\frac{1}{3}U_{CC}$ 时，比较器 C_1 输出高电平，C_2 输出低电平，基本 RS 触发器置 1，放电三极管 T 截止，OUT 输出端为高电平。

表 12.4.1 NE555 定时器功能表

THRES 端	TRIG 端	RESET 端	OUT 端	放电管 T 状态
×	×	0	0	导通
$<\frac{2}{3}U_{CC}$	$<\frac{1}{3}U_{CC}$	1	1	截止
$>\frac{2}{3}U_{CC}$	$>\frac{1}{3}U_{CC}$	1	0	导通
$<\frac{2}{3}U_{CC}$	$>\frac{1}{3}U_{CC}$	1	不变	不变

12.4.2　单稳态触发器

单稳态触发器被广泛应用于脉冲整形、延时（产生滞后于触发脉冲的输出脉冲）及定时（产生固定时间宽度的脉冲信号）电路。

单稳态触发器的工作特点如下：

（1）有一个稳定状态和一个暂稳定状态（暂稳态）。暂稳态通常都是靠 RC 电路的充、放电过程来维持的。

（2）在触发脉冲作用下，电路将从稳态翻转到暂稳态，停留一段时间 t_w 后，又能自动返回稳定状态。

（3）暂稳态维持时间仅取决于电路本身的参数，而与触发脉冲的宽度无关。

图 12.4.3(a)所示是由 555 定时器组成的单稳态触发器。R 和 C 是外接元件，触发信号由引脚 2 输入。图 12.4.3(b)所示是单稳态触发器的波形图。

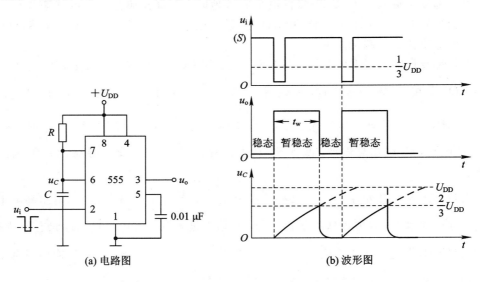

(a) 电路图　　　　　　　　(b) 波形图

图 12.4.3　单稳态触发器

单稳态触发器的输出脉冲宽度 t_w 为电容 C 从 0 V 充电到 $\frac{2}{3}U_{DD}$ 所需的时间，通过工作原理分析可以知道，输出脉冲宽度 t_w 等于暂稳态时间，也就是定时电容 C 的充电时间，有

$$u_C(\infty) = U_{DD}, \quad u_C(0_+) \approx 0 \text{ V}, \quad u_C(t_w) = \frac{2}{3}U_{DD} \tag{12.4.1}$$

故输出脉冲宽度为

$$t_w = \tau\ln\frac{u_C(\infty) - u_C(0_+)}{u_C(\infty) - u_C(t_w)} = RC\ln\frac{U_{DD} - 0}{U_{DD} - \frac{2}{3}U_{DD}}$$

$$= RC \cdot \ln 3 = 1.1RC \tag{12.4.2}$$

式(12.4.2)说明，单稳态触发器的输出脉冲宽度仅取决于定时元件 R、C 的值，与输入触发信号和电源电压无关，调节 R、C 的值即可以改变 t_w。通常电阻取值在几百欧姆至

几兆欧姆，电容取值在几百皮法至几百微法范围内，所以 t_w 对应范围可在几微秒到几分钟。

12.4.3　多谐振荡器

多谐振荡器是一种能产生矩形波的自激振荡器，也称矩形波发生器。在接通电源后，不需要外加脉冲就能自动产生矩形脉冲。

多谐振荡器是一种无稳态电路，能够自动地不断来回翻转，产生矩形脉冲。由于其输出的矩形脉冲中含有很多谐波分量，因此将它称为多谐振荡器，也称为方波发生器。

多谐振荡器一旦起振之后，电路没有稳态，只有两个暂稳态，因此又称它为无稳态电路。两个暂稳态交替变化，它们之间的转换由电路中电容的充放电作用自动进行，不需外加触发信号，只要接通电源就能输出连续的矩形脉冲信号。

图 12.4.4(a)所示是由 555 定时器组成的多谐振荡器。R_1、R_2 和 C 是外接元件。图 12.4.4(b)是多谐振荡器的波形图。

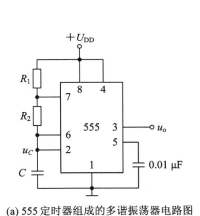

(a) 555 定时器组成的多谐振荡器电路图

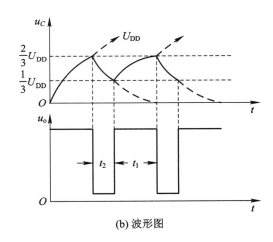

(b) 波形图

图 12.4.4　多谐振荡器

接通电源后，电容器 C 两端电压 $u_C=0$，555 定时器内部 C_1 比较器输出高电平，定时器内部 C_2 比较器输出低电平，故 RS 触发器置 1，输出 u_o 为高电平，放电管截止。当电源刚接通时，电流经 R_1、R_2 对电容 C 充电，使其电压 u_C 按指数规律上升，当 u_C 上升到 $\frac{2}{3}U_{DD}$ 时，触发器置 0，输出 u_o 为低电平，555 定时器内部晶体管 T 导通，我们把 u_C 从 $\frac{1}{3}U_{DD}$ 上升到 $\frac{2}{3}U_{DD}$ 这段时间内电路的状态称为第一暂稳态，其维持的时间为电容充电时间：

$$t_1 = 0.7(R_1 + R_2)C \qquad (12.4.3)$$

由于放电晶体管 T 导通，电容 C 通过 R_2 和放电管 T 放电，电路进入第二暂稳态。放电时间 $t_2=0.7R_2C$。随着电容 C 的放电，u_C 下降，当 u_C 下降到 $\frac{1}{3}U_{DD}$ 时，RS 触发器置 1，输出 u_o 为高电平，放电管 T 截止，电容 C 放电结束，电源再次对电容 C 充电，电路又翻转到第一暂稳态。如此反复，输出矩形波形。

从图 12.4.4 中 u_C 波形可求得电容的充电时间 t_1 和放电时间 t_2 分别如下：

$$t_1 = (R_1 + R_2)C\ln \frac{U_{DD} - \frac{1}{3}U_{DD}}{U_{DD} - \frac{2}{3}U_{DD}} = 0.7(R_1 + R_2)C \qquad (12.4.4)$$

$$t_2 = R_2 C\ln \frac{0 - \frac{2}{3}U_{DD}}{0 - \frac{1}{3}U_{DD}} = 0.7 R_2 C \qquad (12.4.5)$$

所以，多谐振荡器的振荡周期为

$$T = t_1 + t_2 = 0.7(R_1 + 2R_2)C \qquad (12.4.6)$$

振荡频率为

$$f = \frac{1}{T} = \frac{1}{0.7(R_1 + 2R_2)C} \qquad (12.4.7)$$

通过改变 R 和 C 的参数即可改变振荡频率。根据式(12.4.4)、式(12.4.5)可以求出输出脉冲的占空比为

$$q = \frac{t_1}{T} = \frac{R_1 + R_2}{R_1 + 2R_2} \qquad (12.4.8)$$

12.4.4 施密特触发器

施密特触发器是指一种电路结构，这种结构可以存在于各种逻辑功能电路中，如施密特与门、施密特与非门。

施密特触发器的输出具有两个稳定状态，其工作特点是两个稳定状态的维持与相互转换均与输入电压的大小有关，且输出由高电平转换到低电平以及由低电平转换到高电平所需的输入触发是不相同的，其差值称为回差电压。由于具有回差电压，故其抗干扰能力较强。应用施密特触发器能将边沿变化缓慢的波形整形为边沿陡峭的矩形脉冲。

1. 电路组成

将 555 定时器的第 2 脚和第 6 脚短接并作为信号输入端，则 555 定时器就具有施密特触发器的功能，电路如图 12.4.5(a)所示。

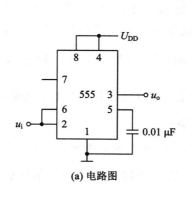

(a) 电路图

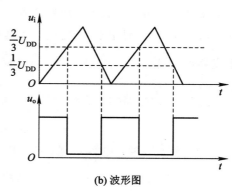

(b) 波形图

图 12.4.5　用 555 定时器构成施密特触发器电路及波形图

2. 工作原理

设在电路的输入端输入三角波。接通电源后，输入电压 u_i 较低，使第 6 管脚电压 $<2U_{DD}/3$，第 2 管脚电压 $<U_{DD}/3$，555 定时器内部 RS 触发器置 1，输出 u_o 为高电平，555 定时器内部放电管 T 截止。随输入电压 u_i 的升高，当满足 $U_{DD}/3<u_i<2U_{DD}/3$ 时，电路维持原态。当 $u_i \geqslant 2U_{DD}/3$ 时，触发器置 0，输出 u_o 为低电平，放电管 T 导通，电路状态翻转。可见，该施密特触发器的正向阈值电压 $U_{T+}=2U_{DD}/3$。

当输入电压 $u_i>2U_{DD}/3$ 时，经过一段时间后，输入电压开始逐渐降低，当 $U_{DD}/3<u_i<2U_{DD}/3$ 时，电路仍维持不变的状态，输出 u_o 为低电平。当 $u_i \leqslant U_{DD}/3$ 时，触发器置 1，输出 u_o 变为高电平，放电管 T 截止。可见，该电路负向阈值电压 $U_{T-}=U_{DD}/3$，回差电压 $\Delta U=2U_{DD}/3-U_{DD}/3=U_{DD}/3$。

在以后的时间里，随输入电压反复变化，输出电压重复以上过程。工作波形如图 12.4.5(b)所示。

另外，在控制端第 5 管脚上外加一控制电压 U_{CO}，就能改变内部比较器的参考电压（$U_{T+}=U_{CO}$，$U_{T-}=U_{CO}/2$），达到调节回差电压的目的。U_{CO} 越大，回差电压也越大，电路的抗干扰能力也就越强。

本 章 小 结

1. 时序逻辑电路

时序逻辑电路的输出状态不仅与输入状态有关，还与电路原来的状态有关，而电路的状态是由构成时序电路的触发器来记忆和表示的，也就是说时序逻辑电路是由触发器和组合逻辑电路组成的。

2. 触发器

（1）触发器可以存储 1 位二进制数，它是构成多种时序逻辑电路的最基本的逻辑单元，它能根据输入信号的不同而改变输出状态，并将这种改变的状态保存下来，即具有记忆功能。

（2）触发器按其稳定工作状态不同，可分为双稳态触发器、单稳态触发器、无稳态触发器。

（3）双稳态触发器按其逻辑功能不同，可分为 RS 触发器、JK 触发器、D 触发器和 T 触发器等；按其结构不同，可分为主从型触发器和维持-阻塞型触发器；按其触发方式不同，可分为电平触发的触发器、脉冲触发的触发器和边沿触发的触发器。

（4）单稳态触发器只有一个稳态，在触发脉冲作用下，从稳态翻转为暂稳态。暂稳态的持续时间取决于电路元件的参数。单稳态触发器用于产生固定时间宽度的脉冲信号。

（5）多谐振荡器没有稳态，只有两个暂稳态，所以称为无稳态电路。两个暂稳态之间的转换由电路内电容的充放电作用自动进行，不需要外加触发信号，只要接通电源就能自动产生矩形脉冲信号。

（6）施密特触发器有两个稳态，这两个稳定状态的维持与相互转换均与输入电压的大小有关,其抗干扰能力较强。应用施密特触发器能将边沿变化缓慢的波形整形为边沿陡峭的矩形脉冲。

3. 触发器的逻辑功能和描述方法

不同触发器的逻辑功能可以用逻辑状态表、特性方程或状态转换图来描述。这些描述方法之间可以相互转换。

4. 计数器

计数器是对输入脉冲个数进行计数的电路。

计数器按计数进制不同可分为二进制计数器、十进制计数器等;按计数的增减方式不同可分为加法计数器、减法计数器等;按计数脉冲的输入方式不同可分为同步计数器、异步计数器。

集成计数器有着更广泛的应用,它可以实现各种进制的计数器,具有体积小、功能灵活、可靠性高等优点,如 74LS161、74LS90 等。

5. 555 定时器

555 定时器是一种数字电路与模拟电路相结合的中规模集成电路,只需要添加有限的外围元器件,就可以构成施密特触发器、单稳态触发器和多谐振荡器。

习　　题

12.1　由与非门组成的基本 RS 触发器输入端 $\overline{S}_D$、$\overline{R}_D$ 的电压波形如题 12.1 图所示,画出其输出端 Q、$\overline{Q}$ 的电压波形。

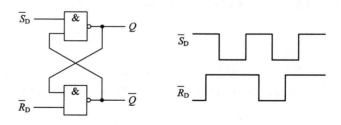

题 12.1 图

12.2　在题 12.2 图所示电路中,若 CP、S、R 的电压波形如图中所示,试画出 Q 端输出电压波形,假定触发器的初始状态为 $Q=0$。

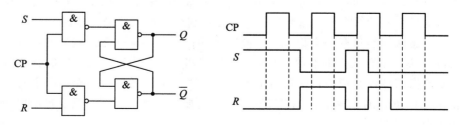

题 12.2 图

12.3 已知主从结构 JK 触发器输入端 J、K 和 CP 的电压波形如题 12.3 图所示，试画出 Q、$\overline{Q}$ 端对应的波形。设触发器的初始状态为 $Q=0$。

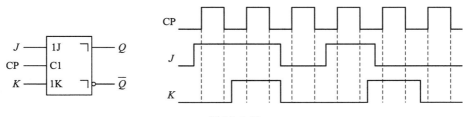

题 12.3 图

12.4 在题 12.4 图示电路中，已知 CP 和输入信号 T 的电压波形，试画出触发器输出端 Q、$\overline{Q}$ 的电压波形，设触发器的起始状态为 $Q=0$。

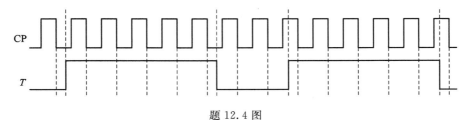

题 12.4 图

12.5 分析题 12.5 图示计数器电路，说明这是多少进制的计数器，并画出对应的状态转换图。

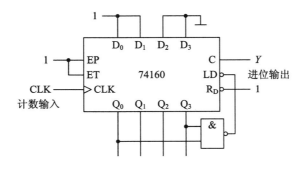

题 12.5 图

12.6 试用集成计数器 74160 和与非门组成五进制计数器，要求直接利用芯片的进位输出端作为该计数器的进位输出。

12.7 若反相输出的施密特触发器输入信号波形如题 12.7 图所示，试画出输出信号的波形。施密特触发器的转换电平 U_{T+}、U_{T-} 已在输入波形图上标出。

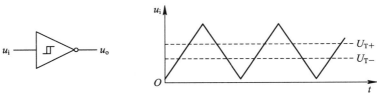

题 12.7 图

12.8　题12.8图所示为由555定时器构成的施密特触发器电路。

(1) 在题12.8图(a)中，当$U_{CC}=15$ V时，没有外接控制电压，求U_{T+}、U_{T-}及ΔU_T各为多少？

(2) 在题12.8图(b)中，当$U_{CC}=9$ V时，外接控制电压$U_{CO}=5$ V，求U_{T+}、U_{T-}及ΔU_T各为多少？

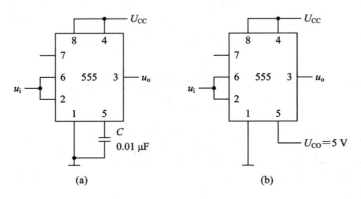

题12.8图

12.9　如题12.9图所示是用555定时器组成的开机延时电路。若给定$C=25$ μF，$R=91$ kΩ，$U_{CC}=12$ V，试计算常闭开关S断开以后经过多长的延迟时间u_o才跳变为高电平。

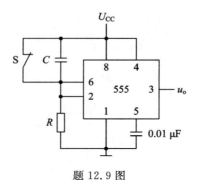

题12.9图

12.10　在题12.10图所示由555定时器构成的多谐振荡器电路中，若$R_1=R_2=5.1$ kΩ，$C=0.01$ μF，$U_{CC}=12$ V。试求脉冲宽度t_w、振荡周期T、振荡频率f、占空比q。

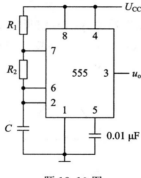

题12.10图

12.11　555 定时器组成的电路如题 12.11 图所示。

（1）该 555 定时器组成什么电路？

（2）画出相应的输出波形。

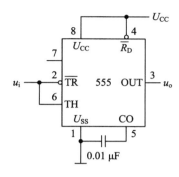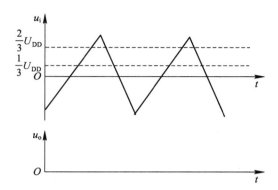

题 12.11 图

习题答案

参 考 文 献

[1] 秦曾煌,姜三勇. 电工学. 7 版. 北京:高等教育出版社,2011.

[2] 闫石. 数字电子技术基础. 6 版. 北京:高等教育出版社,2016.

[3] 邱关源. 电路. 6 版. 北京:高等教育出版社,2023.

[4] 唐介,王宁. 电工学:少学时. 5 版. 北京:高等教育出版社,2020.

[5] 房晔,徐健. 电工学:少学时. 北京:中国电力出版社,2019.

[6] 王晓华,徐健. 数字逻辑与数字电子技术. 北京:清华大学出版社,2015.

[7] 康华光,陈大钦,张林. 电子技术基础:模拟部分. 6 版. 北京:高等教育出版社,2013.

[8] 童诗白,华成英. 模拟电子技术基础. 5 版. 北京:高等教育出版社,2015.

[9] 江晓安,付少锋,杨振江. 模拟电子技术. 5 版. 西安:西安电子科技大学出版社,2021.